菜單設計

五南圖書出版公司 印行

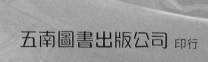

黃韶顏　倪維亞 著

序

　　菜單設計是經營者告訴消費者所要販賣的食物，菜單是最直接的行銷工具。在現代化飲食生活多元化的時代，它成為很重要的工具。

　　臺灣是一個物產很豐富的地方，蔬果種類多，四季物產富饒，在設計菜單時可利用的食物種類多，然而人們吃的品質還不是很好，近年來高血壓、高血脂、高血糖引發很多的疾病，政府一再強調餐飲業要設計低油、低糖、低鹽、高鐵、高鈣的飲食，菜單設計者也必須考慮臺灣人健康的需求，以講求三低二高的飲食設計原則，為臺灣設計出符合現代人健康需要的菜單。

　　菜單設計時也需依不同的生理、心理、職業、活動來作設計的依據，考慮供應對象的營養需求、飲食習慣，讓吃的人能享用到健康的餐食，人人健康，壽命延長，整個社會才能有好的品質。

　　菜單設計的工作不是一件很容易的事，因此需建立菜單資料庫，由資料庫作業菜單的搭配，注意每天主菜不能重履，食物材料搭配考慮色、香、味、組織、稠度、溫度、火候、盤飾，讓吃的人賞心悅目，吃後感到滿足，本書教各位不同的菜單設計原則與方法，希望能給予各位一些幫助。

　　特別感謝鼎正團膳公司游麗足總經理、桃園縣營養師公會廖美玲理事長於本菜單疾病營養部分給予校正。

CONTENTS
目　錄

第一章

緒　論

菜單是餐廳行銷產品重要的工具，提供給顧客作為選擇餐食的依據，現已成為餐飲業競爭的利器。

第一節　菜單的定義

菜單有廣義與狹義的定義，廣義的定義將菜單定義為餐廳與顧客訊息交流的工具，用語言、文字、記號、圖案來進行傳遞，是餐廳產品和服務的宣傳品，也是餐廳最佳的指導方針，菜單設計的好壞為餐廳經營的成敗重要的關鍵。狹義的定義菜單是指販賣的食物，讓顧客能安心點菜，享受美食。

菜單與食譜不同，食譜包括食物項目、數量、烹調方法。

菜單包括如下：

一、菜品

包括菜名、材料、售價、份量、醬料。

二、組織

餐廳店名、地址、電話、Email、營業時間、特色、付款方式、最低消費。

三、促銷

折扣、額外服務、贈品、折價券等。

第二節　菜單的功能

菜單的功能如下：

一、菜單是餐廳經營方向的指標

由菜單可知餐廳經營的主題，如西式、中式、歐式、美式或本土化的經營。

二、菜單作為經營者與消費者溝通的橋樑

菜單可讓消費者了解經營者賣的是什麼產品，消費者是否有意願接受，提供消費者菜品種類和價格的說明書。

三、菜單是經營者行銷的手段

菜單是經營者告訴消費者餐廳賣的食物，使消費者能有所了解。

四、菜單是一種藝術品

菜單的設計可讓消費者視覺有很好的享受進而點菜。

五、菜單是材料採購、烹調製作的依據

可依菜單擬定要採購食材的項目與數量並決定烹調方法。

六、菜單可做餐廳成本及銷售的控制

可由餐廳銷售情況來修改菜單，以控制成本。

七、菜單是餐廳服務人員提供給顧客服務的準則

餐廳服務人員提供給顧客服務的最佳工具，現在中國大陸流行點菜師，點菜師要經過一些訓練，須上營養學、膳食計畫、行銷學、消費者心理學，針對不同的顧客進行點菜，薪資為一般服務生二倍。

第三節　菜單設計考慮的因素

設計菜單時應考慮的因素如下：

一、菜單須順應社會的變化

菜單設計一定要了解整個社會的變化，尤以全國人民的健康導向，如臺灣在20世紀全民健康與21世紀的全民健康有很大不同，可由公共衛生學者、營養學者所做的國民健康狀況做修正，現今臺灣社會糖尿病、腎病、腸癌人口數增加，因此以低油、低鹽、低糖、高纖爲菜單設計的原則。

二、以客人需求爲導向

菜單設計以考慮客人生理與心理需求，生理需求如營養、色、香、味、組織、外形等；心理需求指受到客人歡迎，業者須盡最大力來滿足顧客需求。

三、重視食物品質

菜單應注意食物品質要好，才可讓好的口碑留給顧客，餐廳才可永續經營。

四、菜單要有創意

菜單的設計不僅注重傳統，尚要有創新，但不能所有的菜單全爲創新菜餚。

五、菜單是餐飲促銷的手段

菜單是餐飲促銷的方式，讓顧客快速接受經營者出產的產品。

六、菜單反映餐廳經營方向

從消費者角度來看菜單，了解消費者與市場需求。

第四節　菜單設計與供膳環境

菜單設計在以某一主題爲主之餐廳是很重要的，主題餐廳以餐廳裝潢爲特色，並以精心設計的點心、菜單、餐具爲賣點，注重深度的主題，營造有特色主題的環境。不僅透過菜單的變化保持鮮美口味和營養多樣化，強調環境，由口味到氣氛的塑造一氣呵成。臺灣有監獄餐廳，餐廳環境如監獄，菜單如監獄提供的菜色；馬桶餐廳則以小馬桶造型的餐具來供餐；紅樓宴餐廳則以賈寶玉、林黛玉生活的環境，設計賈寶玉與林黛玉吃的食物；滿漢全席則佈置皇宮之場景，設計百道皇室菜餚；以貓王爲主題的餐廳，內部擺設以貓王喜歡的物件作爲場景；黃飛鴻餐廳則設計武俠造景，設計武士吃的菜單；日式餐廳以日本格調爲餐廳的佈置，提供日式餐飲；南非大草原風光餐廳，佈置原野風光提供南非餐飲。

因此菜單與供膳環境在主題餐廳應符合環境與文化特色，注重餐飲環境、設計及菜餚。

第五節　菜單分類

菜單的分類如下：

一、依餐廳性質

可分爲中餐餐廳菜單、西餐廳菜單、酒吧菜單、咖啡廳菜單。

二、依供餐性質

分為單點菜單、套餐菜單、自助餐菜單、快餐菜單。

三、依用餐場地

分為宴會菜單、客房菜單、外賣菜單。

四、依用餐時間

分為早餐菜單、午餐菜單、下午茶菜單、晚餐菜單、宵夜菜單。

五、依使用週期

分為季節性菜單、固定菜單、循環菜單。

六、依顧客需求

分為幼兒菜單、青少年菜單、成年人菜單、老年人菜單。

七、依特殊需求

如節慶菜單、素食菜單、膳食療養菜單、養生菜單、生技菜單。

第二章

菜單搭配原則

第一節　食物品質

　　品質是指能滿足顧客需求的產品或服務，在生產者方面願意在最符合經濟的條件，生產出令消費者感覺最合理的代價，製作出符合消費者認為有價值、便宜並願意付費的產品或服務。

　　食物的品質包括食品的官能特性、營養、衛生安全、份量。其中，官能特性包括食物的顏色、外形、香味、味道、組織、稠度、火候、盤飾。

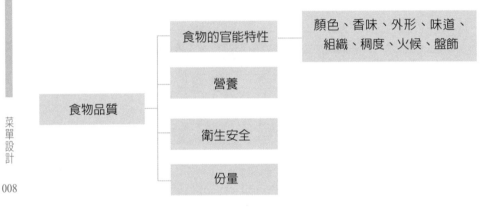

　　現分述於下：

一、食物官能特性

(一)顏色：在整套套餐中應有三種顏色，即綠、白、橙（棕）色之搭配，可使餐食更美觀，如西餐餐盤常為黑色，上放綠色，綠花椰菜、白色馬鈴薯泥、棕色烤牛排，色澤相當漂亮。

(二)香味：香味各民族的認定不同，如臺灣認為臭豆腐蒸炸後很香，歐美人則不認為如此。有些國家吃各種不同的昆蟲，如泰國、越南、柬埔寨，將昆蟲炸過後，食用認為很好吃，臺灣則不認為如此。

㈢外形：至中國菜重視一盤菜中材料應有同一外形，切丁則所有材料均切丁，切絲則全切絲，但菜與菜之間則不宜有同一外形。

㈣味道：在菜與菜之間味道應有淡與濃口味之分，不宜全為淡口味或濃口味。

㈤組織：組織即質地。在一盤菜中，菜的材料有軟與硬質地之搭配，不宜全軟質或硬質的菜。乾的材料中宜有濕的材料搭配，以求得平衡。

㈥稠度：勾芡是很多烹飪者常會做的，但每道菜都勾芡會使吃的人感受並不好。

㈦火候：食物應煮熟，否則寄生蟲常沒被殺死，有害健康。

㈧盤飾：有適當的盤飾可使食物的成品量變多，增強消費者的食慾。

二、營養

食物的攝取主要獲得營養素，營養素的保留是以自然的食材為原料是最好的，為保留營養價值應以季節性的食物、快洗、快切、快煮為處理步驟，不宜將食物切得太碎、煮太久會使營養素流失。

三、衛生安全

衛生安全才能確保人們所吃的食物後能安全地被身體吸收。衛生安全的內容包括食材的安全，如寄生蟲、農藥、食品添加物等問題：為避免寄生蟲，宜將食物煮熟；為避免農藥，應將蔬果確實清洗。食品添加物問題，則應由衛生單位確實執行食品的檢驗，應有合法的食品添加物與合宜的食品添加物之量。無論如何，吃天然的食物才是最好的。

四、份量

　　適量供應才不會浪費食材，一個人一餐平均胃容量為500-600公克，因此每道葷菜一人宜60-80公克，葷素拌合或素菜每道宜80-100公克。

第二節　菜單搭配

　　菜單的搭配要依食物材料做分類，各類食物依序設計不同菜單，如下表。依照每餐不同的飲食型態，將菜單加以設計進入飲食型態中。

		蛋包飯	咕咾肉	豬里肌生薑燒	黑胡椒燒烤里肌	黑胡椒里肌
豬	豬里肌	青蔥醬醃製豬里肌	香煎烤里肌佐芥茉醬	豬里肌鑲黑蒜配甜菜沙拉佐蘋果汁		
	梅花肉	紅糟肉羹	蒜螺炒肉	炒瓜仔肉	廣東燴飯	港式叉燒肉
	後腿肉	水餃	紅燒肉	獅子頭	川丸子湯	咕咾肉
		炒三絲				
	蹄膀	筍絲蹄膀	花生燉蹄膀	蘋果煨蹄膀	紅燒蹄膀	冰糖蹄膀
牛	牛里肌	芹菜炒牛肉	洋蔥牛肉	奶香牛肉	醬燒牛肉	什錦牛肉鍋
		木瓜牛肉	牛肉丸	茄子牛肉	空心菜炒牛肉	滑蛋牛肉
	牛腱	越南蒜燒牛腱	可樂燒牛腱	清燉牛肉湯	麻辣牛肉片	咖哩牛肉麵
		泡菜牛腱煲	羅宋湯			

牛	牛腩	紅酒燉牛肉	俄羅斯酸奶牛肉	塔香蛤蠣牛肉煲	檸檬燉牛肉	牛肉蔬菜捲
		番茄乳酪牛肉丸	起司牛肉燴番茄	泡菜牛肉義大利麵		
羊	羊肉	空心菜炒羊肉	蒜味羊肉	黑胡椒羊肉	麻油羊肉	烤羊肉
	羊腩	麻油羊腩	貴妃燒羊腩	三杯羊腩	紅燒羊腩	紅酒燴羊腩
		印度咖哩悶羊腩	當歸羊腩			
雞	全雞	鹽水白斬雞	蟹仔雞	杏鮑菇竹笙雞湯	桶仔雞	烤全雞
		菜脯雞	紅燒香菇雞	四物雞湯	番茄燉雞	布袋雞
	雞胸	小黃瓜炒雞肉片	宮保雞丁	醉雞胸	椒麻黃金雞絲	栗子燒雞塊
		日月紅茶炒雞丁	雞絲山藥薏仁粥	辣子雞丁	涼拌蒟蒻雞絲	吉利雞排
鴨	全鴨	醬鴨	碧玉燻鴨	薑母鴨	山珍老鴨鍋	烤鴨
	鴨腿	油封鴨腿薄麵皮餃	香酥鴨腿佐羅望果	法式油漬鴨腿飯	日式照燒鴨腿	油漬鴨腿煲仔飯
		陳皮鴨腿湯飯				
	鴨胸	芒果鴨胸肉捲壽司	鴨胸肉芭蕉佐黑醋栗醬汁	蜂蜜丁香鴨胸肉	陳皮鴨胸肉湯飯	香煎鴨胸肉
		醬瓜鴨胸湯	蔥珠炒鴨胸肉	酸白菜鴨胸	蘋果香鴨胸	和風鴨胸肉
		鴨胸肉炒絲瓜	香酥芋泥鴨胸	橙汁炒鴨胸	糯米封鴨	
穀類	糯米	福圓甜粥	櫻花蝦米糕	珍珠丸子	大腸包小腸	筒仔米糕
		五穀飯糰	甜八寶			
	小米	蔬菜小米粥	小米鹹粥	鮭魚奶油燉飯	桂圓野米甜飯	竹筒香飯
		小米家常餅	小米蒸餅			

五穀	麥片	碎肉碎香菇高纖麥片	免烤美式麥片餅乾	麥片葡萄乾滿分餅	雜果麥片西米露	麥果泥
		菜肉麥片粥	核果麥片粥	香蕉麥片粥	麥片煙捲	
	薏仁	綠豆薏仁湯	薏仁燉小肚湯	紅豆薏仁蓮子湯		
海鮮	魚	蠔油蒸魚	糖醋魚	黑椒汁煎魚	沙茶鱈魚	椒鹽鯧魚
		紅燒魚尾	番茄魚塊	欖菜鯧魚	鼓汁蒸魚頭	味增鮮魚湯
	牡蠣	蚵仔煎	蚵仔湯	蚵仔酥	蚵仔麵線	蚵仔烘蛋
		豆豉鮮蚵	酥蚵仔捲	蒜泥蚵仔	虱目魚蚵仔粥	蚵仔豆腐丼
	文蛤	蛤蠣鮮粥	蛤蠣冬瓜銀魚湯	炒蛤蠣	辣炒蛤蠣	蛤蠣獅子頭
		白酒蛤蠣義大利麵	文蛤蒸糯米			
	蜆	紅味噌蜆湯	蒜茸蒸蜆	蜆仔蒜	鹹蜆仔	癬蚧牛肉煲
	九孔	冰盅九孔	五味九孔	枸杞九孔湯	烤九孔	
	紅蟳	日月半紅蟳	木瓜味噌紅蟳鍋	清蒸紅蟳	粉絲紅蟳	洋蔥炒紅蟳
	鮑魚	鮑魚雞湯	生煎鮑魚	五味鮑魚	沙拉鮑魚	西洋芹炒鮑魚
		鮑魚香菇粥	金錢碧綠鮮鮑片	碧綠海參扣鮑魚	鮑魚魚片粥	豆苗鮑魚
	龍蝦	咖哩烤波士頓龍蝦	清蒸龍蝦	龍蝦海膽燒	醬爆龍蝦	蔥油龍蝦
		麻油龍蝦湯	乾燒龍蝦	蒜茸蒸龍蝦	燒烤龍蝦	酒釀龍蝦
		法式奶油龍蝦湯	烤龍蝦			
	螃蟹	避風塘炒蟹	滑蛋螃蟹	塔香沙茶炒螃蟹	豆酥炒蟹	洋蔥炒蟹
	草蝦	蒜蓉蝦	茄汁草蝦	燒酒蝦	鳳梨蝦球	生菜蝦鬆
		鹽焗蝦	鮮蝦沙拉	清蒸蝦	豆酥蝦	糖醋蝦仁

蛋	鹹鴨蛋	蛋黃捲	鹹蛋蒸肉餅	鹹蛋苦瓜		
	雞蛋	茶葉蛋	乾燒荷包蛋	魚香烘蛋	碧絲炒蛋	三色蛋
		韭菜皮蛋鬆	燉蛋	滷蛋		
	鴨蛋	雙白湯	糖心蛋	紹興烏龍茶葉蛋	三色蛋	
乳製品	乾酪	麻糬司康	薄燒餅	米蘭番茄醬	乾酪醬汁	披薩
	牛奶	脆炸牛奶	牛奶總匯三明治	紅豆牛奶冰	牛奶馬鈴薯濃湯	木瓜牛奶
		海鮮巧達濃湯				
麵粉	低筋麵粉	巧克力水果布丁蛋糕	芝麻酥餅	蟹殼黃	巧香蕉鬆餅	雜糧豆渣煎餅
		燒餅	酥炸紫米雞肉丸	蔓越哈斯麵包	炸菜天婦羅	藍帶豬排
		吐司蘋果派	火腿玉米濃湯	酸辣醬雞排	小岩燒	炸蝦手捲
		巧克力捲心酥	戚風蛋糕	天使蛋糕	海綿蛋糕	磅蛋糕
	中筋麵粉	包子	韭菜盒子	水餃	麵條	
	高筋麵粉	甜甜圈	起司小泡芙	菠蘿麵包	鹹起司餅乾	吐司
	麵糊	天婦羅麵糊	銅鑼燒	可麗餅	鬆餅	麵煎餅
		雞蛋糕				
	發麵	發麵燒餅	饅頭	包子	水煎小籠包	銀絲捲
	燙水麵	韭菜盒	煎餃	牛肉餡餅	蔥油餅	花素蒸餃
		小籠湯包	鮮蝦燒賣	豆沙鍋餅	南瓜餡餅	咖哩餡餅
	冷水麵	大餅包小餅	印度花生Q餅	黃金油飯捲	甜蜜脆香酥	龍葵小籠包
				貓耳朵	刀切麵	水餃
蔬菜	磨菇	番茄磨菇木耳燉飯	蒜香磨菇義大利麵	法式蘑菇濃湯	義式奶油炒磨菇	磨菇起司漢堡
		青醬磨菇螺旋麵	美式火腿蘑菇蛋			

香菇	栗子燒香菇	香菇蒸雞	五彩鮮菇絲	香菇盒子	炸香菇
金針菇	金針菇炒蛋	涼拌金針菇	沙茶金針菇肉絲	黑胡椒金針菇	烤金針菇
白木耳	銀耳紅棗蓮子湯	枸杞銀耳湯	銀耳雪梨羹	滋陰銀耳羹	棗生貴子
	白木耳炒鮮奶				
毛豆	鹹香豆莢	五彩沙拉	翡翠糕	毛豆豆腐	三色蒸蛋
豌豆	雞肉炒豌豆	豌豆蝦仁	三色豌豆		
四季豆	四季豆雞丁	乾煸四季豆	涼拌四季豆	四季豆炒肉絲	美奶炒四季豆
	培根四季豆	芝麻三絲四季豆			
蠶豆	素炒寶石蠶豆	蠶豆玉米筍	蠶豆酥金沙蝦球	蒜汁蠶豆	蠶豆炒軟絲
	辣豆瓣鮮蠶豆	蠶豆肉圓湯	蠶豆螺旋麵	鮮蠶豆紫菜湯	蠶豆冬瓜湯
	香蔥爆蠶豆	蠶豆起司麵	雪菜蠶豆	五香豆	涼拌蠶豆
	燻肉蠶豆飯				
苦瓜	鹹蛋苦瓜	釀苦瓜	照燒苦瓜魚	苦瓜醋片泡菜	涼拌苦瓜
大黃瓜	四喜節瓜	甜辣玉片	黃瓜排骨湯	青玉堆雪	夏季口味捲
	蒟蒻炒黃瓜	黃瓜炒斑球	上湯黃瓜蟹黃	大黃瓜鑲牛肉	大黃瓜蒸肉
	清心燴集				
南瓜	南瓜牛肉湯	焗烤南瓜	洋芋南瓜湯	燜南瓜	南瓜炒米粉
冬瓜	冬瓜排骨湯	冬瓜翡翠捲	紅燒白玉	神仙干貝	奶汁冬瓜帽
絲瓜	吻仔魚絲瓜	枸杞絲瓜	魚丸絲瓜	蛤蠣絲瓜	絲瓜麵線
	炸絲瓜	蒜香絲瓜	什錦絲瓜	樹子炒絲瓜	絲瓜蝦球

蔬菜

蔬菜	白蘿蔔	榨菜肉絲炒白蘿蔔	味噌蘿蔔燉肉	白蘿蔔泡菜	白蘿蔔炒三絲	干貝蘿蔔球
		蘿蔔絲鯽魚湯	白蘿蔔燒肉	燜蘿蔔	白蘿蔔鑲干貝	白蘿蔔排骨湯
	紅蘿蔔	紅蘿蔔燉肉	涼拌蘿蔔	沙茶醬炒蘿蔔	蘿蔔滷肉	糖燴紅蘿蔔
		紅蘿蔔排骨湯	紅蘿蔔炒蛋	紅蘿蔔蛤蠣濃湯	紅蘿蔔炒肉絲	紅蘿蔔沙拉
		紅蘿蔔燉飯	紅蘿蔔蛋糕			
	竹筍	日式竹筍飯	香菇竹筍	髮菜竹筍丁	十香菜	涼拌筍
	茭白筍	涼拌百香筍	ＸＯ醬炒茭白筍	炸茭白筍餅	茭白筍貢丸排骨湯	筍沙拉
		茭白筍烘蛋	茭白筍炒肉絲	烤茭筍		
	空心菜	沙茶牛肉空心菜	空心菜蒼蠅頭	蘋果絲空心菜	辣炒羊肉空心菜	小魚炒空心菜
		清炒空心菜	腐乳空心菜	空心菜丁香腸	蠔油炒空心菜	蝦醬空心菜
		沙茶豬肉	雲醬空心菜			
	芥菜	蝦米炒芥菜	金針菇炒芥菜	芥菜花雕土雞	干瑤柱會芥菜心	芥菜飯糰佐泡菜味噌湯
		芥菜扣豬肉				
	菠菜	菠菜香草蛋捲	清炒菠菜	蠔油菠菜	白玉翡翠捲	酸豆培根菠菜沙拉
		丁香菠菜	泰式炒菠菜	菠菜乳酪派	菠菜培根飯	涼拌菠菜
	落葵	瑤柱扒皇宮菜	皇宮菜炒豬肝	蒜香落葵	涼拌落葵	
	芥藍菜	芥藍菜米捲	京醬肉絲燴芥藍菜	蠔油芥藍	皇蒸豆腐	豆豉鯪魚炒肉片
	花椰菜	焗烤花椰菜	水煮花椰菜			

蔬菜	芹菜	豆瓣芹菜炒肉絲	奶油西芹濃湯	鮪魚芹菜沙拉	芹菜豬肉捲	芹菜炒花枝
		炸芹菜葉				
	地瓜葉	嗆炒地瓜葉	涼拌地瓜葉	地瓜葉豆腐羹	地瓜葉吻仔魚	櫻蝦地瓜葉蛋餅
	小白菜	青菜豆腐湯	農家樂	肉絲炒小白菜	番茄小白菜	培根小白菜
		銀杏小白菜菇	炒小白菜黑木耳香菇			
	大白菜	砂鍋魚頭	紅燒肉丸子飯	燒肉白菜	白菜炒冬粉	韓式炒白菜
		開陽白菜	蔬菜臭臭鍋	白菜滷肉	甘露杏鮑菇鍋	雞絲拌大白菜
		壽喜野菜鍋	蒟蒻白菜鍋			
	高麗菜	培根炒高麗菜	高麗菜大阪燒	枸杞拌炒高麗菜	涼拌高麗菜乾	高麗菜水餃
		高麗菜盒子	高麗菜蛋捲	滇緬涼拌高麗菜	高麗菜肉捲	台式泡菜
		韓式高麗泡菜				
	茼蒿	焗烤茼蒿	茼蒿拌豆干	味噌茼蒿	醬爆茼蒿	野生普洱涮茼蒿
		茼蒿腐皮捲	茼蒿創意燴飯	涼拌山茼蒿	沙茶茼蒿	
	韭菜	韭菜包子	韭菜盒子	韭菜水餃	韭菜炒肉絲	韭菜炒豆干
	韭菜花	韭菜花炒皮蛋	沙嗲韭菜花蝦仁	韭菜花甜椒牛肉	韭菜花炒鯊魚煙	韭菜花炒甜不辣
		韭菜花炒下水	韭菜花枝	韭菜花炒牛仔骨	蒼蠅頭	
	茄子	麻婆茄子	法式茄排	釀茄墩	茄盒子	番茄茄餅
	蒟蒻	日式涼拌蒟蒻麵	蝦仁蒟蒻沙拉	蒟蒻蝦仁	紅燒蒟蒻	蒟蒻炒肉絲

蔬菜	洋蔥	和風洋蔥	碎肉煎餅	洋蔥牛肉絲	一口牛排	洋蔥湯
		和風雞肉沙拉	洋蔥圈			
	甜椒	五彩甜椒炒飯	涼拌彩椒	彩椒蘆筍	彩椒鮑魚	彩椒海帶絲
		彩椒吐司捲	甜酸墨魚	焗甜椒		
	山藥	山藥麻油雞	山藥地瓜蘋果汁	和風山藥泥	山藥枸杞菠菜	山藥炒牛肉
		山藥魚片	山藥西米露	山藥排骨湯	山藥牛奶	山藥蝦捲
	涼薯	涼拌涼薯	涼薯丸子			
	番薯	烤番薯	地瓜球	地瓜小薏仁粥	黃金蒙布朗	地瓜可樂餅
		蜜地瓜	黃金薯條	地瓜蛋糕	地瓜牛奶	地瓜燒
		桂圓地瓜餅	地瓜大阪燒			
	馬鈴薯	肉絲炒馬鈴薯	馬鈴薯沙拉	焗烤馬鈴薯	馬鈴薯燉肉	紅燒馬鈴薯
	玉米	玉米蘿蔔大骨湯	玉米粒珍珠蒸蛋	三色玉米沙拉	葡汁燴玉米	玉米海鮮煎蛋餅
		黃金豬柳	玉米炒蝦球	雞蓉玉米湯	香烤玉米布蕾	什錦果粒麵
		碎肉玉米粥	茄汁玉米白壁	玉米可樂餅		
	番茄	番茄炒高麗菜	番茄炒花椰菜	番茄炒蛋	焗烤番茄	茄汁肉醬蒸蛋
	蘆筍	蘆筍清脆藍莓沙拉	水煮蘆筍拌紅椒酸甜醬	木須肉炒鮮綠蘆筍	滑溜里肌炒鮮綠蘆筍	燒（涼拌、糖醋）蘆筍
		雞絲（雞翅）蘆筍	鮮綠蘆筍拌湯（疙瘩湯）、麵條、粥	蘆筍時蔬雞肉札	培根蘆筍捲	涼拌鮮綠蘆筍
		糖醋蘆筍	鮮綠蘆筍沙拉	清炒綠蘆筍	蒜蓉綠蘆筍	雞蛋炒綠蘆筍

蔬菜		香菇蘆筍	乾（軟）炸蘆筍	瑤柱蘆筍	鮮綠蘆筍百蓮珠	鮮綠蘆筍燒豆腐
		白扒蘆筍	脆炒蘆筍	挪威鮭魚蘆筍飯	干貝燴蘆筍	香橙龍鳳
		海鮮炒蘆筍	素炒百合	竹報平安	蘆筍蛤蠣飯	鮮綠蘆筍香菇湯
		鮮綠蘆筍奶湯	鮮綠蘆筍雞蛋羹	鮮綠蘆筍炒飯	鮮綠蘆筍銀蓮羹	
	萵苣	涼拌萵苣	糖醋萵苣	蒜香萵苣		
	大頭菜	椒香大頭菜	涼拌大頭菜	大頭菜拌咖哩	味噌炒大頭菜	大頭菜片泡菜
	牛蒡	紅燒牛蒡肉捲	元寶牛蒡	牛蒡炒肚絲	茄汁牛蒡雞塊	牛蒡糕
		涼拌牛蒡	蜜汁牛蒡	三杯雞	牛蒡雞湯	素炒牛蒡
		牛蒡香羹	牛蒡潑蛋	牛蒡茶凍	牛蒡沙拉	牛蒡排骨湯
		牛蒡粿粽	牛蒡甜不辣			
	蓮藕	脆煎蓮藕餅	香煎蓮藕餅	煎蓮藕餅	橙汁藕片	醋炒蓮藕片
		白木耳蓮藕汁	蓮藕炒雞片	酸辣蓮藕	潤膚蓮根	蓮藕紅棗白果雞湯
		白糖拌蓮藕	藕片燉土雞	涼拌蓮藕	蓮藕排骨湯	醬煮蓮藕
		桂花糖蓮藕	鹹酥蓮藕	蓮子炒蓮藕片	蓮藕條辣泡菜	

菜單搭配之實例如下表：

對象：大學生

套數：20套

設計原則：每天採用多種目不同種的肉類、素食類與不同烹調方式製作而成，既兼顧顏色香味美及營養均衡，又考慮到菜色豐富，多元變化烹調方式，吸引大學生食用攝取。

餐別	類型	1	2	3	4	5	6	7	8	9	10	11	12	13	14	15	16	17	18	19	20
早餐	主食	全麥吐司	稀飯	五穀饅頭	貝果	法式吐司	蛋餅	五穀飯	蘿蔔糕	漢堡	紫米粥	法國麵包	餐包	馬鈴薯泥	歐姆蛋堡	潛艇堡	八寶粥	燒餅	壽司飯糰	小米粥	花捲
	葷食	香煎培根	旗魚肉鬆	荷包蛋	鮪魚	德國香腸	鮪魚	燻雞肉	煎豬肉片	煎雞肉排	榨菜肉絲	香蒜醬	香煎熱狗	燻火腿	馬鈴薯燉肉	豬里肌	三色蛋	豬肉餡餅	烘蛋	炒仔魚	茶葉蛋
	葷素	馬鈴薯沙拉	胡蘿蔔炒蛋	火腿沙拉	玉米炒蛋	和風沙拉	涼拌雞絲	青椒肉絲	洋蔥炒蛋	油醋沙拉	菜脯蛋	番茄佐起司	乳酪焗時蔬	奶油南瓜	蘆筍沙拉	青椒起司	珍珠丸子	蔥蛋	牛肉泡菜	蘿蔔滷肉	蓮藕燜豬肉
	素食	豆漿	糙米漿	薏仁漿	柳橙汁	蘋果汁	燙花椰菜	炒高麗菜	黑豆漿	香蕉	炒豆芽	蔬菜棒	奇異果	番茄汁	柳丁	苜蓿芽	炒空心菜	堅果牛奶	葡萄	燙蕃薯葉	涼拌彩椒

餐別	類型	主食	葷食	葷菜	素食
午餐	1	胚芽米飯	東坡肉	菊花蝦球	炒菠菜
	2	炒米粉	避風塘炒蟹	豌豆燜豆腐	滷白蘿蔔
	3	黃豆飯	沙茶羊肉	什錦蝦仁	鮮菇蘆筍
	4	乾粄條	沙茶豬柳	瓜仔煎蛋	白菜滷
	5	水餃	醉雞胸	炒三鮮	蒟蒻炒黃瓜
	6	涼麵	香酥柳葉魚	韭黃蝦仁	三菇燴豆腐
	7	油飯	蒜泥白肉	螞蟻上樹	四川泡菜
	8	紫米飯	糖醋雞丁	莧菜吻仔魚	鮮味瓠瓜
	9	地瓜飯	蓮藕燜豬肉	銀芽肉絲	沙參素腰花
	10	焗飯	油爆蝦	三鮮魚片	雪菜燴豆
	11	義大利麵	栗子燴雞塊	花枝炒韭菜花	橙汁藕片
	12	白飯	蔥爆牛肉	魚香茄子	彩椒海帶絲
	13	薏仁飯	筍絲封肉	皇宮菜炒豬肝	涼拌四季豆
	14	客家粄條	清蒸瓜子肉	炒芹菜培根	嫩煎豆腐
	15	炒烏龍麵	粉蒸排骨	扁魚大白菜	三絲炒蘆筍
	16	五穀飯	紅麴三層肉	宮保蒟蒻魷魚	鹹香豆莢
	17	白飯	烤鯖魚	茄子肥腸煲	冬瓜韭菜捲
	18	八寶養生飯	豆豉鮮蚵	肉末雪裡紅	芥藍菜米捲
	19	蕎麥涼麵	西式炆牛腩	干貝燴蘆筍	涼拌大頭菜
	20	糙米飯	糖醋咕咾肉	山藥炒牛肉	玉米筍炒蒟蒻

餐別	類型	1	2	3	4	5	6	7	8	9	10	11	12	13	14	15	16	17	18	19	20
晚餐	主食	咖哩飯	芋頭飯	筒仔米糕	糙米飯	南瓜粥	竹筒香飯	乾薏麵	紅豆薏仁飯	蛋包飯	白飯	燕麥米飯	小米鹹粥	港式河粉	賣菜粥	麵線	麻醬麵	蔬菜小米粥	港式炒河粉	陽春麵	三色麵
	葷食	椒鹽土魠魚	香煎肉魚	荷葉排骨	醬爆肉片	紅燒獅子頭	京醬肉絲	木須肉	清燒獅子頭	烤雞腿	宮保雞丁	三杯雞	蔥油雞	茄汁里肌	滑蛋雞肉	梅干扣肉	醬爆肉片	三杯小卷	椰汁雞	蔥爆羊肉	客家小炒
	葷菜	蘆筍炒蝦仁	番茄炒蛋	XO炙白筍	生炒花枝	絲瓜燴魚丸	筍絲燜雞	小魚炒空心菜	茭白筍炒肉絲	五彩蝦仁	什錦絲瓜	高麗菜大阪燒	蘆筍蛤蜊	生菜鮑片	神仙干貝	四季豆炒雞丁	繡球白花菇	鹹蛋炒苦瓜	茄汁肉醬蒸蛋	紅青椒雞柳	紫蘇三層肉
	素食	奶汁冬瓜帽	梳子炒絲瓜	醋炒蓮藕片	雲醬高麗菜	磨菇烤釀茄子	翡翠香菇	杏鮑菇扒蘆筍	高麗菜炒蘿蔔	涼拌牛蒡	涼拌銀芽豆腐	醬燒杏鮑菇	蠔油芥藍	香菇炒金針	醬燜苦瓜	薑絲海帶結	清爽拌干絲	蠔油大陸妹	香拌黃豆芽	薑絲紅鳳菜	開陽白菜

第三章

不同年齡菜單設計

第一節　嬰兒時期菜單設計

一、嬰兒期的營養

小孩一出生體重約2.5-3.2公斤，出生四個月時體重約出生時二倍，至一歲則為出生時三倍，這個階段的飲食食物種類、型態與成年人有很大差異。

(一)嬰兒所需的營養素需要量

由國人飲食建議量表顯示出生至二歲嬰兒期的飲食建議量如表所示：

嬰兒期飲食建議量

營養素	身高	體重	熱量	蛋白質	鈣	磷	鎂	碘
單位 / 年齡	公分 (cm)	公斤 (kg)	大卡 (kcal)	公克 (g)	毫克 (mg)	毫克 (mg)	毫克 (mg)	微克 (μg)
0月-	57.0	5.1	110-120/公斤	2.4/公斤	200	150	30	110
3月-	64.5	7.0	110-120/公斤	2.2/公斤	300	200	30	110
6月-	70.0	8.5	100/公斤	2.0/公斤	400	300	75	130
9月-	73.0	9.0	100/公斤	1.7/公斤	400	300	75	130
1歲-	90.0	12.3		20	500	400	80	65

營養素	鐵	氟	硒	維生素 A	維生素 C	維生素 D	維生素 E	維生素 B₁
單位 年齡	毫克 (mg)	毫克 (mg)	微克 (μg)	微克 (μg RE)	毫克 (mg)	微克 (μg)	毫克 (mg α-TE)	毫克 (mg)
0月-	7	0.1	15	400	40	10	3	0.2
3月-	7	0.3	15	400	40	10	3	0.2
6月-	10	0.4	20	400	50	10	4	0.3
9月-	10	0.5	20	400	50	10	4	0.3
1歲-	10	0.7	20	400	40	5	5	

(二)熱量

人的一生中每單位體重所需熱量最高的是0-3個月，每公斤體重須110-120大卡，6-12個月每公斤體重100大卡。

(三)蛋白質

人一生中每公斤體重所需蛋白質以0-3個月最多，每公斤體重須2.4公克蛋白質，3-6個月每公斤體重需要2.2公克蛋白質，6-9個月每公斤體重須2.0公克蛋白質，早期蛋白質由牛奶或母乳來給予，由於食物中蛋白質易引起過敏須在10個月大再給予，比較不容易引起過敏。

(四)脂肪

脂肪爲嬰兒主要的熱量來源，通常在六個月內母奶含有52%之脂肪，嬰兒可獲得足夠的脂肪；配方奶中亦含47-49%之脂肪，若小孩由配方奶中亦可獲得。由於6個月前嬰兒體內脂肪的酵素尚未產生，因此如給小孩副食品如排骨湯須在六個月後。給予排骨湯須將燉好的排骨湯放冷經冰箱冷藏，撇去油脂，給予小量，並看大便及皮膚是否有異狀，才可再給食。

(五)礦物質

鈣是嬰兒成長必需的，母乳中鈣的吸收率爲60%，配方奶鈣的吸收量爲38%，因此配方奶中鈣量常較多。鐵質在嬰兒4-6個月後有不足的現象，因此須從副食品中來添加，一般從肉泥、肝泥、蛋黃泥的副食品可增加嬰兒鐵的攝取。

(六)維生素

嬰兒維生素的攝取可由母乳、配方奶或菜泥、果泥中獲得，維生素A須400微克、維生素C須40毫克、維生素D10微克、維生素E3-5毫克、維生素$B_1$0.3毫克。

(七)嬰兒副食品之添加

嬰兒的成長發育十分快速，除了母乳或牛奶之外應介紹各種不同的食物。食物給予時由稀漸稠，由少量至大量，由單一至混合。現介紹不同月份的副食品。

月份	添加食物	做法	餵食量
4-6個月	果汁	果汁擠出，加水	先餵食1小匙，再增加量
	蔬菜汁	蔬菜洗淨入水中煮	先餵食1小匙，再增加量
	果泥	水果用湯匙刮成泥	先餵食1小匙，再增加量
	菜泥	菜煮軟、壓成泥兌水	先餵食1小匙，再增加量
7-9個月	肉泥	肉逆紋刮出泥，加水煮	先餵食1小匙，再增加量
	肝泥	肝剝成泥，加水蒸軟	先餵食1小匙，再增加量
	粥	米加水、小魚或排骨、蔬菜煮成粥	先餵食1小匙，再增加量
	蛋黃泥	硬煮蛋取出蛋黃，加水成液體	先餵食1小匙，再增加量
10-12個月	米糊	米粥	先餵食1小匙，再增加量
	麥糊	麥糊	先餵食1小匙，再增加量
	豆腐	豆腐泥	先餵食1小匙，再增加量

(八)剛出生嬰兒每日餵食量

嬰兒出生	一天－三天	四天－六天	七天－三週
嬰兒胃大小	5cc	25cc	50cc
每日餵母乳	一天八次（三小時一次）	一天八次	一天八次

(九)嬰兒每日補餵次數

月份	母乳餵食次數 / 1天	配方奶	牛奶沖泡份量 / 次	奶量占總熱量百分比 / %
1	7	7	90-140 cc	100
2 3	6	6	110-160 cc	80-90

月份	母乳餵食次數／1天	配方奶	牛奶沖泡份量／次	奶量占總熱量百分比／％
4 5 6	5	5	170-200 cc	80-90
7 8 9	4	4	200-250 cc	50-70
10	3	3	200-250 cc	50-70
11	2	3	200-250 cc	50-70
12	1	2	200-250 cc	50-70

資料來源：行政院衛生署

(十)母乳貯存溫度與時間

位置	溫度	時間
室溫	低於25℃	6-8小時
冷藏	4℃	5天
冷凍	−18℃	3-6個月

二、職業婦女母乳的保存與使用

母乳是上帝給嬰兒最寶貴的食物，當母親是職業婦女時母奶的保存與使用如下

(一)母乳的保存

1. 每隔四小時用吸奶器擠出母乳。

2. 將母乳放在奶瓶中，再將奶瓶存放冰箱。

3. 下班時用冰桶將母乳帶回。

4. 初乳在室溫下可存放12-24小時，成熟乳可放6-10小時，冷藏可放5天，冷凍可放6-12個月。

5. 母乳應放有蓋奶瓶或母乳儲藏袋，密封。

6. 不宜將剛擠的母乳與冷藏或冷凍的母乳放一起。

7. 在容器外貼上擠奶的日期（年月日），先擠出先食用。

(二)母乳的使用

　1.將母乳隔水加熱，下放60℃以下溫水，隔溫水將母乳加溫。

　2.使用熱調溫奶器

　　將母乳加熱至60℃即可使用。

三、母奶、牛奶、羊奶的比較

　　嬰兒以母奶為最好的食物，牛奶常以母乳化為宣傳，羊奶為何不被用來做嬰兒的食物，其原因是羊奶蛋白質含量太高，葉酸、維生素B_6、維生素B_{12}不足，下表為母乳牛奶與羊奶的比較：

母奶、牛奶與羊奶之比較

種類 成分	母奶	牛奶	羊奶
水分	87.5%	87.5%	87.5%
蛋白質	1.4% 白蛋白：酪蛋白 60：40	3.5% 白蛋白：酪蛋白 24：76	9% 由於酪蛋白、乳清蛋白、乳球蛋白與非蛋白氮，其中組胺酸及脯胺酸較牛乳多
脂肪	3.5% 主要為三酸甘油脂、亞麻油酸、次亞麻油酸以10：1	3.5% 所含的葵酸比羊奶少，只有羊奶的三分之一，牛乳脂肪顆粒為2.5-3.5m為羊奶之2倍	4.5% 羊奶中C_6、C_8、C_{10}的飽和脂肪酸較牛奶高，羊奶脂肪有較好的消化率和吸收性，羊奶的脂肪顆粒約2mm，顆粒較小
醣	7% 以乳糖為主，易消化吸收	4.5% 主要為乳糖	4.0-4.3% 含有乳糖

種類 成分	母奶	牛奶	羊奶
維生素	可提供足夠維生素	維生素D、B_1、B_2，較母奶多	維生素A豐富；B_1較人奶多，B_2為人奶的5倍以上，葉酸為牛奶之十分之一，B_6、B_{12}較牛奶少，維生素C不多、E不足
礦物質	可提供足夠鐵，鐵吸收率50%，適量磷可促進鈣質的吸收，可協助嬰兒成長	鐵的吸收率只占2-3%	0.8% 主要為鈣、磷、鎂、氯、鈉、鉀、鐵
酪蛋白／白蛋白	76：24 其中白蛋白為 β-lactoglobulin（酪蛋白與胃酸形成之凝乳不易消化）	40：60 量較牛奶少，但仍足夠嬰兒需要，其中白蛋白為 α-lacto-globulin（白蛋白與胃酸形成之凝乳較易消化）	
胺基酸	含硫之胺基酸（Me-thionine）及少量胱胺酸（Cystine），如苯丙胺酸（Phenyl-alanine）、酪胺酸（Tyrosine）、色胺酸（Tryptophan）	含較多胱胺酸（Cys-tine），含環狀基胺酸少，較適合新生兒、早產兒食用，含多種核苷酸，為氮素之好來源，母乳中苯丙胺酸含量低，較適合嬰兒代謝	

第二節　幼兒菜單設計

一、六大類營養素

　　幼兒其生長發育十分快速，必須藉由攝取食物中的營養素而達成。小孩的體軀雖小，但因為了製造體內的骨骼、血液，每單位體重所需的

營養素比成年人還要多。雖然所需的營養素多，但亦不能毫無選擇地亂吃，而需有正確的飲食計畫，方可發育出健康的孩子。

正確的飲食計畫，即為均衡地攝取各種營養素。所謂營養素，就是食物吃進人體後，經由消化作用變成為人體所吸收、利用的有效物質。一般將營養素分為六大類，除了水之外，尚有蛋白質、醣類、脂質、礦物質、維生素，由六大類食物來供應。

(一)蛋白質

為生長和構成身體的重要物質，食物中肉類、魚類、豆類、蛋類及奶類，含有豐富的蛋白質，幼兒的牙齒、骨骼、器官的成長需要大量的蛋白質，不僅所攝取的蛋白質量要夠，質更要求好。

(二)醣類

為維持生命及供給身體熱量，尤以東方人熱量50-60%由醣類中獲得，五穀、根莖類中含量十分豐富，奶類與水果及一部分的蔬菜亦含之。

(三)脂肪

供給身體熱量，一般含於沙拉油、奶油、豬油、肥肉中。

(四)礦物質

為調節身體代謝所必需，它廣泛存於各類食物中，礦物質中以鈣、鐵、碘對幼兒十分重要。

　1.鈣

小孩的骨骼、牙齒的成長須有足夠的鈣質，牛奶是含鈣質最豐富的食物，幼童每日引用2-3杯牛奶即可獲得足夠的鈣質。同時，牛奶中含有乳糖、維生素D可促進鈣質被人體吸收與利用的能力。綠色蔬菜如芥菜、莧菜、芥藍菜，海產類如蛤蜊、牡蠣、魚、蝦，蛋、豆類均為鈣質的良好來源。

2. 鐵

　幼童身體正處於生長發育期，身體血液、組織、器官成長須有足夠的鐵質。動物的肝臟、腎臟是最好的鐵質來源，瘦肉、蛋黃、牡蠣、豆干、乾果（如葡萄乾、紅棗、黑棗）亦含有相當量的鐵質。

3. 碘

　碘是構成甲狀腺的主要成分，而甲狀腺是刺激和調節體內細胞的氧化作用，因此碘會影響人體的新陳代謝，包括身體的發育、智力發展、神經及肌肉功能以及各種營養素的新陳代謝。食物中如海魚、海蝦、海帶、紫菜均含有豐富的碘。

(五)維生素

　為調節生理機能及身體新陳代謝所必需。經調查結果顯示，幼兒維生素B_2普遍攝取量不足，所以在幼童餐食調配時應特別注意其攝取量。

1. 維生素A

　可維持眼睛在黑暗光線下有正常視力，並可維持上表皮組織的完整，抵抗疾病的入侵。食物中如魚肝油、牛奶、奶油、肝臟、蛋黃含有豐富得維生素A。紅心番薯、紅蘿蔔、南瓜、芒果、木瓜、番茄含量亦豐富。

2. 維生素B_1

　可使人有良好的食慾，促使腸胃蠕動正常，使食物易為人體消化吸收。它含於經碾磨的穀物、瘦肉、肝臟、豆干、蛋黃、花生、黃豆中。

3. 維生素B_2

　可使人有良好的食慾，傷口癒合快，避免口角炎、舌炎及眼睛怕光。食物中以牛奶、肝、腎、心含量豐富，瘦肉、綠色蔬菜亦含之。

4. 維生素C

為供給構造支持組織所必需的細胞間結合物質，如血管壁之強度，缺乏容易導致傷口癒合不良、牙齦出血。含維生素C的食物，以水果中最豐富，如檸檬、橘、柳丁、文旦、番茄、番石榴、鳳梨等含之。蔬菜含有，但蔬菜常經加熱烹調後保存量較為有限。

5. 維生素D

協助鈣質被人體吸收利用，食物中如魚肝油、蛋黃、肝臟、魚類含豐富的維生素D。牛奶中含豐富的鈣質，為使其鈣質的利用單位增加，每四杯牛奶中加入400國際單位的維生素D。

為了方便起見，列出食物中營養素的來源以供參考之用，如下表。若要營養好，就必須每天從「六大類基本食物」中，每類選吃一二樣。因為六大類基本食物可提供我們人體所需的均衡營養。

表3-1　各大類食物所含主要營養

六大類基本食物	主要營養素	食物舉例
水果類	醣、維生素、礦物質	臺灣盛產水果如橘子、木瓜等。
蔬菜類	蛋白質、醣類、維生素、礦物質、纖維素	深綠色、深黃紅色蔬菜所含的營養素比淺顏色的多。
油脂類	脂質	炒菜用油、肥肉、花生、核桃等。
全穀根莖類	醣類（碳水化合物）、蛋白質、維生素、礦物質	米飯、饅頭、麵包、番薯等。
魚、豆、肉、蛋類	蛋白質、脂質、維生素、礦物質	雞、鴨、牛、羊、豬肉、魚、豆腐、豆干、豆漿、蛋等。
奶類	蛋白質、脂質、醣、維生素、礦物質	全脂奶、低脂奶、脫脂奶

行政院衛生署建議三至六歲幼兒每日飲食建議量如下表：

表3-2　幼兒每日飲食建議量

食物 　　　　年齡	3歲	4-6歲
水果	1/3-1個	1/2個-1個
蔬菜 深色 其他	1兩 1兩	1.5兩 1.5兩
油脂	1大匙	1.5大匙
全穀根莖類	1-1.5碗	1.5-2碗
肉類	1/3兩	1/2兩
魚類	1/3兩	1/2兩
豆類	1/3塊	1/2塊
蛋類	1個	1個
奶類	2杯	2杯

根據糧食統計及膳食調查，發現：

表3-3　幼兒容易缺乏的營養素及補充食物

國人容易缺乏的營養素	可吃下列食物來補充
維生素B$_2$	酵母（即健素）、肝臟、深綠色蔬菜、肉、蛋、豆類。
維生素A	肝臟、魚肝油、深綠色或深黃紅色蔬菜、水果。
鈣質	牛奶、豆腐、深綠色蔬菜、小魚肝。
鐵質	肝臟肉類、蛋黃、深綠色蔬菜。

二、飲食習慣

(一)幼兒吃素

近年來父母親吃素的比率越來越高，幼兒亦往往隨著吃素。吃素對幼兒身體有什麼影響呢？吃素可分為純素、奶素、蛋奶素，純素者食物大多來自植物；奶素則除吃植物另外喝牛奶；蛋奶素則除吃植物之外，還吃蛋及喝牛奶。

長期吃純素對幼兒而言會造成維生素B$_{12}$不足，因維生素B$_{12}$在動物性食物才會有，缺乏易造成貧血及神經炎，由於缺乏鈣質、維生素D，會影響骨頭的生長與發育，造成軟骨症。

由於小孩正面臨發育期，必須攝取足夠的維生素及礦物質，吃素的小孩應給予一天一個蛋或二杯牛奶。

(二)幼兒偏食的原因與解決之道

應讓小孩嘗試各種食物，但小孩有時喜歡某種食物，也不必勉強他吃。至於偏食的問題，事實上如果沒有極端嚴重時，因為小孩也可從別的食物中得到同樣的營養素，故可不必過度憂慮。同時，孩子可能只是暫時不喜歡某些食物，過一陣子就好了，母親若過度強調，反而更易引起其對該項食物的注意。

　1.孩子的偏食大致有下列幾種原因：

　　(1)父母缺乏正確的營養知識：現在的人過著豐衣足食的生活，有時父母認為多吃肉少吃蔬菜，身體才會強壯，每天給小孩大量肉類食物，反而使小孩的體質變為酸性，對身體健康有害無利。所以，母親買菜時，應廣泛挑選各種食物，並隨時接受新的營養知識。

　　(2)父母親本身偏食：有時父母親偏食，為了孩子健康著想，即使做出自己不喜歡的菜給孩子吃，尤其在孩子進食時，若自己流露出厭惡的表情，小孩亦會受影響。有時父母不喜歡吃魚，討厭魚腥味，不知不覺將觀念灌輸給小孩，也容易使小孩對牠產生厭惡感。

　　(3)烹飪方式不當：如調味不好、烹調方式沒有變化，或是小孩曾被熱湯燙到或被魚刺刺到，有此種不愉快的經驗，亦會對食物產生厭惡感。

　　(4)父母親過於放縱孩子：心腸軟的媽媽往往孩子要求吃什麼就給他什麼，這會使小孩吃得不正常。有些菜小孩可能只在某個階

段不吃，所以平常母親應照做，但餐桌上至少要有一道孩子喜歡的菜餚。媽媽可以為孩子準備一個餐盤，每樣食物都給他一點點。

2. 解決之道

至於給予幼兒不喜歡的食物，方法如下：

⑴在小孩空腹時給予：母親應當以不在乎的態度來給食，並在他肚子餓時給食。

⑵烹調方法求變化：如煮、炒之外尚可用燴、紅燒、煎、炸、氽等方式，同時改變食物外形，改變烹調味道或以食物的取代品，如不吃牛奶可給冰淇淋或果汁奶。

⑶暫時停止供應他不喜歡的食物或供應次數、供應份量減少。

⑷孩子與同年齡小朋友共食：如在幼稚園中可要求老師將小孩安排至很喜歡該食物小孩的身邊，讓他由旁感受別的小孩喜歡該食物的氣氛，使他無形中對食物有好感。

⑸從改善食物本身身下手

①吃蔬菜類：冬天吃火鍋最理想。

破壞外形，如剁碎、拌肉炸丸子，或搗成糊、切小丁做沙拉。

美化外觀，如洋蔥切開後，分成一圈圈沾麵糊來炸，即可淡化味道，又因為一圈圈的，吃起來很有趣；胡蘿蔔可切成各式各樣的圖案，以求變化。

②不吃水果類：加蜂蜜、牛奶或其他愛吃又合適的食物打成果汁。切的方式多求變化，可參考市面上有售的果蔬切雕書籍。水果亦可入菜，如水果做成果凍。

③不喝牛奶：發育中的小孩應維持每天兩杯的攝取量；當小孩不愛喝時：

可加草莓、木瓜、花生打成果汁。

沖泡時可加入好立克、可可等，或煮麥片粥。

可從養樂多、冰淇淋、起司補充。

④不吃米飯：可以炒飯、燴飯代替，或在白米飯上灑紫菜等調味料。

⑤孩子挑嘴嚴重時，可多吃三明治，因為一份完整的三明治，已經完全包括蔬菜、水果、肉、魚、蛋、豆、奶這六大營養素，尤其麵包部分可切成圓形、長形、三角形等，富於變化，極易博取孩子的好感，最能誘導進食。

㈢食慾不振的原因與解決之道

1.食慾不振的原因

所謂食慾不振是指小孩因器官性疾病或心理疾病所導致食慾減退、厭惡食物者稱之。其原因如下：

⑴因生理疾病引起：如感冒、發燒、下痢等，待病癒後，食慾不振的現象自然會消除。此外維生素B的攝取不足亦會引起食慾不振。

⑵缺乏運動，體力無法消耗：平常應帶小孩到戶外運動，接觸新鮮空氣與陽光，以增進食慾。

⑶過度疲勞：如果是身體疲勞，則休息後可恢復食慾；如果是精神疲勞，則應找出其潛在因素，如母親外出小孩睡醒，找不到母親感到精神不安會造成食慾不振，唯有讓小孩的情緒再慢慢恢復正常，方可恢復食慾。

⑷孩子精神受到刺激時，食慾會減退：如父母在孩子面前爭吵或家中發生不愉快的事，吃飯時太多禮節或飲食氣氛不愉快。解決方法，在於孩子對母愛的信賴重新建立後方可消除，或在快樂氣氛下進食，偶爾邀請玩伴共食，使小孩感到神奇可引起食慾。

(5)點心吃太多會造成食慾不振：點心對小孩而言是令人感到快樂的事，但吃多了會造成飽足感而引起食慾不振。尤以甜食吃太多，因攝入太多醣質，為了分解這些醣質消耗了體內大量的維生素B$_1$，使人感到疲倦，食慾不振。

2.解決之道

至於食慾不振的解決方法如下：

(1)每次供應的份量不要太多，用實體小、熱量高（如三明治、炒飯等）的食物，而不用水分太多的食物。

(2)注意食物色、香、味的調配，尤以味道以清淡口味為主。

(3)用小巧可愛之餐具來盛裝食物。

(4)進食之氣氛愉快，如有柔和的燈光、音樂，或讓小孩與同伴一起進食，多做戶外運動以增加食慾，烹煮以他喜歡的烹調方式為重點。

(四)幼兒肥胖

幼兒體重超過同年齡20%以上稱為肥胖，人體的脂肪組織於母親懷孕期就開始貯存；出生二歲之內脂肪細胞分化增加，嬰兒出生體重超過第九十百分位，至成年期肥胖的機會為正常嬰兒2-3倍，此時脂肪細胞數目較正常小孩數目多。

幼兒如果攝取過多的食物或熱量，超過身體需要會引起體重增加，有些小孩生長腺素減少導致醣類代謝異常。

肥胖兒的飲食應加以限制，應給予熱量較低的食物，不宜給垃圾食品；並增加其活動量，飲食與運動二者並兼為之。也不能過度節食會引起肝腎功能受損，血壓過低，心律不整。

幼兒肥胖有可能是因疾病所引發，如腎上腺皮質激素過多，如腎上腺腫瘤引起庫欣病，有四肢瘦，軀幹、腹部脂肪堆積，滿月臉、皮膚紫紋、肌肉無力、血壓高的現象；下丘腦部腫瘤引起神經系統和

內分泌功能紊亂，有多食、嗜睡、智力低下的現象；甲狀腺發育不良，幼兒有矮小、四肢粗短、顏面水腫、舌外伸、腹脹、便祕。

幼兒肥胖應給予低熱量的飲食，配合運動。

應記錄幼兒每日飲食狀況和日常活動，避免食用高熱量、高脂肪的食物；減緩用餐速度；多吃含纖維質高的蔬菜，三餐中將晚餐熱量減低，二次點心以早點、午點來供餐；不宜用食物來做獎勵小孩的條件；改掉吃零食的習慣，早起做戶外活動。

預防幼兒肥胖應在胎兒於母體內最後三個月懷孕孕婦控制營養，因孕期營養過剩會引起胎兒體內脂肪細胞增大和脂肪細胞數目增加引發幼兒期肥胖。

第三節　學童菜單設計

國小學童7-13歲，此階段的飲食三餐中有一餐由學校的營養午餐提供膳食，學童午餐是團體膳食重要的一餐。

一、營養需求

(一)熱量：7-9歲男童每天須1,800-2,050大卡，女童須1,550-2,050大卡，10-13歲男童須1,950-2,200大卡，女童須1,950-2,250大卡，國小學童由三年級開始供應午餐，因此學童午餐供應的熱量一餐為650-750大卡。

(二)蛋白質：蛋白質應占總熱量10-15%。

(三)脂肪：脂肪應占總熱量25-30%。

(四)醣類：醣類應占總熱量的58-68%。

二、飲食營養因素

由於學童進入學校就讀，同儕、老師、營養師對他的飲食習慣影響

很大，因此在就學時，老師、營養師應做營養教育宣導。

三、學童營養午餐菜單設計

由於午餐熱量宜在650-750大卡，團體膳食主食應多變化，可用不同的五穀類來做主食的設計，葷菜、葷素拌合，素菜搭配注重菜色、香、味、組織、稠度之搭配，如下表所示：

學童午餐循環菜單

套數	主食	主菜	副菜	副菜	湯
1	燕麥飯	燒烤雞腿	番茄炒蛋	青江菜	洋芋濃湯
2	地瓜飯	洋蔥豬排	青豆鮪魚	燗白菜	味噌海苔湯
3	刈包、酸菜、花生粉、珍珠肉排、青菜				
4	五穀米飯	清蒸魚	桂竹肉絲	菜瓜粉絲	銀耳珍珠圓
5	胚芽飯	蔥爆里肌	燴魚片	韭菜豆芽	薏仁養生湯
6	白米飯	醬燒旗魚	雙色肉絲	混合蔬菜	白菜蛋花湯
7	胚芽米飯	蒜泥白肉	滷味雙拼	臘味冬瓜	海帶小魚湯
8	海苔飯	咖哩雞	滿漢香腸	大陸妹	香菇蘿蔔湯
9	黃金玉米飯	香酥雞翅	海芽蒸蛋	炒高麗菜	酸辣湯
10	白米飯	茄汁肉條	花枝排	燗瓠瓜	榨菜粉絲湯
11	芋香米粉湯、滷雞腿、芝麻海帶、燙A菜				
12	燕麥飯	桂花魚排	沙茶肉片	金茸油菜	蘑菇濃湯
13	白米飯	蒸瓜仔肉	玉米炒蛋	開陽黃瓜	魷魚羹湯
14	義大利麵、照燒雞塊、時蔬青菜、珍珠奶茶				
15	白米飯	醬燒豬排	鮮菇豆腐	芹香海帶絲	玉米湯
16	胚芽米飯	香酥魚片	客家小炒	滷白菜	山藥大骨湯

第四節　青少年菜單設計

Bronfenbrenner（1979）生態系統理論指出，一個人出生後受到四大系統影響。

一、小系統（Microsystem），即人出生參與一個具體有形的場

所，人與人之間的關係，如家庭就是在小系統。

二、中系統（Mesosystem），即小系統之間的連結或互動，如家庭與學校之間產生的互動。

三、外系統（Exosystem），如父母的職業、收入、社經地位、社會網絡（社會福利制度、政府政策）、傳播媒體、交通。

四、大系統（Macrosystem），包括文化與文化環境，如意識型態、信念、價值觀、習慣、社會期望、生活型態。

五、時間系統（Chronosystem），即個體在其生命歷程中，每個人的人格特質與環境互動，形成個人心智發展，造成每個人的生命歷程，我們從時間脈絡中尋跡，造成每個人不同的人生。

青少年快速成長，營養素需求增加，世界各國青少年常有不吃早餐、缺鐵、飲食失調、肥胖，水果、蔬菜、鈣膳食攝食過少的現象，青春期攝取高脂肪造成成年期心血管疾病，青春期攝取鈣質不足造成骨骼疏鬆。青春期不健康的飲食行為及缺乏運動是極待改善的。

Story；Neumark-Sztaines；French（2002）指出影響青少年飲食行為的因素有四大因素

一、個人因素（如態度、信念、知識、自我效能、食物的喜好）。

二、社會因素（家庭或同儕因素）。

三、環境因素（如學校、速食店、便利商店）。

四、社會因素（媒體市場和廣告、社會和文化因素）。

社會認知理論以動態的、個人因素與環境相互作用與行為來解釋影響青少年飲食行為，其中有自我效能（指個體對於自我態度改變行為的能力）；觀察學習（由模仿並觀察別人的行為中學習）；相互決定（影響是雙向的）；行為能力（透過知識與技能改變行為的能力）；預期（個人相信某種行為會導致某種結果）；功能性意義（個人賦予行為意義）；增強（透過回應，增加或減少某種行為反應的機會）

一、個人因素

包括下列因素

1. 性別：由於女性攝取食物量較男性少，因此青少年男性維生素、礦物質、水果、蔬菜和奶類的攝取量大多較女性高。

2. 食物的喜好：童年對食物的飲食經驗、自我對食物的喜好，是對食物選擇之最大因素。

3. 食物的味道：味覺是影響食物選擇的重要因素，青少年對自動販賣機及點心的選擇，味道是重要選擇因素，也與青少年鈣質的攝取量相關

4. 食物的價格：研究發現價格下降時，青少年對食物的選購將增加。

5. 飢餓程度：青少年常因肚子餓了，想快速填飽肚子，而選擇自動販賣機的點心是主要原因。

6. 時間與方便性：青少年常因早上想多睡一點而不吃早餐，不想花時間排隊吃午餐而吃速食，缺乏時間亦常影響飲食。

7. 自我效能：包括節食、健康、營養等。

二、家庭因素

家庭是青少年食物的提供場所，家庭影響青少年對食物的價值、態度及喜好。

近年來單親家庭與雙薪家庭比率增加，家庭因而較少時間準備家中膳食，造成青少年吃速食、外出用餐、吃半成品食物的比例增加。青少年水果、蔬菜的攝取與社經地位相關，社經地位較低的家庭，青少年蔬果的攝取量較為不足。

青少年認為與家人共進晚餐是重要的，然而青少年與家人共餐的比例並不高。

研究顯示，家庭將蔬菜、水果提供給青少年的情形會影響青少年對蔬果的攝取狀況。

三、環境因素

(一)學校：學校飲食環境對青少年食物選擇與品質有很大影響，尤以參加學校午餐者有營養師之指導會導向正確的飲食行為。學校應是一個健康飲食規範並增進健康飲食的場域。

(二)速食餐廳：速食餐廳為青少年外食的場域，因青少年要求供餐快速、方便、美味、低價，速食餐廳受到青少年喜愛，但一般速食含高脂肪、高飽和脂肪酸、低纖維、低鈣、低鐵。

(三)自動販賣機：自動販賣機販賣點心及飲料帶給學生方便，但自動販賣機的食物種類很重要。

(四)便利商店：便利商店方便青少年購得食物，青少年主要以購買點心為主。

(五)工作場所：工作場合提供的餐食會影響青少年食物攝取及選擇。

(六)同儕：青少年為了尋求同儕的認同，會選擇與同儕一致認同的食物，尤以零食的選擇受到同儕的影響最大。

(七)媒體與廣告：青少年每天接觸網路、電視、廣播、報紙及各種出版物等媒體的時間長短會影響青少年的購物習慣。食品廣告及行銷會影響青少年對食物的選擇。

第五節　成年人菜單設計

　　一般成年人的飲食是指25-35歲的階段，在此時期發育已正常，食物的製作正常化，沒有很大的限制。

一、營養需求

(一)熱量：依衛生福利部的建議，成年人依工作量分為低、稍低、適度、高工作量，男性熱量需求為1950、2250、2550、2850大卡，女性熱量需求1600、1800、2050、2300大卡。

(二)蛋白質：蛋白質占總熱量10-15%為宜，其中動物蛋白質占2/3。

(三)脂肪：脂肪占總熱量25-30%。

(四)醣類：醣類占總熱量58-68%。

二、每日飲食建議量

(一)豆、魚、肉、蛋類：每日3-8份。

(二)低脂奶類：1.5-2杯。

(三)蔬菜：3-5份，每份100公克。

(四)水果：2-4份，即小橘子一個或小蘋果一個。

(五)全穀根莖類：每日1.5-4碗。

(六)油脂類與堅果種子類：每日建議3-7茶匙及堅果種子類1份。

三、飲食設計原則

(一)每日均衡攝取六大類食物。

(二)飲食以清淡少油、少糖為原則，每日食用鹽量不超過8-10公克。

(三)盡量選用高纖維食物。

(四)多攝取鈣質豐富的食物。

(五)多喝水。

(六)飲酒要有節制。

第六節　老年人菜單設計

一、前言

臺灣在2012年6月內政部統計資料顯示，超過65歲以上的人口比例占總人口比例的10.8%，老年人口比例逐年上升。

不當的飲食攝取、營養不均衡或疾病影響，容易使免疫力下降而增加感染疾病的機會；營養過剩會造成肥胖，增加新血管疾病、糖尿病與某些癌症的發生。適當的營養攝取有助於減緩老化現象與罹病機率，民國101年行政院衛生署公布的國人十大死亡原因：惡性腫瘤、心臟病、腦血管疾病、肺炎、糖尿病、意外死亡、呼吸道疾病、肝病、自殺、腎臟疾病，其中六項即與飲食有關。其中「癌症」為十大死因之首，占死亡人數37.3%，世界各國防癌機構研究亦指出，不當的飲食是導致癌症的罪魁禍首。在常見的慢性疾病方面，臺灣約有一半的老人罹患高血壓、三分之一患有高血脂症或高尿酸血症、五分之一是糖尿病；顯示不均衡的飲食對肥胖症、糖尿病、心血管疾病及某些癌症等慢性病確實有不良的影響。

良好的飲食習慣亦對慢性疾病的治療與預防有明顯的功效。適當的營養攝取可減緩老化或阻斷疾病的產生，並保有良好的身心狀況與生活品質，所以良好的飲食習慣對於許多急慢性病的預防與治療是相當重要的。因此，飲食與健康之間存在著密不可分的關係。

二、影響銀髮族飲食營養之生理因素

影響人體健康的因素，包括遺傳因子、生活方式、個性、年齡、性別、活動量、精神、心態、生活環境及飲食營養等，根據專家的估計，營養對於健康占有約70%的影響力，生活方式約占20%，其他共約占10%，可見營養對於身體保健相當重要。在上述可控的影響因素中，營

養狀況及飲食習慣是終其一生的重要課題，對於健康及老化速度有著深遠的影響，適當的飲食營養不但與老年人的生活品質有關，更可預防疾病、延緩病程，協助老年人達到其最大壽命。

營養對於身體保健相當重要。老年人營養不良的發生率隨著年齡增加而有上升的趨勢，成為常見且嚴重的老年問題。長期的飲食型態與慢性疾病的發生有關，飲食不當、營養失調是形成各種慢性病如：糖尿病、高血壓、冠狀動脈疾病、中風、腫瘤、骨質疏鬆、便祕等。這些疾病導致飲食受限制外，也會造成生理改變，減少營養素的消化、吸收以及增加營養素的需求。

有40%的老年人口屬營養不良，主要的問題包括蛋白質、熱量營養不良、缺鐵性貧血、體重過重或肥胖症以及維生素或礦物質的不平衡。以下就影響老年人的飲食營養因素中分別從生理老化、疾病與藥物等幾個方向個別討論。

(一)生理老化與飲食營養

1. 口腔生理

個人不良的口腔健康，會降低進食量，進而影響飲食品質。老人年紀越大，缺少牙齒或無牙的情況越多，使得咀嚼與吞嚥能力較差，食物無法充分咀嚼、不易吞嚥，因此有口腔問題的老人自然趨向減少高纖維蔬果類攝取，而造成維生素C、葉酸的攝取減少與影響排便，或減少不易咀嚼的肉類攝取造成減低良好鐵質來源。

老年人咀嚼能力的改變，造成必須選擇較軟、纖維質較少的食物，因而在食物選擇上受到限制，相對引起蛋白質、礦物質、維生素的缺乏。而嘴痛、咀嚼或吞嚥困難、不當的假牙、口腔乾燥或其他可能造成進食不舒服的狀況都可能是造成老年人營養不良的因素，可知口腔健康對飲食營養之重要。

2. 味覺與嗅覺

人的味覺與嗅覺隨著老化功能慢慢退化，疾病、藥物、醫療手術、環境因子及營養不良，也會影響味覺與嗅覺的靈敏度。味道或特別風味是決定老年人飲食最強的驅動力，營養的食物必須有讓人接受的風味才能為人所食用。味覺的減弱使老人對甜味及鹹味的敏感度會下降，對酸味及苦味的敏感度會提高，富含維他命的水果若太酸則食用較少，而造成老年人飲食選擇、攝取量的偏差。

老化也會造成唾液分泌不足使食物潤滑不足，造成進食不易吞嚥的情形，味蕾的數目減少，進而影響到食慾及食物的攝取狀況、影響進食、降低進食樂趣。

3. 腸胃道功能

老化會改變腸胃道功能，包括消化道蠕動減緩、功能退化，都是導致營養不良的因素。老化後腸蠕動減慢、小腸吸收面之細胞也因而減少，影響老年人各類營養素的吸收。另外，大腸蠕動減緩，延長糞便體內滯留時間，導致老年人易有便祕或脹氣症狀，乃至食慾減退。

4. 肌肉協調與行動能力

老年人也可能因為肌肉或行動失能，造成自行進食、咀嚼、吞嚥、品嘗食物等各方面的限制。而這些老化所造成的神經系統與肌肉協調性降低，罹患帕金森症老人的肌肉協調不良，可能會影響個人製作餐點時所需的各項製備、混合、攪打或切碎的功能，進而降低老年人的飲食品質。

老年人的行動能力不同，對飲食需求有不同的標準，如食物大小塊的切割、烹煮時間的長短、進食的方便性。健康期的老人可以享用一般的飲食，功能較差的老年人可能需要摒除帶骨、堅韌的飲食，障礙期的老人需要較多軟質飲食（稀飯），臥床期的老人

則多爲食用流質飲食，這些都可能造成進食之偏差，飲食不均衡。

5. 視覺與聽覺

隨著年齡的增加老年的視覺、聽覺等感官功能的退化，可能增加食物準備的難度，因而減少食物攝取量，將低了對食物的辨識度及進食能力。也可能無法清楚的辨識食物的狀態，進而影響食慾。

㈡疾病、藥物與飲食營養

自1970年代以後臺灣地區十大死因中，主要死因逐漸由傳染病轉爲慢性疾病。而在美國，1996年美國的人口統計局的調查發現，人口隨著年齡增長，慢性病的發生率越高，約有85%的美國老人具有一項以上慢性病，且有60%的85歲以上老人至少有兩項慢性病。這些慢性病的發生與長期的飲食型態有關，如糖尿病、高血壓、冠狀動脈疾病、中風、腫瘤、骨質疏鬆、便祕等。這些疾病導致飲食受限制，也造成生理改變，減少營養素的消化、吸收，並增加營養素的排除與需求。

依內政部於2010年所做的台閩地區老人狀況調查分析報告顯示，65歲以上的老人罹患疾病情形，76%的老人有慢性或重大疾病。有些有疾病的老人爲了維持身體的健康，在醫院往往會接受治療飲食的安排。然而，由於有許多飲食限制的條件下，老年人難以享用或烹製美味的餐食，列如：糖尿病病患必須控制少油、少糖、少鹽的飲食，使得部分老人因而抗拒醫院飲食，若離開醫院營養師的監護下，老年人會隨意減少食物，甚至恢復先前對身體不佳的飲食習慣。老年人常爲預防、減輕或治療疾病而服用藥物，而部分藥物的服用會影響味覺與嗅覺，造成食慾降低、噁心、嘔吐等副作用，或是影響食物的消化代謝、吸收、利用及排除。藥物爲慢性病主要的治療方式之一，其中有影響食物攝取之藥物、改善營養素吸收之藥物、

改善營養素代謝之藥物、改善營養素排泄之藥物等。這些疾病與藥物可能會必須要飲食限制，或是會影響食慾，造成營養不均衡。

三、影響銀髮族飲食營養之心理因素

然而，老年人的飲食營養不單只受生理因素之影響，知識與態度對於飲食行為的影響，牽動著老年人的健康狀態，營養知識、態度、飲食行為及營養狀態彼此間息息相關、密不可分。對許多的老年人而言，飲食不單單是生理上的需求，更是一種社會及心理活動。食物是許多老人的社會生活中心，以下就老年人的飲食營養的心理因素分別從社會支持與營養知識等兩個方向來討論。

(一)社會支持與飲食營養

與其他人一同用餐能增進老人的進食動機，使其有較佳的飲食品質、三餐較規律及較高的飲食滿意度。有研究指出，與他人同住的老年人飲食較富變化，有較多的肉類及點心攝取，菸鹼酸、維生素C及蛋白質攝取等，維生素與抗物質的營養攝取也較為充足。

社會關懷或家人支持的安全感，是老年人是否覺得獲得適當社會支持持的重要因素，也對於老年人的生理功能、精神活力、營養攝取與飲食品質均有正面的影響。當老年人的社會支持被破壞（如：退休、近親死亡等），常出現不充足的飲食攝取，引發老年人失去食慾、體重減輕。而獨居老人缺乏社會支持則常表現在總食量降低與攝取食物類型減少，可能因此營養缺乏。或為了省錢，很少攝取新鮮的食物，常常菜式單調且一種菜色可能食用數餐，使得獨居老人營養不良情況較與家人同住老年人多。

(二)飲食習慣、營養知識與飲食營養

大部分老年人同意營養是重要的，但仍可能受到從前清苦環境影響而保有儉樸的個性，對於生活及飲食認為能溫飽就很好了。多數人雖然認為年紀大能仍須重視營養，也了解飲食對健康有很大的影

響，然而對營養知識大多卻仍一知半解。

老年人有相當強烈的傳統飲食禁忌態度，對於一般民間流傳的傳統飲食禁忌極為篤信，如食物之寒、燥熱、冰冷等傳統飲食禁忌，或是高脂肪、高膽固醇飲食禁忌，過多的飲食禁忌會影響食物的選擇與變化性，可能間接影響到飲食的營養均衡性。而宗教對食物攝取有教條限制，有些食物是被禁止的，如豬肉是被猶太教及回教所禁止，而印度教與佛教更禁食肉類食品而以素食為主，這些也會影響到飲食均衡。

因此，透過飲食營養知識的教導以及正確營養態度的培養，進而減弱老年人的傳統飲食禁忌，將有助於提升飲食品質。

老年人常有少食、過食及單調飲食的情形。隨著年齡的增長，老年人的飲食習慣會有所改變，最常見的改變包括減少紅肉、蛋、油炸及高脂食品的攝取，並增加蔬菜、雞肉及魚肉攝取，少吃零食，亦少用加工食品，並以多元不飽和脂肪酸含量較多的用油取代飽和脂肪酸較多的烹調用油，三餐進食率高且穩定，與其他年齡層相較，可發現素食者比例大幅提升。然而，有部分較不健康的飲食習慣仍普遍存在，仍有相當多的老年人吃鴨、雞或肉類時連肥油或皮一同食用者，排斥食用牛奶及其製品，習慣味道較重的食物。

四、老年人飲食設計

(一)老年人營養需求

老年人的生活品質、健康是很重要的，營養攝取不足，會導致生理機能運轉出問題，因此老年人的飲食是很重要的。

1.熱量需求

健康老年人每公斤體重需30大卡的熱量，如一位老年人體重60公斤，則每日需1800大卡熱量，如果臥病在床活動量減少，每公斤體重需25大卡熱量。

2. 醣類

主要提供熱量、節省蛋白質與脂肪的代謝，老年人醣類所占比例
應占58-68%。

3. 蛋白質

老年人每天每公斤需要一公克蛋白質，一天大約需50-60公克的
蛋白質，其中要有二分之一屬於高生理價值蛋白質的食物，如：
牛奶、雞肉、豬肉。

4. 脂肪

可以提供熱量，老年人所需的脂肪應盡量減少，占總熱量20%，
烹調用油應減少並做適宜的選用。

5. 維生素

不產生熱量，但參與身體的代謝。脂溶性維生素不可過量，水溶
性維生素B群為抗氧化劑，與老年人健康有密切關係，如：未精
緻的穀類與堅果含有豐富的B群，維生素B$_{12}$與葉酸能維護神經系
統健康，B$_{12}$含在牛奶、雞蛋、肉類中，葉酸含在菠菜、綠花椰
菜和蘆筍中。飲食中維生素C、E抗氧化劑可抵消自由基對血管
的破壞，可減低阿茲海默症。

6. 礦物質

臺灣老年人應多攝取含鈣、鎂、鐵的食物，市售含三價鉻的牛奶
專為糖尿病老人飲用。

五、老年人飲食

老年人依其生理情況，其飲食型態分為四種，即普通飲食、細碎飲
食、半流質飲食及全流質飲食，每一種飲食應注意事項如下：

(一)普通飲食

適合身體健康的老年人，其飲食應注意均衡的營養，食物以軟質地
為主。

1. 主食可以增加番薯、南瓜、芋頭、紫米、紅豆、綠豆，增加色彩及纖維素的攝取。
2. 煮米飯時可多加點水，使主食的質地較柔軟。
3. 多選用組織較軟的魚，以清蒸或煮的烹調方式。
4. 豬肉選用肉質較柔軟的梅花肉，牛肉選用牛里肌，不要太老的肉或太高的脂肪的肉。
5. 肉剁成絞肉或加入少許太白粉做成肉丸或肉餅。
6. 蔬菜選用較嫩的部分，切碎或切小段，亦可將蔬果打成果菜汁連續喝，可獲得較高纖維素。

普通飲食

餐別＼套數	一	二	三	四	五	六	七	八
早餐	豆漿 饅頭 煎蛋	小米粥 醬味豆腐 炒蛋 醣醋小黃瓜	米漿 油條	綠豆稀飯 肉鬆 炒高麗菜	紅豆粥	鮪魚三明治 牛奶	粥 肉鬆 花生 炒菠菜	桂圓粥
早點	蛋糕	蘇打餅	甜甜圈	麵線羹	飯糰	薏仁牛奶	愛玉凍	三色水餃
午餐	米飯 滷肉 炒小魚 素炒茼蒿	乾拌麵 魚丸湯	米飯 煎鱈魚 乾煸四季豆 素炒菠菜	咖哩雞燴飯	哨子麵	米飯 銀魚煎蛋 洋蔥牛肉 炒青椒	米飯 煎排骨 煮玉米粒 炒菠菜	米飯 珍珠丸子 紅燒豆腐 炒小黃瓜
午點	蘋果	草莓	鳳梨	奇異果	火龍果	棗子	木瓜	番茄
晚餐	酸辣水餃	米飯 雪菜肉絲 煎秋刀魚 滷冬瓜	嘉義雞肉飯 貢丸湯	米飯 青椒牛肉 紅蘿蔔炒蛋 燙茼蒿	米飯 紅燒香菇雞肉 小黃瓜肉絲 煎荷包蛋	義大利肉醬麵 羅宋湯	米飯 破布子蒸魚 榨菜肉絲 蒜香空心菜	廣東粥

(二)細碎飲食

　　用於咀嚼困難的老年人，將食物剁碎，再烹調。

　　1.飲食須重視均衡營養。

　　2.將材料在烹調前經切碎再烹煮，亦可將食物烹煮後，吃前再剁碎供應。

　　3.盡量將每一道菜分開，讓老年人吃到每一道菜的原味，不可全剁碎在一盤。

細碎飲食

套數　餐別	一	二	三	四	五	六	七	八
早餐	稀飯 蔭瓜 素炒雪菜 炒蛋	地瓜稀飯 紅燒豆腐 肉鬆炒菠菜	紫米粥 魚鬆 滷豆腐 炒空心菜	桂圓粥	小米粥 皮蛋豆腐 魚末 炒清江菜	綠豆稀飯 蘿蔔乾炒蛋	糙米稀飯 醬汁豆腐 炒川七	薏仁粥
早點	奇異果	香蕉	草莓	柳丁	蘋果	鳳梨	木瓜	芭蕉
午餐	蒸餃	糙米稀飯	三寶粥	芋頭粥	鹹粥	蚵仔麵線	牛肉粥	麻油麵線
午點	蛋糕	羅宋湯	餛飩湯	南瓜濃湯	酸辣湯	蘿蔔糕	麵疙瘩	紅豆牛奶
晚餐	米飯 紅燒雞丁 煎茄子 炒地瓜葉	白米飯 煎銀魚 洋蔥肉丁 小黃瓜	大滷麵	米飯 蔥炒蛋 炒肉丁 炒莧菜	米飯 紅燒獅頭 雪菜肉末 滷白菜	酸辣麵	米飯 紅燒魚 沙茶三丁 炒空心菜	米飯 四季豆 炒絞肉

(三)半流質飲食

　　用於無牙齒或吞嚥困難的老年人。

1.將固體食物經剁碎，加入稀飯、麵條、高湯中，調製成只須稍加咀嚼即可吞嚥的飲食。

2.將食物做成柔軟、嫩質地的食譜，如布丁、蒸蛋、豆花、麥片、芝麻糊等。

3.每一種食物有其主要顏色，不能將所有菜餚打成混雜的雜菜。

4.主食如饅頭、餅乾、麵包，可用果汁、菜湯泡一下，再以湯匙挖取飲食。

半流質飲食

套數 餐別	一	二	三	四	五	六	七	八
早餐	小米粥	肉鬆粥	肉粥	湯麵	銀魚粥	瘦肉粥	羅宋湯	蓮藕粥
早點	柳丁汁	草莓汁	木瓜汁	芭樂汁	梨汁	葡萄柚汁	奇異果汁	蘋果汁
午餐	山藥粥	薏仁粥	糙米排骨粥	海鮮粥	南瓜濃湯	馬鈴薯肉粥	蝦仁麵線	絲瓜麵線
午點	蒸蛋	豆腐湯	紅豆牛奶	芝麻糊	什錦粥	桂圓粥	紅豆薏仁粥	西米露
晚餐	鱈魚粥	雞肉粥	麵線糊	餛飩湯	芋頭肉粥	虱目魚肚粥	豆籤絞肉湯	湯餃

㈣全流質飲食

用於長期臥床、行動不便，咀嚼或吞嚥困難的老年人，有的老年人長期靜臥，要給予適當的稠度，太稀容易嗆到。

1.選用新鮮食物剁碎或質嫩的食物，採用不同香氣的食材。

2.烹煮前將皮、筋、骨頭去掉，煮完可稍用太白粉、麥粉、杏仁粉、藕粉勾芡。

3.水果可用磨泥器模成泥狀直接餵食。

4.進食時將床頭搖45-60度，保持下巴與桌面平行，以免食物進入氣管，餵食時應將前一口食物吞下，才可繼續餵食。

全流質飲食

套數 餐別	一	二	三	四	五	六	七	八
早餐	草莓牛奶	山藥粥	鮭魚粥	紫米粥	香菇肉粥	牛肉粥	杏仁糊	魚仔粥
早點	木瓜汁	蓮藕糊	芝麻糊	麵茶	紅棗汁	優酪乳	芭樂汁	葡萄柚汁
午餐	蝦仁粥	芋頭米粉	雞絲肉粥	油豆腐冬粉	瓠瓜肉粥	翡翠肉粥	牛肉湯	麥片粥
午點	烤布丁	仙草	木瓜牛奶	豆花	蒸蛋	薏仁粥	玉米湯	杏仁豆腐
晚餐	百合粥	栗子粥	紅棗糯米粥	海鮮粥	糙米排骨粥	紅蘿蔔絞肉粥	南瓜粥	番薯肉粥
晚點	燕麥粥	牛奶	米糊	綠豆牛奶	蔬菜湯	蓮藕糊	薏仁麥片	紅豆麥片

不同生理狀況菜單設計

第一節　孕婦菜單設計

當精子與卵子結合，受孕後約30小時，受精卵開始細胞分裂，在受孕一週內就深入子宮內膜，胚胎開始發育成各種不同的器官，內胚層發育成消化系統，如肝臟、胰臟；中胚層發育成骨骼、肌肉；胚胎外層發育成皮膚、神經系統及感覺器官，在孕期第八週時稱為胎兒，胎兒在懷孕期最後20週成長十分快速，出生後一般嬰兒重3.2-3.5公斤，身長50-55公分。

胎兒在母體中靠臍帶來吸收母親給予的營養素，胎盤作為吸收營養素的器官，它合成脂肪酸、肝醣，製造荷爾蒙，控制胎兒的吸收與代謝，使母體發生變化，胎盤的大小支持胎兒的生長，取決於母親的營養狀況，母親營養狀況好，胎盤大，輸送養分與排除廢物的能力夠，胎兒的生長發育較佳。

一、孕期母親的營養對出生小孩的影響

母親在懷孕期熱量攝取不足，會生出體重低的嬰兒，攝取熱量太高會產出高體重的嬰兒導致難產。

蛋白質不足出生的小孩頭圍小，甚而影響腦細胞的發育。維生素A不足容易早產，出生小孩視力不佳；維生素A過量，小孩臉部容易畸形。維生素D不足小孩會有體重不足、佝僂症、牙齒缺琺瑯質；維生素D過多會有腎臟鈣化、心智障礙。維生素C不足會有早產。葉酸不足會使嬰兒產生神經缺陷、體液滯留在腦殼、自發性流產，葉酸太多會抑制母體對其他營養素的吸收。鈣之攝取不足，易使嬰兒骨質密度不夠；鈣太高會阻礙母體對鐵與鋅的攝取。鐵攝取不足小孩出生體重低、早產；鐵攝取太多，會阻礙母體對鋅的攝取。母體碘攝取不足會生出生長遲緩的小孩；碘攝取太高，易生出甲狀腺疾病的小孩。鋅攝取太多會阻礙母

體對鐵與銅的攝取。

二、影響懷孕結果的因素

(一)體重：懷孕前體重不足，如BMI小於19.8會導致胎兒營養不良。

(二)母親的健康情況：母親有心臟病、腎臟病、糖尿病、遺傳疾病，懷孕時需有特殊營養控制。母親偏食嚴重，缺乏某些營養素也會影響胎兒發育。

(三)社經地位：一般教育低、收入低或需要社會支援的孕婦，營養狀況較差。

(四)生活習慣：母親飲酒易生出畸形兒，吸毒易生出死胎、抽菸會有出生嬰兒水腫之現象。

三、孕期體重增加之建議

根據懷孕前身體質量指數（BMI），建議懷孕期間體重增加的情形，當BMI小於19.8時，懷孕總重宜增加12.5-18公斤，BMI在19.8-25.9時，宜增加11.5-16公斤；BMI在26-29時，宜增加7-11.5公斤；BMI大於29時，宜增加7公斤。

四、孕期營養需求

懷孕期營養需求是十分重要的，因為受精卵在母體所需的營養素要由母體來供應，現介紹孕期所需的營養素。

(一)熱量

孕婦每日熱量攝取不足，生下嬰兒較小，猝死率較高。

懷孕第一期胎兒很小，不需要太多熱量，在三個月後至孕期結束，每天需增加300大卡的熱量，孕婦若為未成年少女或體重不足者，每日熱量可增加350-400大卡。

(二)蛋白質

孕婦蛋白質的攝取在三個月後每日增加10公克的蛋白質，以促使胎兒細胞快速成長。

(三)脂肪

應多攝取W-3脂肪，少吃反式脂肪酸，因必需脂肪酸是胎兒生長發育的所需，尤以胎兒腦與眼睛發育需有足夠的必需脂肪酸。

(四)維生素

胎兒與母體細胞需有足夠的葉酸與維生素B_{12}來合成DNA與紅血球，懷孕早期缺乏葉酸會造成胎兒神經管缺陷，導致早產、體重低、生長遲緩、流產的現象，甚而生出心臟有缺陷或唐氏症的小孩。

維生素B_{12}攝取不足亦會有神經管缺陷的現象，尤以純吃素者須補B_{12}。

維生素D攝取不足會造成孕婦軟骨症、胎兒佝僂症、骨骼牙齒鈣化不足，在日曬不足地區的孕婦，補充維生素D更重要。

(五)礦物質

胎兒需要豐富的鈣、磷、鎂、氟，供給骨骼與牙齒成長，婦女若鈣質不足而懷孕，會造成生產後骨骼疏鬆，嬰兒佝僂症、骨骼牙齒鈣化不足。

孕婦不宜亂吃藥，如重度使用阿斯匹靈、荷爾蒙、大麻、古柯鹼，易造成死胎或畸形兒。

五、孕期飲食

(一)懷孕三個月的飲食

在懷孕至三個月時，胎兒的五官、神經系統、心臟開始發育，此期因賀爾蒙絨毛膜激素、黃體素升高的影響，常會有害喜症狀，應攝取足夠維生素B_1、B_6、葉酸的食物。

(二)懷孕四至六個月的飲食

胎兒在15週時器官已完全發展，肌肉與骨骼已發育，此期每月增加300大卡，蛋白質每日增加10公克，宜補充足夠的鐵質與鈣質的食物。

(三)懷孕七至十個月

孕婦體重上升，嬰兒腦部發育之重要階段，此期每日增加300大卡，蛋白質每日增加10公克，不宜補充過多魚油，會導致凝血功能不佳。

六、懷孕期須重視的營養素

(一)礦物質

1. 鈣質：由於嬰兒骨骼成長時，會吸取母親體內的鈣質、因此孕婦須注意鈣質的攝取，如牛奶、乳酪、小魚乾、牡蠣等食物。

2. 碘：胎兒快速成長，提高母親的基礎代謝，甲狀腺的分泌增加，含碘的食物如海帶、海菜、蛋、牛奶須多攝取。

3. 鐵：孕期血液中鐵質的需求增加，此時應多攝取鐵質高的食物，並搭配富含維生素C的蔬果，有助於鐵質的吸收。

4. 鎂：出生嬰兒羊癲症與胎兒發育不全與鎂的攝取有關，須多攝取鎂含量高的食物。

(二)維生素

1. 葉酸：葉酸與嬰兒神經系統的成長有關，孕婦每日應攝取600微克的葉酸，可由綠色蔬菜、水果中獲得。

2. 維生素B群：維生素B_1、B_2、B_6與菸鹼酸，隨著熱量需求增加而提高，可由綠色蔬菜、全穀根莖類獲得。

七、孕期禁忌

(一)不吃生食：孕期盡量吃煮熟的食物，因生食易有寄生蟲與農藥的問題。

(二)均衡膳食：各類食物要均衡攝取，不可偏重某一類食物。

(三)加工食物少吃：因加工食物常添加過多鹽、糖，易造成水分積留體內，甚而有水腫現象。

(四)少吃垃圾食物：垃圾食物是指只有單一營養素，對身體健康無幫助，如糖果、巧克力、汽水，易造成肥胖。

(五)少吃含食品添加物的食物：如代糖（苯丙胺酸）吃太多會影響胎兒腦部發育。

(六)不宜喝咖啡：咖啡因會導致人興奮、心跳加速、血壓上升。

(七)不宜喝酒：酒精透過胎盤進入胎兒血液中，會導致胎兒腦神經受損，而有腦動遲緩、智力不足的現象。

(八)避免油膩的食物：過油的食物會使體脂肪過高，宜以清淡飲食為佳。

(九)避免刺激性食物：不宜吃刺激性的辣椒、胡椒粉、咖哩，易刺激胃黏膜，始胃有灼熱感。

八、孕期疾病

(一)妊娠急性脂肪肝

孕婦在孕期七個月至十個月時，如有1-2星期食慾不振、噁心、嘔吐、上腹痛、黃疸時，經抽血檢查胺轉移酵素在300-500 IU，低血蛋白、低膽固醇、低三酸甘油脂、白血球增加，此時應盡快就醫。常有長鍵脂肪酸代謝酵素缺乏，以中鍵脂肪酸取代長鍵脂肪酸，改食低油、避免空腹，空腹反而會加速脂肪代謝。

(二)無腦畸形

胎兒神經管形成因母親缺乏葉酸、維生素B_{12}，會造成無腦畸形，一半會自然流產。

(三)脊髓突出

母親懷孕時吃抗癲癇藥、肥胖或高體溫，易造成出生小孩脊髓突出。

(四)小頭畸形

懷孕期母親腦部受傷，或暴露在放射線、喝酒、受到德國麻疹感染、弓漿蟲感染，易造成小孩小頭畸形。

(五)妊娠糖尿病

孕婦有高血糖的現象，胎兒在高血糖中成長有巨嬰症的現象，提高罹患神經發育異常的現象。

(六)孕期長期吸入二手菸

研究發現，孕期母親長期吸入二手菸會有呼吸道疾病，肺癌機率比沒吸二手菸高3-4倍，出生嬰兒會有早產、體重過輕（比正常嬰兒輕200-300公克）、胎死腹中、智能不足（菸會降低血中氧的濃度）、氣喘、猝死的現象。

第二節　坐月子飲食

近年來行政院衛生署國民健康局一再宣導嬰兒喝母奶的好處，鼓勵母親親自哺乳，尚有育嬰假讓母親在幼兒小的時候可多花時間來照顧。

一、吃母乳的好處

(一)母乳含有嬰兒需要的營養素：健康母親可提供嬰兒很好的食物，就是母乳，母乳的成分是嬰兒需要的，因此嬰幼兒奶粉常以母

第四章　不同生理狀況菜單設計

061

乳化爲其產品的標誌。

㈡母乳爲嬰兒最衛生、最經濟的食物：吃母乳可免除沖泡消毒的麻煩，爲嬰兒最經濟的食物。

㈢母乳中含有抗體：尤以初乳含有抗體，可抑制細菌侵入腸黏膜，協助嬰兒抵抗疾病。

㈣可以促進親子交流：使嬰兒有安全感，讓小孩情緒穩定成長。

㈤母乳可減少乳癌罹患率：小孩吃母乳，可使母親子宮恢復，減少母親罹患乳癌的之機率。

由於現代社會小家庭模式的盛行，產婦更加重視對於產後身體的調養與回復，因此產婦會選擇坐月子中心調養身體並藉由專業的坐月子料理來促進母體乳汁分泌。而在出生率持續下降的潮流中，產後護理之家產業似乎不受此狀況影響。因此，在都市化程度較高的都市，依舊有高比率的產婦選擇進行產後調理。

產婦在月子中心裡，中心提供一套標準化、規格化的服務流程與內容。其中需要有專業的護理人員、負責寶寶照料的專門人員等等，而最重要的是坐月子餐料理的食補和藥膳內容規劃製作人員，藉由專業的菜單設計，產婦可攝取豐富均衡的食物搭配是奠定體質的基礎。

由行政院衛生署2012年修訂的國人營養素攝取量表顯示，19-45歲的婦女每日熱量爲1450大卡至2100大卡，若坐月子不哺乳則維持正常所需熱量1450-2100大卡，蛋白質55-78公克。當婦女坐月子期間並哺乳時每日所需熱量需增加500大卡，即每日建議熱量爲1950-2600大卡。每日蛋白質攝取量較正常時期攝取量增加約15公克，其中一半來自於高品質蛋白質。每日鈉須攝取2400毫克，鈣攝取1000-2500毫克。

坐月子並哺乳期熱量：「正常時期需求大卡＋500大卡」＝1950-2600大卡

蛋白質：坐月子熱量 x 15% ÷4＝73-98公克

脂肪：坐月子熱量 x 28% ÷9＝61-81公克

醣類：〔坐月子熱量 －（蛋白質x 4＋脂肪x 9）〕÷4＝277-370公克

表4-1　每日營養素建議量

營養素單位	坐月子不哺乳				坐月子哺乳				鈉	鈣
	蛋白質（公克）	脂肪（公克）	醣類（公克）	總熱量（大卡）	蛋白質（公克）	脂肪（公克）	醣類（公克）	總熱量（大卡）		
低	55	45	206	1450	73	61	277	1950	每日低於2400毫克	每日1000-2500毫克
稍低	62	51	235	1650	81	67	305	2150		
適度	71	59	270	1900	90	75	341	2400		
高	78	65	299	2100	98	81	370	2600		

表4-2　坐月子婦女飲食建議量

食物類別	份量	蛋白質（公克）	脂肪（公克）	醣（公克）	熱量（大卡）
低脂牛奶	1-2X	16	8	24	232
肉、魚、豆、蛋	7X	49	35	-	481
蔬菜	3-4X	8	-	20	112
水果	3X	-	-	45	180
五穀根莖類	15X	30	-	225	1020
油脂	3T	-	45	-	405
總合		103	88	299	2430

坐月子菜單(1)

餐別	餐盒供應內容	樣式	成品供應標準	包裝餐盒或容器之規格或材質	供應營養素					功能表設計及供應原則
					熱量(大卡)	醣類(公克)	蛋白質(公克)	脂肪(公克)	膳食纖維(公克)	
早餐	糙米粥	1	糙米30g							少辛辣、刺激勿大硬、生食物。
	燴三菇	1	金針10g香菇10g鮑魚菇10g							
	紅燒肉	1	豬後腿肉35g紅蘿蔔30g芋頭30g		420	45	15	20	3	
	蔥炒蛋	1	蛋55g蔥30g							
	炒青江菜	1	青江菜50g							
早點	低脂牛奶	1	低脂牛奶240c.c.		176	27	8	4	2	
	水果	1	蘋果1顆							
午餐	五穀飯	1	五穀米70g							
	三杯雞	1	雞腿肉70g麻油5g							
	炒牛蒡	1	牛蒡絲50g		689	85	31	25	8	
	炒雙色	1	綠花椰菜50g紅蘿蔔30g							
	山藥排骨湯	1	山藥70g排骨35g							
午點	百合木耳紅棗湯	1	百合10g白木耳10g紅棗10g		44	10	1	-	3	
晚餐	白飯	1	白米80g							
	麻油腰子	1	麻油5g豬腰90g		768	95	29.5	30	8	
	粉椒肉片	1	青椒20g紅椒20g肉片35g							
	炒四季豆	1	四季豆50g							
晚點	紫米粥	1	紫米20g糖5g		128	30	2	-	2	
	合計				2225	292	86.5	79	26	

坐月子菜單(2)

餐別	餐盒供應內容	樣式	成品供應標準	包裝餐盒或容器之規格材質	供應營養素					功能表設計及供應原則
					熱量(大卡)	醣類(公克)	蛋白質(公克)	脂肪(公克)	膳食纖維(公克)	
早餐	麥片小米粥	1	小米10g麥片20g							
	紅燒豆包	1	豆包25g		375	45	20	15	2	
	煎鮭魚	1	鮭魚70g							
	拌三絲	1	木耳20g紅蘿蔔20g四季豆20g							
早點	水果	1	櫻桃80g		60	15	+	+	2	
午餐	白飯	1	白米80g							少辛辣、刺激勿吃太硬、生食物。
	紅燒花生豬腳	1	豬腳70g花生20g							
	麻油豬肝	1	豬肝80g花椰菜40g		624.5	65	39.5	22.5	8	
	西芹蝦仁	1	西芹50g蝦仁15g玉米筍30g							
	燙地瓜葉	1	地瓜葉100g							
午點	低脂奶	1	低脂奶240c.c.		116	12	8	4	+	
晚餐	白飯	1	白米80g							
	蒸鱸魚	1	鱸魚75g							
	枸杞高麗菜	1	高麗菜80g枸杞5g肉片35g		732	105	33	20	8	
	燜南瓜	1	南瓜100g							
	小米粥	1	龍眼乾15g小米20g							
晚點	薏仁紅豆湯	1	紅豆20g薏仁20g糖10g		176	40	4	-	4	
	合計				2105.5	285	76.5	61.5	20	

坐月子菜單(3)

餐別	餐盒供應內容	樣式	成品供應標準	包裝餐盒或容器之規格材質	供應營養素					功能表設計及供應原則
					熱量(大卡)	醣類(公克)	蛋白質(公克)	脂肪(公克)	膳食纖維(公克)	
早餐	山藥粥	1	白米20g山藥35g		395	45	20	15	2	
	煎荷包蛋	1	蛋1顆							
	拌海帶	1	海帶40g青蔥10g							
	蒜香菠菜	1	菠菜100g							
早點	低脂牛奶	1	低脂牛奶240c.c.		348	45	8	4	3	
	水果	1	草莓160g							
午餐	白飯	1	白米80g		669	80	31	25	8	少辛辣、刺激勿太硬、生食物。
	香根肉片	1	豬肉片70g香菜10g							
	蟹肉沙拉	1	蟹肉30g馬鈴薯22.5g紅蘿蔔20g小黃瓜20g沙拉醬8g							
	麻油紅鳳菜	1	紅鳳菜100g麻油5g							
午點	龍眼粥	1	圓糯米20g龍眼乾10g		128	30	2	+	2	
晚餐	白飯	1	白米80g		569	75	31	15	8	
	百果雞丁	1	百果10g雞丁70g青椒20g紅椒20g							
	炒綠蘆筍	1	綠蘆筍50g							
	芋頭排骨湯	1	排骨30g芋頭40g							
晚點	銀耳蓮子湯	1	銀耳10g蓮子20g糖5g		108	25	2	+	2	
				合計	2217	390	94	59	23	

坐月子菜單(4)

餐別	餐盒供應內容	樣式	成品供應準	包裝餐盒或容器之規格材質	熱量(大卡)	醣類(公克)	蛋白質(公克)	脂肪(公克)	膳食纖維(公克)	功能表設計及供應原則
早餐	瘦肉粥	1	白米20g/瘦肉10g/紅蘿蔔10g		497	75	15.5	15	3	
	炒三丁	1	玉米粒60g青豆仁30g紅蘿蔔10g							
	蔥爆馬鈴薯絲	1	馬鈴薯60g蔥20g							
	煎豆腐	1	豆腐50g							
午餐	白飯	1	白米80g		509	60	20	21	8	
	煎肉片	1	肉片70g							
	五彩蒸魚	1	鱈魚50g青椒20g紅椒20g							
	炒花椰菜	1	綠花椰菜50g							
	烤三菇	1	金針菇20g鮑魚菇20g香菇10g							
午點	低脂牛奶	1	低脂牛奶1杯		150	4	8	12	+	
晚餐	白飯	1	白米80g		650	75	29	26	8	少辛辣、刺激勿大硬、生食物。
	帶殼草蝦	1	帶殼蝦60g蔥10g							
	蒜頭雞	1	雞肉70g蒜頭10g							
	炒紅鳳菜	1	紅鳳菜100g							
	水果	1	蘋果110g							
晚點	八寶粥	1	紅豆5g綠豆5g糯米5g蓮子5g百合5g/小米5g龍眼5g麥片5g		272	60	8	-	8	
	合計				2084	274	80.5	74	27	

坐月子菜單(5)

餐別	餐盒供應內容	樣式	成品供應標準	包裝餐盒或容器之規格、材質	熱量(大卡)	醣類(公克)	蛋白質(公克)	脂肪(公克)	膳食纖維(公克)	功能表設計及供應原則
早餐	疏菜粥	1	白米20g高麗菜20g紅蘿蔔10g							
	紅燒烤麩	1	烤麩40g肉片30g		238	25	12	10	3	
	拌豆芽	1	黃豆芽30g紅蘿蔔20g蔥20g							
	蒜香四季豆	1	四季豆80g							
早點	低脂牛奶	1	低脂牛奶240c.c.		236	42	8	4	4	少辛辣、刺激勿大硬、生食物。
	水果	1	玫瑰桃120g							
午餐	地瓜飯	1	白米80g地瓜55g							
	韭菜捲	1	韭菜50g小捲70g		701	75	37	29	8	
	杜仲魚湯	1	鱸魚70g杜仲中藥包1包							
	豆皮炒三色	1	豆皮15g高麗菜25g紅蘿蔔25g木耳15g							
午點	紅豆湯圓	1	紅豆10g湯圓30g糖5g		156	35	4	+	2	
晚餐	白飯	1	白米80g							
	炒皇宮菜	1	皇宮菜80g		651	75	29	25	8	
	麻油雞	1	麻油5g雞肉85g							
	絲瓜蛤蜊	1	絲瓜50g蛤蜊65g							
晚點	木耳蓮子湯	1	蓮子20g木耳20g糖15g		196	45	4	-	-	
	合計				2030	297	80	58	25	

坐月子菜單(6)

餐別	餐盒供應內容	樣式	成品供應標準	包裝餐盒或容器之規格材質	熱量(大卡)	醣類(公克)	蛋白質(公克)	脂肪(公克)	膳食纖維(公克)	功能表設計及供應原則
早餐	芋頭粥	1	芋頭10g白米20g肉10g蔥10g		354.5	35	16.5	7.5	4	
	蔥煎麵腸	1	麵腸40g蔥20g							
	燙花椰菜	1	花椰菜100g							
早點	低脂牛奶	1	低脂牛奶240c.c.		252	42	12	4	1	
	奶酥麵包	1	奶酥麵包60g							
午餐	白飯	1	白米80g		463	60	22	15	8	
	蔥燒海參	1	海參100g							
	水蓮肉片	1	肉片35g水蓮50g							
	炒波菜	1	波菜80g							少辛辣、刺激勿太硬、生食物。
午點	水果	1	葡萄130g		120	30	+	+	4	
晚餐	白飯	1	白米80g		694	70	36	30	8	
	青豆蝦仁	1	青豆30g蝦仁60g							
	拌干絲	1	干絲25g芹菜20g紅蘿蔔20g							
	川芎虱目魚湯	1	虱目魚35g川芎、當歸、紅棗、薑							
晚點	麻油高麗	1	麻油3g高麗菜60g枸杞5g		144	35	1	+	2	
	銀耳蓮子湯	1	白木耳5g蓮子20g糖5g							
合計					2027	272	87.5	56.5	27	

坐月子菜單(7)

餐別	餐盒供應內容	樣式	成品供應標準	包裝餐盒或容器之規格材質	供應營養素					功能表設計及供應原則
					熱量(大卡)	醣類(公克)	蛋白質(公克)	脂肪(公克)	膳食纖維(公克)	
早餐	南瓜粥	1	南瓜50g米20g		378	30	19	20	3	
	紅燒油麵筋	1	麵筋40g							
	茶油蛋捲	1	蛋55g茶油5g							
	蒜香地瓜葉	1	地瓜葉100g							
早點	低脂牛奶	1	低脂牛奶240c.c.		116	12	8	4	+	少辛辣、刺激勿太硬、生食物。
午餐	五穀飯	1	五穀米80g		685	65	38	29	8	
	糖醋魚	1	魚肉60g青椒30g紅椒30g							
	紅燒雞翅	1	雞翅70g							
	蒜香四季豆	1	四季豆50g							
	炒A菜	1	A菜100g							
午點	水果	1	水蜜桃150g		120	30	+	+	2	
晚餐	白飯	1	白米80g		686	65	38	30	6	
	煎鱈魚	1	鱈魚70g							
	八珍豬腳	1	八珍、豬腳70g							
	炒雙色	1	綠蘆筍50g支白筍50g							
晚點	紅豆紫米粥	1	紅豆10g紫米20g		142	32.5	3	+	2	
合計					2117	234.5	92	73	21	

坐月子菜單(8)

餐別	餐盒供應內容	樣式	成品供應標準	包裝餐盒或容器之規格材質	供應營養素					功能表設計及供應原則
					熱量(大卡)	醣類(公克)	蛋白質(公克)	脂肪(公克)	膳食纖維(公克)	
早餐	香菇雞肉粥	1	白米40g香菇5g雞肉30g		217.5	30	7.5	7.5	3	少辛辣、刺激勿太硬、生食物。
	悶炒紅蘿蔔	1	紅蘿蔔100g							
	燙地瓜葉	1	地瓜葉100g							
早點	水果	1	香蕉190g		120	30	+	+	2	
午餐	五穀飯	1	五穀米80g		585	75	22	21	8	
	藥燉排骨	1	排骨70g、十全							
	炒山蘇	1	山蘇50g/小魚乾30g							
	炒蛤蜊	1	蛤蜊60g							
午點	低脂牛奶	1	低脂牛奶1杯		150	12	8	4	+	
晚餐	白飯	1	白米80g		679	75	31	20	8	
	麻油肉片	1	里肌肉片70g							
	韭菜花枝	1	花枝40g韭菜50g							
	煮玉米段	1	玉米段100g							
晚點	小米粥	1	小米40g雞肉絲45g		247.5	30	10.5	7.5	1	
合計					1944	252	79	60	22	

坐月子菜單(9)

餐別	餐盒供應內容	樣式	成品供應標準	包裝餐盒或容器之規格材質	供應營養素					功能表設計及供應原則
					熱量(大卡)	醣類(公克)	蛋白質(公克)	脂肪(公克)	膳食纖維(公克)	
早餐	枸杞雞肉粥	1	白米30g枸杞2g雞絲2g	紙製便當盒	521.7	34.3	30.4	30		少辛辣、刺激勿太硬、生食物。
	藥膳排骨	1	當歸1.5g黃耆3.75g黨蔘1.5枸杞1.875g紅棗10g熟地0.375g軟骨140g							
	紅蘿蔔炒蛋	1	紅蘿蔔3g雞蛋3g							
	日式馬鈴薯	1	馬鈴薯3g紅蘿蔔絲2g小黃瓜絲2g							
	香蒸南瓜葡萄乾	1	南瓜3g葡萄乾1g香油1g							
	當季時蔬	1	當季時蔬3g薑絲1g							
	胚芽燕麥飯	1	白米30g胚芽15g燕麥15g							
	山蘇銀魚	1	山蘇6g丁香魚2g蒜末1g							
	五彩蒸鮮魚	1	蔥31g彩椒1g黑木耳1g鱸魚6g							
午餐	照燒燒肉	1	梅花肉6g照燒醬2g蔥花0.5g	紙製便當盒	330.6	55.6	12.7	6.4		
	當季時蔬	1	當季時蔬3g薑絲1g							
	當季鮮果	1	水果60g		76.6	15.2	3.6	0.1		
	山藥燉雞湯	1	山藥5g雞腿肉15g							
午點	紅豆地瓜湯	1	紅豆15g地瓜圓5g冰糖2g	390c.c湯杯						

餐別	餐盒供應內容	樣式	成品供應標準	包裝餐盒或容器之規格材質	供應營養素					功能表設計及供應原則
					熱量（大卡）	醣類（公克）	蛋白質（公克）	脂肪（公克）	膳食纖維（公克）	
晚餐	糙米拌白飯	1	白米30g糙米30g	紙製便當盒						
	安神紅棗鮮魚湯	1	尼羅紅魚225g紅棗10g百合2.25g枸杞0.75g何首烏1.5g茯神1.5g							
	杜仲豬肝	1	豬肝3g杜仲0.375g紅棗10g薑耆0.375g							
	芝麻香雞排	1	白芝麻0.01g雞胸肉3g麵粉1g							
	魚香豆腐	1	板豆腐30g絞肉6g醬油2g蒜末1g							
	當季時疏	1	當季時疏3g蒜末1g							
	當季鮮果	1	當季鮮果60g							
夜點	蜜豆燕麥粥	1	蜜豆10g燕麥3g白米30g	390c.c湯杯	667	69.7	53.1	19.4		
				合計	1595.9	174.8	99.8	55.9		

菜單設計

坐月子菜單(10)

餐別	餐盒供應內容	樣式	成品供應標準	包裝餐盒或容器之規格材質	供應營養素					功能表設計及供應原則
					熱量(大卡)	醣類(公克)	蛋白質(公克)	脂肪(公克)	膳食纖維(公克)	
早餐	山藥糙米排骨粥	1	糙米40g、排骨30g、山藥30g、洋蔥15g	紙製便當盒	324.7	42.8	12.5	11.8		少辛辣、刺激勿大便、生食物。
	蠔油燴雙菇	1	新鮮香菇60g、袖珍菇30g、蔥10g							
	牛蒡養生飯	1	白米50g牛蒡15g	紙製便當盒						
午餐	西芹白果雞丁	1	西芹60g白果15g雞丁60g洋蔥15g		790.8	88	53.8	24.8		
	清蒸鮮魚	1	鮮魚100g蔥10g							
	鹹蛋四季豆	1	四季豆60g紅蘿蔔7.5g珍珠菇10g洋蔥15g							
	健脾利水茭實蓮子肝連湯	1	肝連60g蓮子10g米酒30g	390c.c湯杯						
午點	地瓜桂圓紅豆湯	1	紅豆30g地瓜50g黑糖桂圓20g	390c.c湯杯	223.5	46.3	8.2	0.6		
晚餐	南瓜養身飯	1	南瓜30g五穀米50g	紙製便當盒	967.7	90.7	83.8	30		
	養腰腰油杜仲腰花	1	腰子150g杜仲10g麻油10g薑10g							
	豆皮炒高麗菜	1	高麗菜90g紅蘿蔔15g木耳10g豆皮(乾)10g							
	栗子香菇燒雞	1	雞腿140g栗子15g香菇7.5g洋蔥15g							
	紅棗青木瓜鮮魚湯	1	七星鱸魚150g青木瓜30g葡萄20g紅棗7.5g薑10g	390c.c湯杯						
夜點	干貝竹笙烏骨雞	1	烏骨雞180g干貝5g竹笙5g	390c.c湯杯	230.5	8.4	38.3	4.9		
				合計	2537.2	276.2	196.6	72.1		

坐月子菜單(11)

餐別	餐盒供應內容	樣式	成品供應標準	包裝餐盒或容器之規格材質	供應營養素					功能表設計及供應原則
					熱量(大卡)	醣類(公克)	蛋白質(公克)	脂肪(公克)	膳食纖維(公克)	
早餐	雞片麵線	1	麵線50g雞片15g雞蛋60g	紙製便當盒	371.5	35.6	29.5	12.3		
	藥膳鱸魚湯		大白粉3g 鱸魚90g川芎3g							
	炒A菜	1	A菜200g							
午餐	天芩雞翅	1	雞翅80g天芩3g	紙製便當盒	1138.9	105.2	62.2	52.2		少辛辣、刺激、勿大硬便、生食物。
	紅燒排骨	1	小排100g芋頭80g							
	炒皇宮菜	1	黃冠菜200g胡蘿蔔50g							
	薏仁飯	1	薏仁10g白米30g							
	紅豆甜湯	1	紅豆30g冰糖10g	390c.c.湯杯						
	紫米飯	1	紫米30g							
晚餐	十全雞腿	1	雞腿80g十全3g	紙製便當盒	682.8	47.2	49.5	32.9		
	藥燉豬胎	1	豬胎80g十全3g							
	紅燒豆腐	1	嫩豆腐150g胡蘿蔔15g香菇15g							
	炒紅鳳菜	1	紅鳳菜200g							
	合計				2193.2	188	141.2	97.4		

坐月子菜單(12)

餐別	餐盒供應內容	樣式	成品供應標準	包裝餐盒或容器之規格材質	供應營養素					功能表設計及供應原則
					熱量(大卡)	醣類(公克)	蛋白質(公克)	脂肪(公克)	膳食纖維(公克)	
早餐	栗子飯	1	栗子17g米55g		714.7	84.5	59.4	15.4		少辛辣、刺激勿大硬、生食勿。
	杏鮑菇糙米雞湯	1	雞腿肉170g運子g5杏鮑菇5g糙米5g	390c.c湯杯						
	炒莧菜	1	莧菜120g	紙製便當盒						
	茄汁魚片	1	鯛魚片80g洋蔥10g紅蘿蔔10g							
	銀耳銀杏黑棗甜湯	1	白木耳20g銀杏5g黑棗5g冰糖10g	390c.c湯杯						
午餐	南瓜糙米飯	1	糙米55g南瓜45g	紙製便當盒	528.0	77.1	39.3	7.0		
	白切豬菲力	1	豬後頸肉75g							
	天麻虱目魚湯	1	虱目魚90g天麻2g							
	茶油紅菜	1	紅菜100g茶油1g薑末3g							
	紫山藥蓮子湯	1	紫山藥40g蓮子g5冰糖8g枸杞3g	390c.c湯杯						
晚餐	堅果枸杞飯	1	核桃5g米30g枸杞2g腰果5g		1167.5	68.3	72.4	67.3		
	五色鮮蔬	1	蓮藕10g香菇10g白果2g青花菜15g紅椒10g							
	彩椒雞柳	1	雞胸肉80g黃椒1g紅椒10g黑木耳15g	紙製便當盒						
	紫米桂圓甜湯	1	紫米15g米豆5gg冰糖5g桂圓25g							
	杜仲腰踣筋排骨湯	1	排骨150g踣筋100g							
	合計				2410.2	229.9	171.0	89.8		

坐月子菜單(13)

餐別	餐盒供應內容	樣式	成品供應標準	包裝餐盒或容器之規格材質	熱量(大卡)	醣類(公克)	蛋白質(公克)	脂肪(公克)	膳食纖維(公克)	功能表設計及供應原則
早餐	麵線	1	麵線75g香椿油5g							
	炒青江菜		青江菜100g紅蘿蔔10g							
	百菇蔬菜湯	1	金針菇15g杏鮑菇20g生香菇20g高麗菜25g紅蘿蔔10g瘦肉15g	紙製便當盒	345.3	55.6	14.8	7.2		
早點	何首烏茶飲	1	何首烏10g	390.c.c紙杯						
	養生紫米粥	1	紫米15g糯米10g桂圓肉3g南瓜子3g扁豆3g杏仁3g核桃3g糖5g		176.7	26.8	4.4	5.8		
午餐	紅蘿蔔地瓜飯	1	白米30g地瓜20g紅蘿蔔3g	紙製便當盒						少辛辣、刺激勿太硬、生食物。
	紅花髮菜蒸雞蛋	1	雞蛋55g紅花0.5g髮菜0.5g		434.3	35.8	26.1	20.7		
	香菇瓠瓜	1	瓠瓜120g乾香菇2g							
	麻油雞	1	雞腿肉80g麻油5g薑片20g	390.c.c湯杯						
午點	花生湯圓	1	花生仁30g小湯圓20g砂糖10g	390.c.c湯杯	327.5	36.7	13.2	14.3		
	黑豆陳皮飲	1	黑豆10g陳皮2g	390.c.c湯杯						
晚餐	薏仁飯	1	白米30g小薏仁10g	紙製便當盒						
	香炒杜仲豬肝	1	豬肝100g薑片10g							
	紅絲高麗	1	高麗菜100g紅蘿蔔7g		449.1	40.5	39.7	14.3		
	海帶豆腐魚湯	1	鱸魚70g嫩豆腐25g海帶芽5g薑絲5g	390.c.c湯杯						
夜點	黃豆豬腳	1	豬腳100g黃豆5g黃耆10g枸杞2g	390.c.c湯杯	243.9	3.1	23.7	15.2		
				合計	1976.8	198.5	121.9	77.5		

坐月子菜單(14)

餐別	餐盒供應內容	樣式	成品供應標準	包裝餐盒或容器之規格材質	熱量(大卡)	醣類(公克)	蛋白質(公克)	脂肪(公克)	膳食纖維(公克)	功能表設計及供應原則
早餐	紫菜小魚粥	1	紫菜2g吻仔魚30g紅蘿蔔絲5g白米30g蔥花5g	紙製便當盒	446.3	40.8	42.9	12.5		
	皇宮炒肉片	1	豬肉片32g皇宮菜75g紅蘿蔔5g							
	地黃鮮肌	1	里肌肉40g老薑3g熟地1g黃耆2g枸杞3g							
	香菇雞湯	1	乾香菇2g雞腿肉7g0紅棗2g枸杞2g							
	三島香鬆飯	1	三島香鬆16g白飯80g							
午餐	茶油枸杞紅鳳菜	1	紅鳳菜250g紅蘿蔔35g苦茶油2g	紙製便當盒	927.1	108.3	57.7	29.2		少辛辣、刺激勿太硬、生食物。
	彩椒肌肉	1	青椒30g紅椒3g0黃椒30g豬肉50g							
	淮山燉雞	1	雞腿肉50g淮山5g黃耆3g枸杞3g老薑3g							
	藥膳鱸魚湯	1	鱸魚80g茯苓2g川芎1g紅棗1g	390c.c湯杯						
	黑糖芝麻糊	1	黑芝麻粉20g黑糖1.5g	390c.c湯杯						
晚餐	高麗肉燥飯	1	高麗菜30g豬絞肉20g白飯65g紅蘿蔔2g	紙製便當盒	706	49.1	67.4	26.8		
	三色小玉蘆筍	1	蘆筍18g玉米筍20g紅蘿蔔5g枸杞3g							
	歸耆蒸鯛魚	1	鯛魚75g黃耆1g當歸1g枸杞2g							
	藥膳雞丁	1	雞胸肉75g紅蘿蔔3g老薑2g黃耆1g							
	青木瓜燉排骨	1	青木瓜25g豬排骨肉5g0紅棗2g枸杞1g							
	茶油豬肝湯	1	豬肝80g紅棗3g枸杞3g8g老薑5g蔥5g	390c.c湯杯						
				合計	2079.4	198.2	168	68.5		

坐月子菜單(15)

餐別	餐盒供應內容	樣式	成品供應標準	包裝餐盒或容器之規格材質	熱量(大卡)	醣類(公克)	蛋白質(公克)	脂肪(公克)	膳食纖維(公克)	功能表設計及供應原則
早餐	五穀肉絲粥	1	五穀米25g豬肉絲5g枸杞1g	紙製便當盒	360	51.8	25.8	5.4		
	三杯杏鮑菇	1	杏鮑菇100g紅蘿蔔片10g黑木耳片5g九層塔2g薑片5g							
	止渴茶	1	荔枝殼20g觀音串20g黑糖5g							
	川芎鱸魚湯	1	鱸魚100g薑片5g川芎3g粉光蔘2g紅棗10g							
午餐	芝麻糙米飯	1	糙米50g	紙製便當盒	899.3	116	52.9	24.8		少辛辣、刺激勿大便、生食硬、物。
	雙色花椰菜	1	青花椰菜80g紅蘿蔔丁5g青豆仁5g							
	木耳甜豆肉絲	1	甜豆80g黑木耳片5g紅蘿蔔片5g豬肉絲5g							
	九層鮮菇丁	1	無骨雞腿30g雞胸肉30g紅棗3g香菇5g九層塔2g							
	木瓜豬腳湯	1	青木瓜30g豬腳70g枸杞2g	390c.c湯杯						
	薏仁小米粥	1	薏仁30g小米20g黑糖5g	390c.c湯杯						
晚餐	四神蒸飯	1	白米50g薏仁5g茯苓5g蓮子5g進山5g	紙製便當盒	1137.8	69.1	65.5	66.6		
	紅絲菠菜	1	波菜80g紅蘿蔔絲5g							
	柳煎風目魚	1	虱目魚80g新鮮柳丁5g新鮮奇異果5g							
	蔥爆牛肉	1	牛里肌肉80g洋蔥片3g青豆仁5g							
	觀音茯神排骨湯	1	排骨80g元參2g當歸5g黃耆3g川芎3g觀音串3g茯神2g甘草2g	390c.c湯杯						
	八珍雞湯	1	雞腿肉80g當歸5g川芎2g熟地3g白芍1g黨蔘2g白芍2g茯苓4g甘草3g	390c.c湯杯						
				合計	2397	236.9	144.2	96.8		

菜單設計

坐月子菜單(16)

餐別	餐盒供應內容	樣式	成品供應標準	包裝餐盒之容器或規格材質	熱量(大卡)	醣類(公克)	蛋白質(公克)	脂肪(公克)	膳食纖維(公克)	功能表設計及供應原則
早餐	髮菜麵線	1	髮菜1g麵線25g太白粉2g	390cc紙杯	354.4	24.3	20.7	19.3		少辛辣、刺激、勿太硬、生食物
	通乳燉鮮魚湯	1	鱸魚30g薑片5g	390cc紙杯						
	鮮燴時菇	1	金針菇10g香菇10g鮑魚菇10g枸杞1g	紙製便當盒						
	馬蹄燒肉	1	梅花肉35g馬蹄10g胡蘿蔔5g	紙製便當盒						
	火腿炒蛋	1	雞蛋20g火腿丁10g							
	青菜	1	紅鳳菜30g蒜末2g							
	麥片糙米飯	1	白飯80g糙米飯30g熱麥片10g							
午餐	冰糖蒜頭雞	1	土雞腿肉(不含骨)70g彩椒15g	紙製便當盒	809.2	103.5	38.4	26.9		
	麻油醬爆腰花	1	豬腰60g薑片10g麻油5g							
	蒜香牛蒡	1	牛蒡25g蒜粒5g							
	青菜	1	青菜60g茶油2.5g							
	水果	1	芎果50g							
	药燉淮山鮮肉湯	1	豬小排50g淮山30g	390c.c湯杯						
午點	百合紅棗燕窩露	1	白木耳35g百合10g紅棗5g冰糖5g	390c.c湯杯	45.7	10.7	0.5	0.1		
晚餐	紅豆飯	1	白飯100g紅豆10g	紙製便當盒	773.9	68.9	37.9	38.5		
	蘋果燉豬心	1	蘋果20g豬心50g							
	牧牛童趣	1	牛肉片60g青椒25g紅蘿蔔5g							
	木耳燒豆腐	1	黑木耳25g板豆腐40g							
	青菜	1	青菜60g							
	蔥薑紅麴鮑蝦湯	1	鮑片10g白蝦3隻 紅麴醬5g	390c.c湯杯						
	水果	1	水果60g							
夜餐	全脂牛奶	1	全脂牛奶240cc	390c.c湯杯						
夜點	芋香西米露	1	芋頭丁20g西米露50g太白粉5g	390c.c湯杯	389	70.6	7.6	8.5		
			合計		2372	278	105.1	93.3		

坐月子菜單(17)

餐別	餐盒供應內容	樣式	成品供應標準	包裝餐盒或容器之規格材質	熱量(大卡)	醣類(公克)	蛋白質(公克)	脂肪(公克)	膳食纖維(公克)	功能表設計及供應原則
早餐	瘦肉粥	1	米50g瘦肉6g	390cc紙杯	487	63.6	32.2	11.5		
	蛋炒紅蘿蔔	1	雞蛋50g紅蘿蔔100g	紙製便當盒						
	炒青菜	1	青江菜100g紅蘿蔔10g							
	鱸魚湯	1	鱸魚100g薑片5g枸杞2g紅棗10g茯苓5g	390cc紙杯						
早點	蓮子山藥湯	1	紫山藥40g蓮子5g枸杞3g冰糖8g	390cc紙杯	218.9	48.4	3.1	1.5		
	水果	1	蘋果250g	紙製便當盒						
午餐	養生飯	1	五穀米70g	紙製便當盒	713.8	71.5	61.6	20.2		少辛辣、刺激勿太硬、生食物。
	肉絲杏鮑菇	1	肉絲40g杏鮑菇40g木耳絲20g蘿蔔絲5g							
	炒地瓜葉	1	地瓜葉150g薑絲2g							
	鮮魚紅棗湯	1	尼羅紅魚225g紅棗10g枸杞少許	390cc紙杯						
午點	水果	1	哈密瓜300g		90	22.5				
晚餐	白飯	1	白米59g	紙製便當盒	696.5	52.1	44.6	34.4		
	高麗菜炒培根	1	高麗菜120g培根50g蒜末2g							
	炒吻仔魚	1	吻仔魚83g薑末5.5g							
	十全豬腳	1	十全3g豬腳80g							
晚點	紅棗木耳露	1	白木耳35g紅棗5g	390cc紙杯	45.7	10.7	0.5	0.1		
	合計				2251.9	268.8	142	67.7		

菜單設計

坐月子菜單(18)

餐別	餐盒供應內容	樣式	成品供應標準	包裝餐盒或容器之規格材質	供應營養素 熱量(大卡)	醣類(公克)	蛋白質(公克)	脂肪(公克)	膳食纖維(公克)	功能表設計及供應原則
早餐	芝麻皮蛋	1	白芝麻1g皮蛋1個	紙製便當盒	323	20	27	15	6	
	黃瓜木耳	1	大黃瓜50g木耳10g肉片35g							
	麻油高麗菜	1	高麗菜100g							
	小米粥	1	米40g/小米20g	390c.c湯杯						
	保久豆漿	1	保久豆漿200c.c							
午餐	牛肉麵	1	拉麵150g牛腩105g番茄20g洋蔥25g	850c.c湯杯	700	67.5	45	30	6	
	滷豆干海帶	1	豆干45g濕海帶45g	紙製便當盒						
	滷蛋	1	滷蛋1顆(切半)							
	青菜	1	100g							
	全麥饅頭	1	全麥饅頭60g							
	水果	1								
晚餐	加鈣飯	1	加鈣飯350g	紙製便當盒	876	130	44	20	8	少辛辣、刺激勿大食硬、生食物。
	日式照燒雞腿肉	1	雞腿105g							
	雙菇鮮魚	1	洋菇30g鴻喜菇20g鮮鯛魚35g豌豆莢20g							
	黃豆芽燜油豆泡	1	油豆泡20g黃豆芽50g							
	青菜	1	100g							
	蓮藕排骨湯	1	蓮藕40g湯排20g	390c.c湯杯						
	水果	1								
夜點	薏仁牛奶	1	低脂奶粉25g薏仁20g小麥胚芽20	500c.c	218	34.5	11	4	2	
	合計				2117	252	127	69	22	

坐月子菜單(19)

餐別	餐盒供應內容	樣式	成品供應標準	包裝餐盒或容器之規格材質	供應營養素					功能表設計及供應原則
					熱量(大卡)	醣類(公克)	蛋白質(公克)	脂肪(公克)	膳食纖維(公克)	
早餐	白吐司	1	白吐司2片	紙製便當盒	355	30	25	15	4	
	鮪魚	1	水漬鮪魚30g							
	蔬菜	1	洋蔥絲5g/小黃瓜絲5g							
	水煮蛋	1	水煮蛋1顆							
	豆漿	1	豆漿240c.c	240c.c						
午餐	三寶燕麥飯	1	三寶燕麥飯350g	紙製便當盒	873	120	42	25	6	少辛辣、刺激勿大硬、生食物。
	照燒豬排	1	豬里肌肉105g白芝麻2g							
	酸菜炒雞絲	1	酸菜50g雞肉絲55g							
	毛豆三丁	1	毛豆25g玉米20g紅蘿蔔20g							
	青菜	1	100g							
	香菇雞湯	1	香菇20g雞骨頭	390c.c湯杯						
	水果	1								
晚餐	紅豆飯	1	紅豆飯350g	紙製便當盒	873	120	42	25	8	
	三杯雞丁	1	雞腿丁105g九層塔3g薑片2g							
	香菇蘿蔔燒肉片	1	香菇20g肉片35g紅蘿蔔15g							
	芹菜蒟蒻	1	蒟蒻60g芹菜30g							
	青菜	1	100g							
	金針湯	1	乾金針1g大骨	390c.c湯杯						
	水果	1								
夜點	麥片牛奶	1	低脂奶粉25g麥片40g	500c.c	252	42	12	4	1	
	合計				2353	312	121	64	19	

評 設計單菜單

坐月子菜單(20)

餐別	餐盒供應內容	樣式	成品供應標準	包裝餐盒或容器之規格材質	熱量(大卡)	醣類(公克)	蛋白質(公克)	脂肪(公克)	膳食纖維(公克)	功能表設計及供應原則
早餐	肉末四季豆	1	四季豆40g肉末35g	紙製便當盒	483.5	57	24.5	17.5	2	少辛辣、刺激勿太硬、生食物。
	蔥燒油豆腐	1	油豆腐35g蔥3g							
	菜圃鹹稀飯	1	碎菜圃20g洋蔥10g紅蘿蔔10g 白米60g							
	豆漿	1	豆漿240c.c.							
	麥片飯	1	麥片飯350g							
午餐	滷雞腿	1	雞腿105g	紙製便當盒	901	120	49	25	8	
	青椒肉絲	1	青椒40g肉絲70g							
	滷海帶結	1	海帶結40g							
	青菜	1	100g							
	金針湯	1	金針3g大骨	390c.c.湯杯						
	水果	1								
	白飯	1	白飯350g							
晚餐	沙茶肉片	1	肉片105g高麗菜25g	紙製便當盒	896	135	44	20	8	
	韭菜花炒甜不辣	1	韭菜花40g甜不辣20g							
	番茄炒蛋	1	大番茄50g生香菇10g雞蛋55g							
	青菜	1	100g							
	地瓜湯	1	地瓜30g二砂糖	390c.c.湯杯						
	水果	1								
夜點	蘇打餅乾	1	蘇打餅乾4片	300c.c.	270	42	12	6	1	
	芝麻牛奶	1	黑芝麻粉3g低脂奶粉25g							
				合計	2550.5	354	129.5	68.5	19	

坐月子菜單(21)

餐別	餐盒供應內容	樣式	成品供應標準	包裝餐盒或容器之規格材質	熱量（大卡）	醣類（公克）	蛋白質（公克）	脂肪（公克）	膳食纖維（公克）	功能表設計及供應原則
早餐	鮪魚罐頭	1	鮪魚60g	紙製便當盒						
	滷海帶結	1	海帶結20g							
	芥藍菜	1	芥藍菜80g		520	57	28	20	4	
	綠豆稀飯	1	綠豆20g加鈣米20g白米20g	390.c.c湯杯						
	蜜豆奶	1	蜜豆奶1瓶250c.c							
	白飯	1	白飯350g							
	洋蔥番茄燜肉	1	洋蔥20g番茄20g前腿肉105g	紙製便當盒						
	火腿拌粉皮	1	火腿40g粉皮（濕）60g小黃瓜4g							
午餐	燒大頭菜	1	大頭菜80g香菜2g		836	120	44	20	8	少辛辣、刺激勿太硬、生食物。
	青菜	1	100g							
	蛤蜊薑絲湯	1	蛤蜊12.5g海帶50g薑片少許	390.c.c湯杯						
	水果	1								
	燕麥飯	1	燕麥飯350g							
	香煎鮭魚	1	鮭魚105g							
晚餐	洋蔥炒雞片	1	洋蔥50g胡蘿蔔5g雞胸40g	紙製便當盒	836	120	44	20	9	
	滷筍絲	1	筍絲100g							
	青菜	1	100g							
	榨菜肉絲湯	1	榨菜5g金針菇20g肉絲5g	390.c.c湯杯						
	水果	1								
夜點	紅豆牛奶	1	低脂奶粉25g熟紅豆20g	500c.c	184	27	10	4	1	
				合計	2376	324	126	64	22	

坐月子菜單(22)

餐別	餐盒供應內容	樣式	成品供應標準	包裝餐盒或食品之容器材質規格材質	供應營養素					功能表設計及供應原則
					熱量(大卡)	醣類(公克)	蛋白質(公克)	脂肪(公克)	膳食纖維(公克)	
早餐	川燙花椰菜	1	綠花椰菜50g							
	紅蘿蔔絲炒火腿	1	紅蘿蔔絲50g蔥3g火腿絲20g							
	蘿蔔糕	1	蘿蔔糕140g	紙製便當盒	374	57	14	10	4	
	吻仔魚粥	1	吻仔魚10g米20g	390c.c湯杯						
	蜜豆奶	1	蜜豆奶250c.c							
午餐	白飯	1	白飯350g							少辛辣、刺激勿太硬、生食物。
	沙茶肉片	1	瘦肉片105g蔥段30g							
	洋蔥炒蛋	1	蛋55g洋蔥70g							
	金菇三絲	1	金針菇30g紅蘿蔔40g香菇絲10g	紙製便當盒	852	125	43	20	8	
	青菜	1	100g							
	酸辣湯	1	肉絲5g 木耳8g筍絲8g	390c.c湯杯						
	水果	1								
晚餐	糙米飯	1	糙米飯350g							
	蔥爆雞柳	1	雞柳105g蔥段30g紅蘿蔔20g							
	芙蓉豆腐	1	豆腐80g生鮮香菇20g洋菇20g	紙製便當盒	828	120	42	20	8	
	芝麻牛蒡絲	1	牛蒡80g							
	青菜	1	100g							
	鮮筍雞湯	1	鮮筍絲30g雞骨	390c.c湯杯						
	水果	1								
夜點	壽司	1	白飯100g黃瓜20g肉鬆10g		269.5	30	20.5	7.5	2	
	豆漿	1	豆漿	200c.c						

坐月子菜單(23)

餐別	餐盒供應內容	樣式	成品供應標準	包裝餐盒或容器之規格材質	供應營養素					功能表設計及供應原則
					熱量(大卡)	醣類(公克)	蛋白質(公克)	脂肪(公克)	膳食纖維(公克)	
早餐	火腿炒蛋	1	火腿20g蛋30g玉米粒20g	紙製便當盒	478	75	22	10	2	少辛辣、刺激勿太硬、生食物。
	海帶結肉丁	1	海結50g肉丁35g							
	蠔油芥藍	1	芥藍80g							
	小米稀飯	1	小米20g白米40g							
	保久豆漿	1	保久豆漿200c.c	390c.c湯杯						
午餐	白飯	1	白飯300g	紙製便當盒	901	120	49	25	8	
	珍珠丸子	1	糯米30g紋肉105g荸薺15g							
	蒜味香腸	1	香腸80g							
	青木瓜蒟蒻湯	1	青木瓜20g 蒟蒻60g							
	青菜	1	100g							
	玉米雞湯	1	玉米50g雞骨頭	390c.c湯杯						
	水果	1								
晚餐	白飯	1	白飯350g	紙製便當盒	828	120	42	20	8	
	五香扣肉	1	扣肉105g							
	毛豆炒肉末	1	毛豆50g肉末10g							
	塔香茄子	1	茄子80g 九層塔2g							
	青菜	1	100g							
	蔥花紫菜湯	1	紫菜3g蔥1g	390c.c湯杯						
	水果	1								
夜點	蘇打餅乾	1	蘇打餅乾4片		252	42	12	4	1	
	低脂優酪乳	1	低脂優酪乳	200c.c						
	合計				2459	357	125	59	19	

坐月子菜單(24)

餐別	餐盒供應內容	樣式	成品供應標準	包裝餐盒或容器之規格材質	供應營養素					功能表設計及供應原則
					熱量(大卡)	醣類(公克)	蛋白質(公克)	脂肪(公克)	膳食纖維(公克)	
早餐	茶葉蛋	1	紅茶包 蛋1顆	紙製便當盒						
	魚鬆	1	魚鬆25g							
	麻油川七	1	川七100g		565	57	28	25	2	
	艾賞稀飯	1	艾賞20g枸杞1g白米40g							
	蜜豆奶	1	蜜豆奶250c.c	390c.c湯杯						
午餐	薏仁飯	1	薏仁飯350g	紙製便當盒						少辛辣、刺激勿太硬、生食物。
	京都肉角	2	肉角105g青椒20g紅蘿蔔丁20g							
	蔥爆豆干片	1	豆干片70g芹菜50g蔥5g							
	絲瓜麵線	1	絲瓜80g麵線10g		828	120	42	20	8	
	青菜	1	100g							
	玉菜湯	1	高麗菜25g番茄丁10g	390c.c湯杯						
	水果	1								
晚餐	白飯	1	白飯350g	紙製便當盒						
	鮮椒雞柳	1	雞柳105g彩椒片35g							
	芹香火腿絲	1	芹菜50g火腿絲10g洋蔥絲10g							
	筍絲炒肉絲	1	絞肉20g筍絲80g		828	120	42	20	8	
	青菜	1	100g							
	酸菜肉片	1	酸菜5g肉片10g	390c.c湯杯						
	水果	1								
夜點	胚芽餅乾	1	胚芽餅乾40g		252	42	12	4	1	
	低脂牛奶		低脂奶粉25g	240c.c						
	合計			合計	2473	339	124	63	19	

坐月子菜單(25)

餐別	餐盒供應內容	樣式	成品供應標準	包裝餐盒或容器之規格材質	熱量(大卡)	醣類(公克)	蛋白質(公克)	脂肪(公克)	膳食纖維(公克)	功能表設計及供應原則
早餐	法式麵包	1	法式麵包60g	紙製便當盒	482	81	17	10	5	
	水煮蛋	1	水煮蛋1粒							
	起司片	1	起司片2片							
	青豆玉米粒	1	青豆仁15g玉米粒25g							
	100%鮮果汁	1	100%鮮果汁	200.c						
午餐	小米麥片飯	1	小米麥片飯300g	紙製便當盒	901	120	49	25	9	少辛辣、刺激勿太硬、生食物。
	蔥爆里肌肉片	1	里雞肉片105g蔥10g							
	三色蝦仁	1	蝦仁60g三色豆50g							
	燴雙菇	1	香菇35g金針菇50g							
	青菜	1	100g							
	綠豆湯	1	綠豆20g	390c.c湯杯						
	水果	1								
晚餐	白飯	1	白飯350g	紙製便當盒	828	120	42	20	8	
	醬燒旗魚	1	旗魚105g							
	雪菜豆丁	1	雪裡紅70g豆干丁40g							
	簋塔海龍	1	海龍80g九層塔3g							
	青菜	1	100g							
	番茄玉米湯	1	番茄20g高麗菜15g	390c.c湯杯						
	水果	1								
夜點	低脂優酪乳	1	低脂優酪乳1瓶	300c.c	184	27	10	4	1	
	小蔥花麵包	1	小蔥花麵包40g							
合計					2395	348	118	59	23	

坐月子菜單(26)

餐別	餐盒供應內容	樣式	成品供應標準	包裝餐盒或容器之規格材質	供應營養素					功能表設計及供應原則
					熱量(大卡)	醣類(公克)	蛋白質(公克)	脂肪(公克)	膳食纖維(公克)	
早餐	全麥饅頭	1	全麥饅頭60g	紙製便當盒	500	60	20	20	2	少辛辣、刺激勿太硬、生食物。
	紅蘿蔔絲炒蛋	1	紅蘿蔔絲10g蛋55g							
	花生米	1	花生米8g							
	烤香腸	1	香腸40g							
	豆漿	1	豆漿240c.c	390c.c湯杯						
午餐	白飯	1	白飯350g	紙製便當盒	901	120	49	25	8	
	醬燒雞腿	1	雞腿丁105g							
	韭黃肉絲	1	韭黃70g肉絲35g							
	白菜油泡	1	油泡20g結球白菜60g							
	青菜	1	100g							
	酸菜豬血湯	1	豬血40g酸菜10g	390c.c湯杯						
	水果	1								
晚餐	加鈣飯	1	加鈣飯350g	紙製便當盒	828	120	42	20	8	
	黑胡椒豬排	1	豬排105g							
	燴海參	1	海參100g玉米筍20g							
	花菜粉皮	1	花胡瓜60g粉皮20g							
	青菜	1	100g							
	酸菜筍片湯	1	酸菜10g筍片30g	390c.c湯杯						
	水果	1								
夜點	黑糖小饅頭	1	黑糖小饅頭30g*2	30g*2	252	42	12	4	1	
	低脂優酪乳	1	低脂優酪乳	200c.c						

坐月子菜單(2)

餐別	餐盒供應內容	樣式	成品供應標準	包裝餐盒或容器之規格材質	供應營養素					功能表設計及供應原則
					熱量（大卡）	醣類（公克）	蛋白質（公克）	脂肪（公克）	膳食纖維（公克）	
早餐	紅蘿蔔炒蛋	1	紅蘿蔔絲25g荷包蛋55g		520	57	28	20	2	
	滷海帶絲	1	海帶絲60g	紙製便當盒						
	麵筋大白菜	1	麵筋20g大白菜100g							
	燕麥加鈣米稀飯	1	燕麥泡20g加鈣米20g白米20g	390c.c湯杯						
	保久乳	1	保久乳200c.c							
午餐	胚芽飯	1	胚芽飯350g		888	135	42	20	8	
	滷雞排	1	雞里肌105g							
	芹香素雞片	1	素雞片40g紅蘿蔔片20g芹菜30g	紙製便當盒						
	枸杞絲瓜肉絲	1	絲瓜80g枸杞5g肉絲35g							
	青菜	1	100g							
	金針湯	1	金針3g	390c.c湯杯						
	水果	1								少辛辣、刺激勿太硬、生食物。
晚餐	白飯	1	白飯350g		888	135	42	20	8	
	蠔油里肌	1	里肌肉105g							
	五更豬血	1	豬血40g蒜苗15g酸菜20g肉片35g	紙製便當盒						
	番茄高麗菜	1	大番茄30g高麗菜60g							
	青菜	1	100g							
	薑絲冬瓜湯	1	冬瓜30g薑絲1g	390c.c湯杯						
	水果	1								
夜點	綠豆沙牛奶	1	低脂奶粉25g熟綠豆仁100g	500c.c	184	27	10	4	1	
				合計	2480	354	122	64	19	

菜單設計

坐月子菜單(28)

餐別	餐盒供應內容	樣式	成品供應標準	包裝餐盒或容器之規格材質	供應營養素					功能表設計及供應原則
					熱量(大卡)	醣類(公克)	蛋白質(公克)	脂肪(公克)	膳食纖維(公克)	
早餐	銀絲卷	1	銀絲卷60g	紙製便當盒	294	57	28	14	2	少辛辣、刺激勿大便、生食物。
	紅蘿蔔炒蛋	1	紅蘿蔔30g雞蛋55g							
	肉鬆	1	肉鬆20g							
	低脂優酪乳	1	低脂優酪乳200c.c	200c.c						
午餐	糙米飯	1	糙米飯350g	紙製便當盒	828	120	42	20	6	
	蔭鼓蚵	1	鮮蚵50g豆腐80g							
	炒干絲	1	干絲50g紅蘿蔔絲10g火腿絲25g小黃瓜絲10g							
	香菇海苔	1	海苔80g九層塔2g							
	青菜	1	100g							
	番茄金菇雞湯	1	大番茄20g金針菇20g	390c.c湯杯						
	水果	1								
晚餐	加鈣飯	1	加鈣飯300g	紙製便當盒	896	135	44	20	8	
	豉汁雞丁	1	無骨雞丁105g豆豉10g蒜末10g							
	螞蟻上樹	1	絞肉35g冬粉20g紅蘿蔔末10g木耳末10g高麗菜末10g							
	芝麻牛蒡	1	芝麻1g牛蒡絲80g							
	青菜	1	100g							
	綠豆湯	1	綠豆20g	390c.c湯杯						
	水果	1								
夜點	蘇打餅乾	1	蘇打餅乾4片		252	42	12	4	1	
	低脂牛奶	1	低脂奶粉25g	240c.c						
				合計	2270	354	126	58	17	

坐月子菜單(29)

餐別	餐盒供應內容	樣式	成品供應標準	包裝餐盒或容器之規格材質	熱量(大卡)	醣類(公克)	蛋白質(公克)	脂肪(公克)	膳食纖維(公克)	功能表設計及供應原則
早餐	豆芽炒火腿絲	1	豆芽60g火腿絲30g	紙製便當盒	546	90	24	10	3	
	炒雙色	1	玉米粒50g青豆仁10g							
	什錦湯麵	1	濕麵條100g蛋皮10g香菇絲5g肉絲10g	390c.c湯杯						
	保久豆漿	1	保久豆漿200c.c							
午餐	白飯	1	白飯350g	紙製便當盒	862	127.5	43	20	8	少辛辣、刺激勿大便、生食物。
	沙茶肉片	2	肉片105g洋蔥40g							
	滷什錦	1	五香豆乾40g白蘿蔔60g海帶結10g							
	豆豉韭菜	1	豆豉2.5g韭菜100g							
	青菜	1	100g							
	山藥紅棗雞湯	1	山藥30g紅棗3g雞骨頭	390c.c湯杯						
	水果	1								
晚餐	胚芽飯	1	胚芽飯300g	紙製便當盒	229	120	29	20	8	
	茄汁魚丁	1	沙丁魚105g青椒40g							
	三色花生	1	玉米粒50g小黃瓜丁20g水花生30g							
	白菜滷	1	大白菜20g豆皮20g紅蘿蔔15g							
	青菜	1	100g							
	貢丸粉絲湯	1	貢丸5g粉絲5g	390c.c湯杯						
	水果	1								
夜點	奶油餐包	1	奶油餐包2個	25g*2	246	27	12	10	1	
	保久乳	1	保久乳	300c.c						
合計					2430	364.5	108	60	20	

菜單設計

坐月子菜單(30)

餐別	餐盒供應內容	樣式	成品供應標準	包裝餐盒或容器之規格材質	熱量(大卡)	醣類(公克)	蛋白質(公克)	脂肪(公克)	膳食纖維(公克)	功能表設計及供應原則
早餐	魚鬆	1	魚鬆40g	紙製便當盒	514	67	30	14	4.9	少辛辣、刺激勿太硬、生食物。
	薑絲炒杏菇木耳	1	杏鮑菇30g木耳20g薑絲3g							
	芝麻波菜	1	波菜100g芝麻2g							
	地瓜稀飯	1	地瓜30g/小麥胚20g米30g	390c.c湯杯						
	保久乳	1	保久乳1盒							
	白飯	1	白飯350g							
	紅糟燉肉	1	五花肉150g紅糟5							
	三色蔬菜炒雞丁	1	雞胸丁70g紅蘿蔔15g豌豆仁15g玉米粒10g	紙製便當盒						
午餐	蝦皮蘿蔔	1	蝦皮1.5g白羅蔔80g		1117	120	58	45	9	
	青菜	1	100g							
	竹筍雞湯	1	竹筍75g雞骨頭	390c.c湯杯						
	水果	1								
	糙米飯	1	糙米350g							
	味噌燒魚	1	白北魚105g味噌10g							
	綠蘆筍炒蛋	1	蛋55g綠蘆筍40g	紙製便當盒						
晚餐	炒三菇	1	生香菇20g鮑魚菇20g柳松菇10g		808	115	42	20	9	
	青菜	1	100g							
	菜心肉丸湯	1	肉丸10g菜心50g	390c.c湯杯						
	水果	1								
夜點	蘇打餅乾	1	蘇打餅乾4片	200c.c	252	42	12	4	2	
	低脂牛奶	1	低脂保久乳1盒							
			合計		2691	344	142	83	24.9	

坐月子菜單(31)

餐別	餐盒供應內容	樣式	成品供應標準	包裝餐盒或容器之規格材質	供應營養素					功能表設計及供應原則
					熱量(大卡)	醣類(公克)	蛋白質(公克)	脂肪(公克)	膳食纖維(公克)	
早餐	洋蔥雞丁	1	雞丁20g洋蔥30g	紙製便當盒	447	57	21	15	8	
	蔬菜蒸蛋	1	香菇3g紅絲3g蛋30g							
	芹香高麗	1	芹菜10g高麗菜90g							
	芋頭粥	1	米40g芋頭60g	390c.c湯杯						
	蜜豆奶	1	蜜豆奶1盒250c.c							
午餐	白飯	1	白飯350g	紙製便當盒	901	120	49	25	7	少辛辣、刺激勿太硬、生食物。
	清蒸鱈魚	2	鱈魚105g							
	蔥爆茄段	1	蔥3g茄子100g							
	青椒肉絲	1	瘦肉絲50g青椒50g							
	青菜	1	100g							
	金針排骨湯	1	金針10g排骨40g	390c.c湯杯						
	水果	1								
晚餐	加鈣飯	1	加鈣飯350g	紙製便當盒	828	120	42	20	8	
	糖醋肉片	1	瘦肉片70g洋蔥35g小黃瓜35g							
	鮮燴油豆腐	1	油腐70g木耳20g紅蘿蔔20g蒟蒻20g							
	爆透老薑	1	老薑80g黑麻油少許							
	青菜	1	100g							
	白玉大骨湯	1	白玉50g大骨20g	390c.c湯杯						
	水果	1								
夜點	保久乳	1	保久乳	200c.c	252	42	12	4	1	
	蘇打餅乾	1	蘇打餅乾4片							
				合計	2428	339	124	64	24	

坐月子菜單(32)

餐別	餐盒供應內容	樣式	成品供應標準	包裝餐盒或容器之規格材質	供應營養素					功能表設計及供應原則
					熱量(大卡)	醣類(公克)	蛋白質(公克)	脂肪(公克)	膳食纖維(公克)	
早餐	木須炒蛋	1	木須10g蛋55g	紙製便當盒	447	57	21	15	2	少辛辣、刺激勿大硬、生食物。
	滷豆輪	1	豆輪30g							
	腐皮紅鳳菜	1	腐皮10g紅鳳菜100g							
	加鈣米稀飯	1	加鈣米20g白米40g	390c.c湯杯						
	蜜豆奶	1	蜜豆奶250c.c							
午餐	糙米飯	1	糙米飯350g	紙製便當盒	828	120	42	20	8	
	黑胡椒豬排	1	豬排105g							
	馬鈴薯雞丁	1	馬鈴薯40g雞丁70g							
	芹香豆芽	1	芹菜25g豆芽40g紅蘿蔔絲15g							
	青菜	1	100g							
	大黃瓜湯	1	大黃瓜30g大骨	390c.c湯杯						
	水果	1								
晚餐	白飯	1	白飯350g	紙製便當盒	888	135	42	20	8	
	破布子魚	1	鱈魚105g破布子5g							
	肉末炒碗豆夾	1	碗豆夾70g肉末35g							
	香菇炒青花菜	1	生香菇10g青花菜70g							
	青菜	1	100g							
	味噌洋蔥湯	1	洋蔥25g味噌3g	390c.c湯杯						
	水果	1								
夜點	麥片牛奶	1	低脂奶粉25g麥片40g	500c.c	252	42	12	4	1	
				合計	2415	654	117	59	19	

坐月子菜單(33)

餐別	餐盒供應內容	樣式	成品供應標準	包裝餐盒或容器之規格材質	熱量(大卡)	醣類(公克)	蛋白質(公克)	脂肪(公克)	膳食纖維(公克)	功能表設計及供應原則
早餐	荷包蛋	1	荷包蛋55g	紙製便當盒	447	57	21	15	2	
	珍味菜心	1	菜心50g							
	腐皮紅鳳菜	1	腐皮20g紅鳳菜100g							
	糙米稀飯	1	糙米20g白米40g	390c.c湯杯						
	香草安素	1	香草安素1罐							
	三寶燕麥飯	1	三寶燕麥飯350g							
午餐	咖哩雞腿丁	2	雞腿丁105g洋芋20g青豆仁20g	紙製便當盒	828	120	42	20	8	
	黃瓜素雞片	1	小黃瓜35g素雞片45g胡蘿蔔10g							
	豆豉韭菜	1	豆豉2.5g韭菜80g							
	青菜	1	100g							少辛辣、刺激勿大硬、生食物。
	蘿蔔黑輪湯	1	白蘿蔔20g黑輪5g	390c.c湯杯						
	水果	1								
晚餐	白飯	1	白飯350g		828	120	42	20	9	
	豆瓣肉片	1	肉片105g小黃瓜片20g紅蘿蔔片15g	紙製便當盒						
	蒟蒻青花	1	青花菜50g蒟蒻30g							
	芹菜肉絲	1	生香菇20g芹菜40g肉絲35							
	青菜	1	100g							
	蔥花紫菜湯	1	蔥花1g紫菜3g	390c.c湯杯						
	水果	1								
夜點	麥片牛奶	1	低脂奶粉25g麥片40g	500c.c	252	42	12	4	1	
合計					2355	339	117	59	20	

坐月子菜單(34)

餐別	餐盒供應內容	樣式	成品供應標準	包裝餐盒或容器之規格材質	供應營養素					功能表設計及供應原則
					熱量(大卡)	醣類(公克)	蛋白質(公克)	脂肪(公克)	膳食纖維(公克)	
早餐	香菇肉燥	1	紅蘿蔔15g香菇15g肉末70g	紙製便當盒	520	57	28	20	3	
	脆炒花椰菜	1	花椰菜80g							
	炒高苣	1	高苣100g							
	地瓜稀飯	1	地瓜60g米40g							
	優酪乳	1	優酪乳200c.c	390c.c湯杯						
	三寶燕麥飯	1	三寶燕麥飯350g							
	橙汁肉片	1	肉片105g彩椒30g							
	牛蒡炒豆干	1	白芝麻1g牛蒡40g豆干片50g							
午餐	醬三菇	1	金針菇50g木耳絲20g紅蘿蔔20g	紙製便當盒	969	135	51	24	7	少辛辣、刺激勿太硬、生食物。
	青菜	1	100g							
	玉米蛋花雞湯	1	玉米粒20g雞蛋30g	390c.c湯杯						
	水果	1								
晚餐	白飯	1	白飯300g	紙製便當盒	828	120	42	20	8	
	豆豉雞塊	1	雞腿丁105g豆豉2.5 g							
	肉絲炒敏豆	1	敏豆60g肉絲35g							
	清蒸南瓜	1	南瓜塊110g							
	青菜	1	100g							
	鄉下濃湯	1	高麗菜15g馬鈴薯10g洋蔥15g麵粉1g	390c.c湯杯						
	水果	1								
夜點	麵茶牛奶	1	低脂奶粉25g麵茶粉40g	500c.c	252	42	12	4	1	
	合計				2569	411	133	69	19	

坐月子菜單(35)

餐別	餐盒供應內容	樣式	成品供應標準	包裝餐盒或容器之規格材質	熱量(大卡)	醣類(公克)	蛋白質(公克)	脂肪(公克)	膳食纖維(公克)	功能表設計及供應原則
早餐	鮪魚三明治	1	全麥吐司50g/小黃瓜絲20g紅蘿蔔絲10g	紙製便當盒	511	57	28	19	4	
			鮪魚70g							
			低脂沙拉醬5g							
	胚芽牛奶	1	低脂奶粉25g/小麥胚芽20g	200c.c						
	糙米飯	1	糙米350g							
午餐	蒜苗燒魚	1	烏魚105g大蒜苗30g	紙製便當盒	896	135	44	20	8	少辛辣、刺激勿太硬、生食物。
	燴鵪鶉蛋	1	鵪鶉蛋50g/小黃瓜50g濕木耳20g							
	汆燙茭白筍	1	茭白筍80g							
	青菜	1	100g							
	皇帝豆排骨湯	1	皇帝豆35g大骨5g	390c.c湯杯						
	水果	1								
晚餐	地瓜糙米	1	地瓜糙米350g	紙製便當盒	901	120	49	25	8	
	芋頭燒雞	1	芋頭40g雞腿105g							
	醬爆肉片	1	洋蔥50g前腿肉片70g紅蘿蔔絲10g							
	奶汁菜花	1	菜花80g奶粉2.5g							
	青菜	1	100g							
	香菜蘿蔔湯	1	香菜5g蘿蔔50g大骨	390c.c湯杯						
	水果	1								
夜點	麥粉牛奶	1	低脂奶粉25g麥精粉40g	500c.c	252	42	12	4	1	
	合計				2560	354	133	68	21	

第五章
不同疾病的飲食設計

第一節　普通飲食

　　爲正常健康成年人所設計的飲食，維護生理機能正常運作，其飲食原則如下：

1. 均衡地攝取六大類食物，在行政院衛生署民國100年公告國人飲食建議，全穀根莖類1.5-4碗、豆魚肉蛋類3-8份、低脂乳品1.5-2杯、蔬菜類3-5碟、水果類2-4份、油脂類3-7茶匙、堅果類一份。

2. 依每人的身高、體重、活動、性別、年齡算出身體質量指數Body Mass Index（BMI）=體重（公斤）／身高（公尺）2=18.5-23.9，並算出每日所需熱量。

3. 每日蛋白質的攝取量宜占每日所需總熱量的11-14%，建議蛋白質的攝取量宜占總熱量的12%，依體重換算約爲每公斤體重0.9-1公克。

4. 每日脂肪的建議攝取量宜占每日所需總熱量的總熱量的20-30%，建議脂肪的建議攝取量30%以下，限制飽和脂肪酸應小於總熱量的10%，多元不飽和脂肪酸不超過總熱量的10%，其餘脂肪熱量以單元不飽和脂肪酸供應。

5. 每日碳水化合物的建議攝取量宜占總熱量的58%（建議範圍58-68%），且三餐以全穀根莖類爲主食，至少應有1/3爲全穀類，如糙米、全麥、全蕎麥或雜糧等並盡量減少攝取精緻糖類（如：蔗糖、糖果、含糖飲料等），每日攝取量以不超過總熱量的10%爲原則。

6. 膳食纖維每日攝取量盡可能10公克／1000大卡以上（或25公克／天），建議多攝取蔬果及未精緻的全穀根莖類食物。

7. 膽固醇的攝取量每日不超過300毫克。

8. 飲食應以清淡爲原則，每日鈉的攝取量（包括食鹽、醬油、味精

等調味品、醃漬物及加工食品中的含鈉量），以不超過2400毫克
（食鹽6公克）爲原則。

9.鈣的攝取量每日建議量爲1000毫克。

10.若飲酒，女性每日不宜超過一杯（每杯酒精10公克），男性不宜
超過二杯。

11.普通飲食的設計範例

(1)熱量：2000大卡／一天（至少以2000卡／天爲設計單位）

(2)蛋白質：14%　2000×14%÷4＝70公克

(3)脂肪：28%　2000×28%÷9＝62.2公克

(4)醣類：58%　2000×58%÷4＝290公克

食物	份數	蛋白質（公克）	脂肪（公克）	醣（公克）
牛奶	1	8	8	12
肉、魚、豆、蛋	5	35	25	+
全穀根莖類	12	24	+	180
蔬菜	5	5	+	25
水果	4	+	+	60
油脂	6	0	30	0
總合		73	63	277

三餐分配

種類	早餐	中餐	晚餐	晚點
奶類				1X
五穀根莖類	4X	4X	4X	
蛋豆魚肉類	1X	2X	2X	
蔬菜類	1X	2X	2X	
水果類	1X	2X	1X	
油脂類	2X	2X	2X	

食物份量代換表

項目	份量 （份）	醣類 公克	蛋白質 公克	脂肪 公克	熱量 大卡
熱量／份		4	4	9	
全脂牛奶	1	12	8	8	150
低脂奶	1	12	8	4	120
脫脂奶	1	12	8		80
蔬菜	1	5	1		25
水果	1	15			60
主食類	1	15	2		70
低氮澱粉	1	15	1		64.0
易能充	1	31	0.8	8.2	201.0
三多粉飴	1	23.5	0.1	0	94.4
LPF	1	21.3	3.9	11.1	200.7
腎補納	1	46.4	10.6	22.7	432.3
肉（低脂）	1		7	3	55
肉（中脂）	1		7	5	75
肉（高脂）	1		7	10	120
油脂	1			5	45
堅果種子類	1			5	45

普通飲食菜單(1)

餐別	餐盒供應內容	樣式	成品供應標準（食材以生重表示）	包裝餐盒或容器之規格材質	熱量(大卡)	醣類(公克)	蛋白質(公克)	脂肪(公克)	膳食纖維(公克)	功能表設計及供應原則
早餐	魚鬆	1	魚鬆25g		117.0	11.0	7.1	5.1		
	柴魚秋葵	1	秋葵75g柴魚片1g	紙製便當盒	45.8	3.8	0.8	3.0	1.5	
	青菜	1	生重100g		47.5	5.0	1.0	2.5	2.0	
	地瓜稀飯	1	白米60g地瓜60g	520c.c.湯杯	280.0	60.0	8.0		2.5	
	水果	1			60.0	15.0			1.5	
午餐	糙米飯	1	糙米60g		210.0	45.0	6.0		1.4	少辛辣、刺激勿太硬、生食物。
	紅糟肉	1	後腿肉52.5g地瓜粉5g紅糟5g		242.5	3.8	11.0	20.0		
	三色雞丁	1	玉米粒35g豌豆仁22.5g雞胸丁17.5g紅蘿蔔丁5g	紙製便當盒	124.5	15.0	5.5	4.5	3.0	
	蝦皮蘿蔔絲	1	白蘿蔔90g紅蘿蔔絲10g蝦皮1g		47.5	5.0	1.0	2.5	2.0	
	青菜	1	生重100g		47.5	5.0	1.0	2.5	2.0	
	竹筍絲湯	1	筍絲25g雞骨頭	260c.c.湯杯	6.3	3.8	0.3		1.1	
	水果	2			120.0	30.0			3.0	
晚餐	五穀飯	1	五穀米70g		245.0	52.5	7.0		1.7	
	味噌燒魚	1	白北魚52.5g味噌5g		127.5	3.8	10.5	9.5		
	綠蘆筍炒肉絲	1	綠蘆筍75g肉絲17.5g	紙製便當盒	83.3	3.8	4.3	5.5	1.2	
	炒三菇	1	生香菇35g洋菇35g柳松菇30g		47.5	5.0	1.0	2.5	2.0	
	青菜	1	生重100g		47.5	5.0	1.0	2.5	2.0	
	枸杞瓠瓜湯	1	瓠瓜絲25g枸杞1g	260c.c.湯杯	6.3	1.3	0.3		0.5	
	水果	1			60.0	15.0			1.5	
	市售保久乳	1	保久乳200ml		96.4	11	6.8	2.8		
	合計				2061.9	295.8	72.4	62.9	29.0	

普通飲食菜單(2)

餐別	餐盒供應內容	樣式	成品供應標準（食材以生重表示）	包裝餐盒或盛裝器之規格材質	熱量（大卡）	醣類（公克）	蛋白質（公克）	脂肪（公克）	膳食纖維（公克）	功能表設計及供應原則
早餐	鐵板烤肉飯糰		鐵板烤肉飯糰*1		222.8	30	3.3	5	0.1	
	凝態活性發酵乳		凝態活性發酵乳*1		178.0	29.2	6.2	4.2		
	水果	1			60.0	15.0			1.0	
午餐	燕麥飯	1	燕麥80g	紙製便當盒	280.0	60.0	8.0		1.9	
	白斬雞	1	光雞（帶骨1ex45g）67.5g		105.0	0.0	10.5	7.0		
	番茄豆腐	1	豆腐40g番茄50g		81.5	2.5	4.0	6.0	1.2	
	拌海帶絲	1	海帶絲75g嫩薑絲1g		59.3	3.8	0.8	4.5	2.3	少辛辣、刺激勿太硬、生食物。
	青菜	1	生重100g		65.5	5.0	1.0	4.5	2.0	
	梅干苦瓜湯	1	苦瓜25g梅干菜1g	260c.c湯杯	6.3	1.3	0.3		0.5	
	水果	2			120.0	30.0			2.0	
晚餐	胚芽飯	1	胚芽米70g	紙製便當盒	245.0	52.5	7.0		1.9	
	滷肉角	1	肉角52.5g滷包		157.5		10.5	12.5		
	彩椒魚片	1	青椒45g紅椒15g黃椒15g魚肉17.5g		82.3	3.8	4.3	5.5	1.5	
	紅燒牛蒡山藥	1	山藥35g牛蒡40g胡蘿蔔5g		88.0	12.5	2.0	4.5	1.0	
	青菜	1	生重100g		65.5	5.0	1.0	4.5	2.0	
	高麗菜乾湯	1	高麗菜乾3g	260c.c湯杯						
	水果	1			60.0	15.0			1.0	
	麥片牛奶	1	低脂奶粉25g即時燕麥片15g		172.5	23.3	9.5	4.0	1.8	
				合計	2049.1	288.7	68.3	62.2	20.2	

普通飲食菜單(3)

餐別	餐盒供應內容	樣式	成品供應標準（食材以生重表示）	包裝餐盒或盛品器之規格材質	熱量（大卡）	醣類（公克）	蛋白質（公克）	脂肪（公克）	膳食纖維（公克）	功能表設計及供應原則
早餐	鮪魚三明治	1	全麥吐司50g小黃瓜絲20g紅蘿蔔絲5g鮪魚（罐頭）30g沙拉醬5g	吐司盒	266.3	36.3	11.3	8.0	2.1	
	豆漿	1	豆漿260ml		75.0	5.0	7.0	3.0		
	水果	1			60.0	15.0			1.0	
午餐	紫米飯	1	紫米70g	紙製便當盒	245.0	52.5	7.0		1.7	
	烤秋刀魚	1	秋刀魚(可食生重)52.5g		180.0		10.5	15.0	1.9	
	粉蒸芋頭	1	芋頭82.5g蒸肉粉5g		158.4	26.2	3.5	4.1		
	清炒茭白筍	1	茭白筍90g紅蘿蔔絲10g		61.0	5.0	1.0	4.0	2.0	
	青菜	1	生重100g		56.5	5.0	1.0	3.5	2.0	
	金針湯	1	乾金針3g	260c.c.湯杯						
	水果	2			120.0	30.0			2.0	
晚餐	三寶燕麥飯	1	三寶燕麥70g	紙製便當盒	245.0	52.5	7.0		1.7	
	三杯雞	1	雞腿丁67.5g九層塔1g薑片1g		127.5		10.5	9.5		
	紅燒高麗	1	高麗菜100g紅棗3g		61.0	5.0	1.0	4.0	2.0	
	木須瓠瓜絲	1	瓠瓜絲90g木耳絲10g		61.0	5.0	1.0	4.0	1.6	
	青菜	1	生重100g		56.5	5.0	1.0	3.5	2.0	
	薑絲紫菜湯	1	紫菜2.5g薑絲	260c.c.湯杯	6.3	1.3	0.3		0.5	少辛辣、刺激勿大硬、生食物。
	水果	1			60.0	15.0			1.0	
	藕粉牛奶	1	低脂奶粉25g蓮藕粉20g		190.0	27.0	10.0	4.0	0.1	
	合計				2029.4	285.7	72.0	62.6	21.5	

菜單設計

普通飲食菜單(4)

餐別	餐盒供應內容	樣式	成品供應標準（食材以生重表示）	包裝餐盒或盛品器質之規格材質	供應營養素					功能表設計及供應原則
					熱量(大卡)	醣類(公克)	蛋白質(公克)	脂肪(公克)	膳食纖維(公克)	
早餐	芝麻涼拌皮蛋	1	白芝麻1g皮蛋1個		75.0		7.0	5.0		
	黃瓜木耳	1	大黃瓜90g木耳10g	紙製便當盒	52.0	5.0	1.0	3.0	2.0	
	青菜	1	生重100g		52.0	5.0	1.0	3.0	2.0	
	小米粥	1	白米40g/小米20g	520c.c湯杯	210.0	45.0	6.0		0.7	
	水果	1			60.0	15.0			1.0	
午餐	客家粄條	1	粄條160g絞肉35g豆干丁20g豆芽菜30g韭菜10g紅蘿蔔絲10g蝦米1g	紙製便當盒	459.5	73.6	11.9	13.8	1.0	少辛辣、刺激勿太硬、生食物。
	青菜	1	生重100g		52.0	5.0	1.0	3.0	2.0	
	四神肉片湯	1	乾四神料5g肉片17.5g	260c.c湯杯	64.0	3.8	4.0	3.5	0.3	
	水果	2		紙製便當盒	120.0	30.0			2.0	
晚餐	糙米飯	1	糙米60g		210.0	45.0	6.0		1.4	
	日式炸豬排	1	豬肉排70g麵包粉5g		204.6	3.9	14.7	14.1	0.1	
	魚香茄子	1	茄子75g絞肉17.5g		92.3	3.8	4.3	6.5	1.5	
	薑絲紅鳳菜	1	紅鳳菜100g薑絲		52.0	5.0	1.0	3.0	2.0	
	青菜	1	生重100g		52.0	5.0	1.0	3.0	2.0	
	冬瓜蛤蜊湯	1	冬瓜25g蛤蜊10g	260c.c湯杯	15.4	1.3	1.4	0.5	0.5	
	水果	1			60.0	15.0			1.0	
	糙米粉牛奶	1	低脂奶粉25g糙米粉20g		190.0	27.0	10.0	4.0	0.3	
	合計				2020.8	288.2	70.2	62.4	19.8	

普通飲食菜單(5)

餐別	餐盒供應內容	樣式	成品供應標準（食材以生重表示）	包裝餐盒或容器之規格材質	供應營養素 熱量(大卡)	醣類(公克)	蛋白質(公克)	脂肪(公克)	膳食纖維(公克)	功能表設計及供應原則
早餐	湯種紅豆麵包	1	湯種紅豆麵包		237.2	45.3	6.8	3.2		
	光泉鮮奶	1	光泉鮮奶		192.0	13.6	9.6	11		
	水果	1			60.0	15.0			1.0	
午餐	五穀飯	1	五穀米80g	紙製便當盒	280.0	60.0	8.0		1.9	少辛辣、刺激勿太硬、生食硬、物。
	香煎鮭魚	1	鮭魚（可食生重）52.5g		157.5	60.0	10.5	12.5		
	黃瓜炒丸片	1	大黃瓜片80g紅蘿蔔片10g貢丸片10g		97.5	4.5	2.7	7.5	1.8	
	滷筍絲	1	筍絲75g		50.3	3.8	0.8	3.5	1.5	
	青菜	1	生重100g		47.5	5.0	1.0	2.5	2.0	
	香菜蘿蔔湯	1	白蘿蔔小丁25g香菜1g	260c.c湯杯	6.3	1.3	0.3		0.5	
	水果	2			120.0	30.0			2.0	
晚餐	燕麥飯	1	燕麥80g	紙製便當盒	280.0	60.0	8.0		1.9	
	麻油雞	1	雞腿丁67.5g薑5g麻油5g		127.5		10.5	9.5		
	雙花炒肉片	1	菁花菜25g花椰菜50g		41.3	3.8	0.8	2.5	1.5	
	枸杞皇宮菜	1	皇宮菜75g		50.3	3.8	0.8	3.5	1.5	
	青菜	1	生重100g		47.5	5.0	1.0	2.5	2.0	
	時蔬湯	1	高麗菜絲25g	260c.c湯杯	6.3	1.3	0.3		0.5	
	水果	1			60.0	15.0			1.0	
	紅豆牛奶	1	低脂奶粉25g紅豆15g		172.5	23.3	9.5	4.0	1.8	
				合計	2033.5	290.4	70.3	62.2	21.0	

菜單設計

普通飲食菜單(6)

餐別	餐盒供應內容	樣式	成品供應標準（食材以生重表示）	包裝餐盒或容器之規格材質	熱量（大卡）	醣類（公克）	蛋白質（公克）	脂肪（公克）	膳食纖維（公克）	功能表設計及供應原則
早餐	鮮肉鍋貼*5	1	市售鮮肉鍋貼5個	一體小	388.5	47.0	13.0	16.5	2.5	
	青菜	1	生重100g		43.0	5.0	1.0	2.0	2.0	
	豆漿	1	豆漿260ml	390c.c.湯杯	103.0	12.0	7.0	3.0		
	水果	1			60.0	15.0			1.0	
午餐	胚芽飯	1	胚芽米80g		280.0	60.0	8.0		1.9	
	糖醋肉片	1	肉片52.5g洋蔥20g紅蘿蔔片5g	紙製便當盒	163.8	1.3	10.8	12.5	0.5	
	芹香甜不辣	1	芹菜段50g甜不辣20g		62.0	12.8	1.9	3.4	1.0	
	香菇炒豆苗	1	豆苗75g乾香菇絲1g		36.8	3.8	0.8	2.0	2.0	少辛辣、刺激勿太硬、生食物。
	青菜	1	生重100g		43.0	5.0	1.0	2.0	2.0	
	榨菜肉絲湯	1	榨菜12.5g肉絲5g	260c.c.湯杯	13.8	0.6	1.1	0.7	0.3	
	水果	2			120.0	30.0			2.0	
晚餐	紫米飯	1	紫米80g		280.0	60.0	8.0		1.9	
	清蒸鱈魚	1	鱈魚（可食生重）35g	紙製便當盒	120.0		7.0	10.0		
	番茄炒蛋	1	番茄中丁75g雞蛋16.25g		55.5	3.8	2.5	3.3	1.0	
	薑絲紅鳳菜	1	紅鳳菜75g薑絲		36.8	3.8	0.8	2.0	2.0	
	青菜	1	生重100g		43.0	5.0	1.0	2.0	2.0	
	味噌海芽湯	1	乾海帶芽1g味噌5g	260c.c.湯杯						
	水果	1			60.0	15.0			1.0	
	市售保久乳	1	保久乳200ml		96.4	11	6.8	2.8		
	合計				2005.5	290.9	70.6	62.1	23.1	

普通飲食菜單(7)

餐別	餐盒供應內容	樣式	成品供應標準（食材以生重表示）	包裝餐盒或容器之規格材質	熱量(大卡)	醣類(公克)	蛋白質(公克)	脂肪(公克)	膳食纖維(公克)	功能表設計及供應原則
早餐	滷豆腐	1	豆腐80g	紙製便當盒	97.5		7.0	7.5	0.4	
	蝦皮炒豆薯絲	1	豆薯絲105g蝦皮1g		66.5	7.5	1.0	3.5	1.2	
	梅干苦瓜	1	苦瓜100g梅干菜2.5g		47.5	5.0	1.0	2.5	2.0	
	蕎麥稀飯	1	白米40g蕎麥40g	520c.c.湯杯	280.0	60.0	8.0		1.1	
	水果	1			60.0	15.0			1.0	
午餐	三寶燕麥飯	1	三寶燕麥80g	紙製便當盒	280.0	60.0	8.0		1.9	少辛辣、刺激勿太硬、生食物。
	鳳梨雞	1	雞腿丁45g鳳梨豆醬10g		100.0		7.0	8.0		
	韭黃肉絲	1	韭黃段75g肉絲17.5g		87.8	3.8	4.3	6.0	1.5	
	薑絲紅棗蒸南瓜	1	南瓜100g紅棗3g薑絲		75.0	11.3	1.5	2.5	2.3	
	青菜	1	生重100g		47.5	5.0	1.0	2.5	2.0	
	青木瓜湯	1	青木瓜25g大骨	260c.c.湯杯	6.3	1.3	0.3		0.5	
	水果	2			120.0	30.0			2.0	
晚餐	皮蛋瘦肉粥	1	加鈣米60g玉米粒17.5g絞肉17.5g皮蛋0.5個芹菜末1g	850c.c.湯杯	347.5	48.8	13.5	10.0	0.6	
	酸菜麵腸	1	麵腸40g酸菜25g		106.3	1.3	7.3	8.0	0.8	
	花生米	1	花生米18粒		45.0			5.0	0.7	
	青菜	1	生重100g		47.5	5.0	1.0	2.5	2.0	
	水果	1			60.0	15.0			1.0	
	麵茶牛奶	1	低脂奶粉25g麵茶15g	520c.c.湯杯	172.5	23.3	9.5	4.0	0.6	
合計					2046.8	292.0	70.3	62.0	21.6	

普通飲食菜單(8)

餐別	餐盒供應內容	樣式	成品供應標準（食材以生重表示）	包裝餐盒或餐器之規格材質	熱量(大卡)	醣類(公克)	蛋白質(公克)	脂肪(公克)	膳食纖維(公克)	功能表設計及供應原則
早餐	火腿燻雞手捲	1	火腿燻雞手捲		291.4	54	5.8	5.8		
	豆漿	1	豆漿260ml	260c.c湯杯	75.0	5	7	3		
	水果	1			60.0	15.0			1.0	
午餐	糙米飯	1	糙米80g		280.0	60.0	8.0		1.9	
	烤肉丸	1	絞肉52.5g豆薯10g紅蘿蔔末10g洋蔥末10g	紙製便當盒	148.0	1.8	10.8	10.5	0.6	
	小瓜雞片	1	小黃瓜65g紅蘿蔔片10g清雞片17.5g		73.3	3.8	4.3	4.5	1.5	少辛辣、刺激物。太硬、生食勿供應。
	豆豉苦瓜	1	苦瓜75g烏豆豉1g		45.8	3.8	0.8	3.0	2.0	
	青菜	1	生重100g		52.0	5.0	1.0	3.0	2.0	
	玉米大骨湯	1	玉米粒17.5g大骨	260c.c湯杯	17.5	3.8	0.5		0.8	
	水果	2			120.0	30.0			2.0	
晚餐	五穀飯	1	五穀米80g		280.0	60.0	8.0		1.9	
	當歸枸杞子蒸魚	1	旗魚52.5g枸杞子1g當歸1g	紙製便當盒	127.5	2.5	10.5	9.5	1.0	
	甜豆炒香腸	1	甜豆50g香腸斜片20g		102.5	7.5	4.0	8.0	1.0	
	絲瓜粉絲	1	絲瓜75g濕粉絲20g		58.8	5.0	1.3	3.0	1.5	
	青菜	1	生重100g		52.0	5.0	1.0	3.0	2.0	
	筍絲湯	1	筍絲25g雞骨頭	260c.c湯杯	6.3	1.3	0.3		0.5	
	水果	1			60.0	15.0			1.0	
	胚芽杏仁牛奶	1	低脂奶粉25g杏仁粉10g胚芽粉10g		200.0	19.5	8.0	9.0	0.1	
合計					2049.9	292.8	71.1	62.3	19.8	

普通飲食菜單(9)

餐別	餐盒供應內容	樣式	成品供應標準（食材以生重表示）	包裝餐盒或容器之規格材質	熱量(大卡)	醣類(公克)	蛋白質(公克)	脂肪(公克)	膳食纖維(公克)	功能表設計及供應原則
早餐	蔬菜蛋餅	1	蛋餅皮1張美生菜50g雞蛋1顆	耐熱紙袋	272.5	32.5	11.5	10.0	1.0	
	芝麻豆漿		豆漿260ml黑芝麻粉10g	390c.c.湯杯	120.0	5.0	7.0	8.0		
	水果	1			60.0	15.0			1.0	
午餐	燕麥飯	1	燕麥80g	紙製便當盒	280.0	60.0	8.0		1.9	
	蔥爆雞柳	1	清雞柳52.5g蔥25g		133.8	1.3	10.8	9.5	0.4	
	塔香海苔	1	海苔75g九層塔1g		50.3	3.8	0.8	3.5	1.5	
	鮮菇炒山藥	1	山藥52.5g鮮香菇25g		81.3	12.5	1.8	3.5	1.3	
	青菜	1	生重100g		56.5	5.0	1.0	3.5	2.0	
	金針湯	1	乾金針3g	260c.c.湯杯						少辛辣、刺激勿大便、生食物。
	水果	2			120.0	30.0			2.0	
晚餐	胚芽飯	1	胚芽米80g		280.0	60.0	8.0		1.9	
	洋蔥蕃茄燉肉	1	肉角35g洋蔥10g蕃茄15g		126.3	1.3	7.3	10.0	0.5	
	火腿拌粉皮	1	小黃瓜50g火腿11.25g濕粉皮20g	紙製便當盒	66.3	7.5	2.8	3.3	1.0	
	燒大頭菜	1	大頭菜75g香菜1g		41.3	3.8	0.8	3.5	1.5	
	青菜	1	生重100g		56.5	5.0	1.0	3.5	2.0	
	白木耳甜湯	1	白木耳2.5g二砂糖5g	260c.c.湯杯	20.0	5.0				
	水果	1			60.0	15.0			1.0	
	胚芽牛奶	1	低脂奶粉25g小麥胚芽粉20g		190.0	27.0	10.0	4.0	1.78	
	合計				2014.5	289.5	70.5	62.3	20.8	

餐點設計

普通飲食菜單(10)

餐別	餐盒供應內容	樣式	成品供應標準（食材以生重表示）	包裝餐盒之或容器之規格材質	供應營養素					功能表設計及供應原則
					熱量（大卡）	醣類（公克）	蛋白質（公克）	脂肪（公克）	膳食纖維（公克）	
早餐	荷包蛋	1	荷包蛋1顆	紙製便當盒	120.0		7.0	10.0		少辛辣、刺激勿太硬、生食物。
	沙茶大白菜	1	大白菜90g紅蘿蔔片10g		56.5	5.0	1.0	3.5	2.0	
	青菜	1	生重100g		56.5	5.0	1.0	3.5	2.0	
	燕麥加鈣米稀飯	1	加鈣米40g即溶燕麥片40g	520c.c.湯杯	280.0	60.0	8.0		1.1	
	水果	1			60.0	15.0			1.0	
午餐	肉粽*1	1	肉粽180g		420.0	54.0	15.0	16.0	1.1	
	青菜	1	生重100g		56.5	5.0	1.0	3.5	2.0	
	高麗菜乾湯	1	高麗菜乾3g	260c.c.湯杯						
	水果	2			120.0	30.0			2.0	
晚餐	紫米飯	1	紫米80g	紙製便當盒	280.0	60.0	8.0		1.9	
	鱈斑子魚	1	鱈斑魚52.5g破布子5g		127.5		10.5	9.5		
	四季豆炒肉絲	1	四季豆75g肉絲17.5g		78.8	3.8	4.3	5.0	1.3	
	菇絲彩椒	1	青椒30g紅椒20g黃椒25g生香菇25g		56.5	5.0	1.0	3.5	2.0	
	青菜	1	生重100g		56.5	5.0	1.0	3.5	2.0	
	薑絲瓠瓜湯	1	瓠瓜絲25g薑絲	260c.c.湯杯	6.3	1.3	0.3		0.5	
	水果	1			60.0	15.0			1.0	
	五穀粉牛奶	1	低脂奶粉25g五穀粉20g		190.0	27.0	10.0	4.0	0.1	
	合計				2025.0	291.0	68.0	62.0	20.1	

普通飲食菜單(1)

餐別	餐盒供應內容	樣式	成品供應標準（食材以生重表示）	包裝餐盒或容器之規格材質	供應營養素					功能表設計及供應原則
					熱量(大卡)	醣類(公克)	蛋白質(公克)	脂肪(公克)	膳食纖維(公克)	
早餐	綜合壽司	1	綜合壽司1盒		355.0	58.2	13.0	7.8		
	無糖紅茶		紅茶包	260c.c.湯杯	60.0	15.0				
	水果	1			60.0	15.0			1.0	
午餐	三寶燕麥飯	1	三寶燕麥80g		280.0	60.0	8.0		1.9	
	香菇燉雞	1	雞腿45g山藥17.5g乾香菇絲1g	紙製便當盒	117.5	3.8	7.5	8.0	0.2	
	韭菜炒豆干	1	韭菜花50g豆干片20g		86.0	2.5	4.0	6.5	1.7	
	開陽高麗菜	1	高麗菜65g紅蘿蔔絲10g蝦米1g		59.3	3.8	0.8	4.5	1.5	
	青菜	1	生重100g		61.0	5.0	1.0	4.0	2.0	少辛辣、刺激勿太硬、生食物。
	紫菜湯	1	紫菜2.5g蔥花1g	260c.c.湯杯	6.0	1.3	0.3		0.3	
	水果	2			120.0	30.0			2.0	
晚餐	糙米飯	1	糙米80g		280.0	60.0	8.0		1.9	
	咖哩豬肉	1	肉角52.5g洋芋25g胡蘿蔔10g洋蔥10g	紙製便當盒	180.0	4.8	11.2	12.5	0.7	
	豆芽炒雞絲	1	豆芽菜75g雞絲17.5g		91.3	3.8	5.0	6.5	1.5	
	洋菇青花菜	1	青花菜50g洋菇25g		59.3	3.8	0.8	4.5	1.5	
	青菜	1	生重100g		61.0	5.0	1.0	4.0	2.0	
	冬瓜湯	1	冬瓜25g薑絲	260c.c.湯杯	6.3	1.3	0.3		0.5	
	水果	1			60.0	15.0			1.0	
	薏仁牛奶	1	低脂奶粉25g薏仁粉10g		155.0	19.5	9.0	4.0	0.4	
				合計	2097.5	292.5	69.7	62.3	20.1	

普通飲食菜單(12)

餐別	餐盒供應內容	樣式	成品供應標準（食材以生重表示）	包裝餐盒或容器之規格材質	熱量(大卡)	醣類(公克)	蛋白質(公克)	脂肪(公克)	膳食纖維(公克)	功能表設計及供應原則
早餐	波蘿麵包	1	波蘿麵包60g	透明塑膠袋	294.0	45.0	6.0	10.0		
	茶葉蛋	1	茶葉蛋1個	透明塑膠袋	75.0	11	7.0	5.0		
	市售保久乳	1	保久乳200ml		96.4		6.8	2.8		
	水果	1			60.0	15.0			1.0	
午餐	五穀飯	1	五穀米80g	紙製便當盒	280.0	60.0	8.0		1.9	
	香煎金目鏈	1	金目鏈（可食生重）35g		100.0		7.0	8.0		
	醬爆小瓜黑輪片	1	小瓜斜片70g黑輪斜片10g		67.0	8.7	1.4	4.4	1.4	
	蒜香白花菜	1	鮮白花菜75g蒜末		54.8	3.8	0.8	4.0	1.5	少辛辣、刺激、勿大食硬、生物。
	青菜	1	生重100g		52.0	5.0	1.0	3.0	2.0	
	蝦米蘿蔔絲湯	1	羅蔔絲25g蝦米0.25g	260c.c湯杯	6.3	1.3	0.3		0.5	
	水果	2			120.0	30.0			2.0	
晚餐	燕麥飯	1	燕麥80g		280.0	60.0	8.0		1.9	
	滷雞腿	1	雞腿35g滷包		86.5		7.0	6.5		
	家常豆腐	1	筍片40g豆腐40g絞肉5g豆瓣醬1g	紙製便當盒	108.5	2.0	6.2	8.2	1.0	
	洋菇炒甜豆	1	甜豆50g洋菇片25g		54.8	3.8	0.8	4.0	1.5	
	青菜	1	生重100g		52.0	5.0	1.0	3.0	2.0	
	薑絲大黃瓜湯	1	大黃瓜25g薑絲	260c.c湯杯	6.3	1.3	0.3		0.5	
	水果	1			60.0	15.0			1.0	
	南瓜牛奶	1	低脂奶粉25g南瓜108g		176.0	24.0	9.6	4.0	1.0	
合計					2029	290.7	71.0	62.9	19	

普通飲食菜單(13)

餐別	餐盒供應內容	樣式	成品供應標準（食材以生重表示）	包裝餐盒或容器之規格器材質	供應營養素					功能表設計及供應原則
					熱量(大卡)	醣類(公克)	蛋白質(公克)	脂肪(公克)	膳食纖維(公克)	
早餐	香菇麵筋	1	麵筋30g香菇乾絲1g	紙製便當盒	180.0		10.5	15.0		少辛辣、刺激勿太硬、生食物。
	炒鮑魚菇	1	鮑魚菇65g蔥段10g		41.3	3.8	0.8	2.5	2.0	
	青菜	1	生重100g		43.0	5.0	1.0	2.0	2.0	
	雜糧粥	1	雜糧米80g	520c.c湯杯	280.0	60.0	8.0		1.9	
	水果	1			60.0	15.0			1.0	
	胚芽飯	1	胚芽米80g		280.0	60.0	8.0		1.9	
	鹹蛋蒸肉餅	1	絞肉35g鹹蛋13g紅蘿蔔末10g洋蔥末10g	紙製便當盒	98.8	1.0	9.0	6.3	0.4	
午餐	菜豆炒玉筍	1	菜豆50g玉筍25g		41.3	3.8	0.8	2.5	2.0	
	甘藍炒木耳	1	結頭菜片65g木耳片10g		41.3	3.8	0.8	2.5	2.0	
	青菜	1	生重100g		43.0	5.0	1.0	2.0	2.0	
	榨菜肉絲湯	1	榨菜12.5g肉絲8.75g	260c.c湯杯	21.9	0.6	1.9	1.3	0.3	
	水果	2			120.0	30.0			2.0	
晚餐	豬肉水餃	1	豬肉水餃14顆（200g）	一體大	388.6	40.2	14.2	19.0	1.2	
	青菜	1	生重100g		43.0	5.0	1.0	2.0	2.0	
	玉米濃湯	1	玉米粒35g洋芋小丁25g太白粉5g火腿丁12g雞蛋10g黑胡椒粗粒1g奶油2.5g	260c.c湯杯	117.8	16.3	4.8	4.3	1.5	
	水果	1			60.0	15.0			1.0	
	綠豆沙牛奶	1	低脂奶粉25g綠豆仁20g		190.0	27.0	10.0	4.0	0.1	
				合計	2049.8	291.3	71.6	63.3	23.3	

普通飲食菜單(14)

餐別	餐盒供應內容	樣式	成品供應標準（食材以生重表示）	包裝餐盒或容器之規格材質	供應營養素					功能表設計及供應原則
					熱量(大卡)	醣類(公克)	蛋白質(公克)	脂肪(公克)	膳食纖維(公克)	
早餐	厚切雞排三明治	1	厚切雞排三明治*1		276.0	25.6	14.6	12.8	0.2	少辛辣、刺激、勿太硬、生食物。
	米漿	1	米漿200ml	260c.c.湯杯	148.6	26.0	2.6	3.8	1.0	
	水果	1			60.0	15.0			1.0	
午餐	紫米飯	1	紫米80g		280.0	60.0	8.0		1.9	
	煎肉魚	1	肉魚（可食生重）35g	紙製便當盒	100.0		7.0	8.0		
	咖哩洋芋	1	洋芋75g紅蘿蔔丁10g咖哩粉		77.5	11.8	1.6	3.5	1.3	
	麻香茄子	1	茄子75g芝麻醬5g		63.8	3.8	0.8	5.0	2.0	
	青菜	1	生重100g		52.0	5.0	1.0	3.0	2.0	
	薑絲海芽湯	1	海帶芽1g薑絲	260c.c.湯杯					2.0	
	水果	2			120.0	30.0			2.0	
晚餐	三寶燕麥飯	1	三寶燕麥80g		280.0	60.0	8.0		1.9	
	照燒雞丁	1	雞腿丁67.5g		127.5		10.5	9.5		
	雙菇鮮魚	1	豌豆莢30g洋菇20g鴻喜菇25g鮮鯛魚17.5g	紙製便當盒	91.3	3.8	4.3	6.5	1.3	
	薑燒大白菜	1	大白菜75g薑絲		45.8	3.8	0.8	3.0	2.0	
	青菜	1	生重100g		52.0	5.0	1.0	3.0	2.0	
	青木瓜湯	1	青木瓜絲25g	260c.c.湯杯	6.3	1.3	0.3		0.5	
	水果	1			60.0	15.0			1.0	
	藕囊牛奶	1	低脂奶粉25g蓮藕粉10g		155.0	19.5	9.0	4.0	0.1	
				合計	1995.6	285.4	69.3	62.1	20.2	

普通飲食菜單(15)

餐別	餐盒供應內容	樣式	成品供應標準（食材以生重表示）	包裝餐盒或容器之規格材質	熱量(大卡)	醣類(公克)	蛋白質(公克)	脂肪(公克)	膳食纖維(公克)	功能表設計及供應原則
早餐	羅蔔糕	1	羅蔔糕180g	吐司盒	255.0	45.0	6.0	5.0		少辛辣、刺激勿大食硬、生、物。
	荷包蛋*1	1	荷包蛋1顆		120.0		7.0	10.0		
	紅茶		紅茶包1包+糖5g	260c.c湯杯	80.0	5.0				
	水果	1	櫻桃80g		60.0	15.0			1.0	
午餐	糙米飯	1	糙米飯80g	紙製便當盒	280.0	60.0	8.0		1.9	
	荷葉蒸肉角	1	肉角52.5g荷葉		112.5		10.5	7.5		
	吻魚莧菜羹	1	莧菜75g吻魚1g太白粉5g		72.3	7.5	1.3	4.0	1.5	
	菇絲白花	1	鮮白花75g乾香菇絲1g		54.8	3.8	0.8	4.0	1.5	
	青菜	1	生重100g		56.5	5.0	1.0	3.5	2.0	
	味噌蔬菜湯	1	高麗菜絲25g味噌5g	260c.c湯杯	6.3	1.3	0.3		0.5	
	水果	2			120.0	30.0			2.0	
晚餐	五穀飯	1	五穀米80g	紙製便當盒	280.0	60.0	8.0		1.9	
	破布子蒸魚	1	鱈斑魚（可食生重）52.5g破布子5g		127.5		10.5	9.5		
	豌豆莢炒肉片	1	豌豆莢75g肉片17.5g		101.3	3.8	4.3	7.5	1.5	
	大黃瓜燒粉肝	1	大黃瓜55g蒟蒻粉肝20g		54.8	3.8	0.8	4.0	1.5	
	青菜	1	生重100g		56.5	5.0	1.0	3.5	2.0	
	筍絲湯	1	筍絲25g	260c.c湯杯	6.3	1.3	0.3		0.5	
	水果	1			60.0	15.0			1.0	
	紅豆牛奶	1	低脂奶粉25g紅豆15g		172.5	23.3	9.5	4.0	0.2	
				合計	2076.0	284.5	69.0	62.5	19.1	

菜單設計

普通飲食菜單(16)

餐別	餐盒供應內容	樣式	成品供應標準（食材以生重表示）	包裝餐盒或容器之規格材質	供應營養素					功能表設計及供應原則
					熱量(大卡)	醣類(公克)	蛋白質(公克)	脂肪(公克)	膳食纖維(公克)	
早餐	蔥花菜脯蛋	1	蛋55g菜脯25g蔥花5g		127.5	1.5	7.3	10.0	0.6	
	開陽燒冬瓜	1	冬瓜100g蝦米1g	紙製便當盒	52.0	5.0	1.0	3.0	2.0	
	青菜	1	生重100g		52.0	5.0	1.0	3.0	2.0	
	糙米稀飯	1	糙米70g	520c.c.湯杯	245.0	52.5	7.0		1.7	
	水果	1			60.0	15.0			1.0	
午餐	金瓜米粉	1	乾米粉60g南瓜絲35g肉絲35g紅蘿蔔絲10g蝦米1g	紙製便當盒	395.0	48.8	13.5	15.0	0.7	少辛辣、刺激勿太硬、生食物。
	滷油腐	1	四角油腐（1個）		75.0		7.0	5.0	0.4	
	青菜	1	生重100g		52.0	5.0	1.0	3.0	2.0	
	金針湯	1	乾金針3g 薑絲	260c.c.湯杯	52.0	5.0	1.0	3.0		
	水果	2			120.0	30.0			2.0	
晚餐	燕麥飯	1	燕麥80g	紙製便當盒	280.0	60.0	8.0		1.9	
	香滷雞腿	1	雞腿52.5g		127.5		10.5	9.5		
	金菇高麗菜	1	高麗菜50g金針菇20g紅蘿蔔絲5g		50.3	3.8	0.8	3.5	2.0	
	黃芽炒干絲	1	黃豆芽55g木耳絲10g白干絲8.75g		57.0	3.3	2.4	3.8	1.3	
	青菜	1	生重100g		52.0	5.0	1.0	3.0	2.0	
	綠豆湯	1	綠豆10g糖15g	260c.c.湯杯	95.0	22.5	1.0		1.4	
	水果	1			60.0	15.0			1.0	
	糙米粉牛奶	1	低脂奶粉25g糙米粉10g		155.0	19.5	9.0	4.0	0.2	
合計					2055.3	291.8	70.5	62.8	22.2	

普通飲食菜單(17)

餐別	餐盒供應內容	樣式	成品供應標準（食材以生重表示）	包裝餐盒或容器之規格材質	熱量（大卡）	醣類（公克）	蛋白質（公克）	脂肪（公克）	膳食纖維（公克）	功能表設計及供應原則
早餐	嘉義雞肉飯糰	1	嘉義雞肉飯糰*1	紙製便當盒	141.9	30.0	2.1	1.5		少辛辣、刺激勿大硬、生食物。
	市售糙米漿	1	市售糙米漿*1		339.0	58.0	6.2	9.1		
	茶葉蛋	1	茶葉蛋*1		75.0		7.0	5.0		
	水果	1			60.0	15.0			1.0	
午餐	胚芽飯	1	胚芽米70g	紙製便當盒	245.0	52.5	7.0		1.7	
	梅干燒肉	1	肉角52.5g濕梅干菜10g		160.0	0.5	10.5	12.5	0.8	
	青椒素脆腸	1	青椒50g素脆腸20g木耳絲5g		45.8	3.8	0.8	3.0	1.5	
	金菇白菜燒豆包	1	大白菜35g金針菇15g紅羅蔔絲10g生豆包15g		69.5	3.0	4.1	4.5	1.2	
	青菜	1	生重100g		52.0	5.0	1.0	3.0	2.0	
	番茄洋蔥湯	1	大番茄25g洋蔥5g	260c.c湯杯	7.5	1.5	0.3		0.6	
	水果	2			120.0	30.0			2.0	
晚餐	紫米飯	1	紫米飯70g	紙製便當盒	245.0	52.5	7.0		1.7	
	煎鯖魚	1	鯖魚片（可食重量）52.5g		127.5		10.5	9.5		
	甜豆炒洋菇	1	甜豆70g洋菇片30g		52.0	5.0	1.0	3.0	2.0	
	紅燒桂筍肉末	1	桂筍75g絞肉17.5g		83.3	3.8	4.3	5.5	1.5	
	青菜	1	生重100g		52.0	5.0	1.0	3.0	2.0	
	高麗菜乾湯	1	高麗菜乾3g	260c.c湯杯	52.0		1.0			
	水果	1			60.0	15.0			1.0	
	市售保久乳	1	保久乳200ml		96.4	11	6.8	2.8		
				合計	2031.8	291.5	69.5	62.4	19.0	

普通飲食菜單(18)

餐別	餐盒供應內容	樣式	成品供應標準（食材以生重表示）	包裝餐盒之容器或規格材質	熱量（大卡）	醣類（公克）	蛋白質（公克）	脂肪（公克）	膳食纖維（公克）	功能表設計及供應原則
早餐	肉絲炒麵	1	油麵180g肉絲17.5g高麗菜絲30g紅蘿蔔絲10g	一體大	302.5	47.0	9.9	7.5	0.8	少辛辣、刺激勿太硬、生食硬物。
	青菜	1	生重100g		43.0	5.0	1.0	2.0	2.0	
	芹香貢丸湯	1	貢丸40g芹菜末1g	390c.c湯杯	120.0	15.0	7.0	10.0		
	水果	1			60.0	15.0			1.0	
午餐	三寶燕麥飯	1	三寶燕麥80g	紙製便當盒	280.0	60.0	8.0		1.9	
	蜜汁雞排	1	雞排67.5g糖5g		177.5	5.0	10.5	12.5		
	米豆醬燒海根	1	海帶根75g米豆醬5g		36.8	5.0	1.0	2.0	2.4	
	泰式青木瓜	1	青木瓜絲65g番茄10g乾花生5g檸檬汁5g泰式辣椒醬3g		59.3	3.8	0.8	4.5	1.5	
	青菜	1	生重100g		43.0	5.0	1.0	2.0	2.0	
	枸杞冬瓜湯	1	冬瓜25g枸杞0.25g	260c.c湯杯	6.3	1.3	0.3		0.5	
	水果	2			120.0	30.0			2.0	
晚餐	糙米飯	1	糙米80g	紙製便當盒	280.0	60.0	8.0		1.9	
	京醬肉絲	1	肉絲52.5g蔥段25g甜麵醬5g		163.8	1.3	10.8	12.5		
	柴魚燒蘿蔔	1	白蘿蔔50g紅蘿蔔25g柴魚片1g		36.8	5.0	1.0	2.0	1.5	
	蒜香皇宮菜	1	皇宮菜75g蒜末		36.8	5.0	1.0	2.0	1.5	
	青菜	1	生重100g		43.0	5.0	1.0	2.0	2.0	
	薑絲紫菜湯	1	紫菜2.5g薑絲	260c.c湯杯	6.3	1.3	0.3		0.5	
	水果	1			60.0	15.0			1.0	
	麵茶牛奶	1	低脂奶粉25g麵茶10g		155.0	19.5	9.0	4.0	0.6	
				合計	2029.8	289.0	70.4	63.0	23.1	

普通飲食菜單(19)

餐別	餐盒供應內容	樣式	成品供應標準（食材以生重表示）	包裝餐盒或容器之規格材質	供應營養素					功能表設計及供應原則
					熱量（大卡）	醣類（公克）	蛋白質（公克）	脂肪（公克）	膳食纖維（公克）	
早餐	滷豆輪	1	豆輪20g	紙製便當盒	73.0		7.0	5.0		少辛辣、刺激勿大便、生食物。
	蒜香皇帝豆	1	皇帝豆65g蒜末		88.0	15.0	2.0	2.0	3.3	
	青菜	1	生重100g		43.0	5.0	1.0	2.0	2.0	
	小米稀飯	1	白米40g小米40g	520c.c湯杯	280.0	60.0	8.0		1.1	
	水果	1			60.0	15.0			1.0	
午餐	五穀飯	1	五穀米70g	紙製便當盒	245.0	52.5	7.0		1.7	
	椒鹽剝皮魚	1	剝皮魚（可食生重）70g		155.0		14.0	11.0		
	小瓜花生	1	小黃瓜丁40g熟花生20g		122.5	2.0	0.4	12.5	2.2	
	焗烤地瓜	1	地瓜55g起司10g		125.8	17.7	3.8	4.3	2.0	
	青菜	1	生重100g		43.0	5.0	1.0	2.0	2.0	
	香菜蘿蔔湯	1	蘿蔔小丁25g香菜1g	260c.c湯杯	6.3	1.3	0.3		0.5	
	水果	2			120.0	30.0			2.0	
晚餐	酸辣湯餃	1	豬肉水餃10顆（140g）豬血絲20g豆腐絲20g雞蛋6.5g筍絲10g紅蘿蔔絲10g木耳絲10g太白粉10g	850c.c碗	379.1	37.1	14.3	17.8	0.6	
	青菜	1	生重100g		43.0	5.0	1.0	2.0	2.0	
	水果	1			60.0	15.0			1.0	
	綠豆沙牛奶	1	低脂奶粉25g綠豆仁20g		190.0	27.0	10.0	4.0	0.2	
				合計	2034	287.6	69.8	62.6	22	

普通飲食菜單(20)

餐別	餐盒供應內容	樣式	成品供應標準（食材以生重表示）	包裝餐盒或容器之規格材質	熱量(大卡)	醣類(公克)	蛋白質(公克)	脂肪(公克)	膳食纖維(公克)	功能表設計及供應原則
早餐	蛋皮肉鬆手捲	1	蛋皮肉鬆手捲*1	紙製便當盒	295.0	45.0	13.0	7.0		少辛辣、刺激勿大便、生食物。
	薏仁漿	1	薏仁粉20g糖5g		90.0	20.0	2.0		0.5	
	水果	1			60.0	15.0			1.0	
午餐	燕麥飯	1	燕麥80g	紙製便當盒	280.0	60.0	8.0		1.9	
	蔥油炒雞	1	光雞（切）67.5g蔥絲3g		150.0		10.5	12.0		
	豆芽炒培根	1	豆芽菜65g木耳絲10g培根碎片12.5g	紙製便當盒	84.0	3.8	2.5	6.0	1.5	
	青椒柔雞片	1	青椒片50g柔雞片12.5g		62.8	2.5	2.3	4.8	1.0	
	青菜	1	生重100g		52.0	5.0	1.0	3.0	2.0	
	大黃瓜湯	1	大黃瓜25g大骨	260c.c.湯杯	6.3	1.3	0.3		0.5	
	水果	2	水蜜桃150g		120.0	30.0			2.0	
晚餐	胚芽飯	1	胚芽米80g	紙製便當盒	280.0	60.0	8.0		1.9	
	橙汁豬柳	1	豬柳52.5g洋蔥絲20g橙汁10g		167.5	2.2	10.7	12.5	0.4	
	薯丁三色	1	豆薯小丁52.5g豌豆仁11g素蝦仁10g		69.0	8.0	1.1	3.5	2.6	
	醋拌海芽	1	濕海芽75g白芝麻1g醋	紙製便當盒	45.8	5.0	1.0	3.0	3.0	
	青菜	1	生重100g		52.0	5.0	1.0	3.0	2.0	
	榨菜肉絲湯	1	榨菜12.5g肉絲8.75g	260c.c.湯杯	28.1	0.6	1.9	1.3	0.3	
	水果	1			60.0	15.0			1.0	
	芝麻牛奶	1	低脂奶粉25g黑芝麻粉4.5g		142.5	12.0	8.0	6.5	0.7	
合計					2045	290	71	62.5	22	

餐別	餐盒供應內容	樣式	成品供應標準（食材以生重表示）	包裝餐盒或容器之規格材質	熱量(大卡)	醣類(公克)	蛋白質(公克)	脂肪(公克)	膳食纖維(公克)	功能表設計及供應原則
早餐	起司蛋吐司	1	全麥吐司50g小黃瓜絲20g紅蘿蔔絲10g荷包蛋1顆低脂起司1片沙拉醬10g	紙製便當盒	401.1	36.5	15.9	17.3	2.2	少辛辣、刺激勿大便、生食物。
	五穀漿	1	五穀粉20g糖5g	390c.c.湯杯	90.0	20.0	2.0			
	水果	1			60.0	15.0			1.0	
午餐	紫米飯	1	紫米70g		245.0	52.5	7.0		1.7	
	椒鹽魚丁	1	旗魚52.5g麵粉10g	紙製便當盒	162.5	7.5	11.5	9.5		
	樹子炒龍鬚	1	龍鬚菜75g樹子1g		45.8	3.8	0.8	3.5	1.5	
	滷筍乾	1	筍乾75g		45.8	3.8	0.8	3.5	1.5	
	青菜	1	生重100g		56.5	5.0	1.0	3.5	2.0	
	番茄海芽湯	1	番茄25g乾海帶芽1g	260c.c.湯杯	6.3	1.3	0.3		0.5	
	水果	2	葡萄130g		120.0	30.0			2.0	
晚餐	三寶燕麥飯	1	三寶燕麥70g	紙製便當盒	245.0	52.5	7.0		1.7	
	三杯雞丁	1	雞腿丁45g九層塔1g薑片1g水		100.0		7.0	8.0		
	蒼蠅頭	1	韭菜花(末)50g絞肉17.5g烏豆鼓1g		81.5	2.5	4.5	6.0	1.3	
	醋拌蓮藕	1	蓮藕片75g白芝麻1g醋		84.0	11.3	1.5	3.5	2.0	
	青菜	1	生重100g		56.5	5.0	1.0	3.5	2.0	
	青木瓜湯	1	青木瓜25g大骨	260c.c.湯杯	6.3	1.3	0.3		0.5	
	水果	1			60.0	15.0			1.0	
	麥片牛奶	1	低脂奶粉25g即溶麥片20g		190.0	27.0	10.0	4.0	0.9	
				合計	2056.1	289.8	70.4	62.3	21.8	

菜單設計

普通飲食菜單(22)

餐別	餐盒供應內容	樣式	成品供應標準（食材以生重表示）	包裝餐盒或容器之規格材質	供應營養素					功能表設計及供應原則
					熱量（大卡）	醣類（公克）	蛋白質（公克）	脂肪（公克）	膳食纖維（公克）	
早餐	蘿蔔肉燥	1	白蘿蔔丁50g絞肉35g	紙製便當盒	132.5	2.5	8.0	10.0	1.0	少辛辣、刺激勿大硬、生食物。
	草菇炒白花菜	1	白花菜55g草菇20g		41.3	3.8	1.5	2.5	1.5	
	青菜	1	生重100g		47.5	5.0	1.0	2.5	2.0	
	地瓜粥	1	白米40g地瓜110g	520c.c湯杯	280.0	60.0	8.0		1.4	
	水果	1			60.0	15.0			1.0	
午餐	肉燥意麵	1	意麵75g絞肉35g豆干丁20g豆芽菜50g韭菜10g紅蘿蔔絲10g	850c.c碗	418.5	48.5	18.7	16.5	2.6	
	青菜	1	生重100g		47.5	5.0	1.0	2.5	2.0	
	筍絲湯	1	筍絲25g雞骨頭	260c.c湯杯	6.3	1.3	0.3		0.5	
	水果	2	香蕉190g		120.0	30.0			2.0	
晚餐	糙米飯	1	糙米80g	紙製便當盒	280.0	60.0	8.0		1.9	
	照燒豬排	1	去骨肉排52.5g		157.5		10.5	12.5		
	玉筍炒長豆	1	長豆55g玉筍斜片20g蒜末		41.3	3.8	1.5	2.5	1.5	
	枸杞美生菜	1	美生菜75g枸杞1g		41.3	3.8	1.5	2.5	1.5	
	青菜	1	生重100g		47.5	5.0	1.0	2.5	2.0	
	金針湯	1	乾金針3g	260c.c湯杯						
	水果	1			60.0	15.0			1.0	
	藕漿牛奶	1	低脂奶粉25g蓮藕粉20g		190.0	27.0	10.0	8.0	0.1	
	合計				1971	286	71	62	22	

普通飲食菜單(23)

餐別	餐盒供應內容	樣式	成品供應標準 （食材以生重表示）	包裝餐盒 或容器之 規格材質	供應營養素						功能表設 計及供應 原則
					熱量 （大卡）	醣類 （公克）	蛋白質 （公克）	脂肪 （公克）	膳食 纖維 （公克）		
早餐	丹麥葡萄捲	1	丹麥葡萄捲*1	紙製便當盒	335.7	43.8	7.5	14.5			
	豆米漿	1	豆漿130ml米漿120ml	260c.c湯杯	116.7	15.6	5.1	3.8			
	水果	1			60.0	15.0			1.0		
	五穀飯	1	五穀米80g		280.0	60.0	8.0		1.9		
	清蒸鱈魚	1	鱈魚（可食生重）52.5g薑絲2.5g	紙製便當盒	180.0		10.5	15.0			少辛辣、刺激勿太硬、生食物。
午餐	海苔炒肉絲	1	海苔50g肉絲17.5g		72.5	2.5	4.0	5.0	1.5		
	炒茭白筍	1	茭白筍70g紅蘿蔔片5g		36.8	3.8	1.5	2.0	1.5		
	青菜	1	生重100g		47.5	5.0	1.0	2.5	2.0		
	薑絲苦瓜湯	1	苦瓜25g薑絲	260c.c湯杯	6.3	1.3	0.3		0.5		
	水果	2			120.0	30.0			2.0		
晚餐	燕麥飯	1	燕麥80g		280.0	60.0	8.0		1.9		
	紫蘇梅燒雞	1	雞腿丁67.5g紫蘇梅15g		119.8	3.7	10.5	7.0	0.3		
	彩椒干片	1	紅椒片25g黃椒片25g黑干片20g	紙製便當盒	58.0	2.5	4.0	5.0	1.0		
	吻魚莧菜	1	莧菜75g吻魚1g薑絲		36.8	3.8	1.5	2.0	1.5		
	青菜	1	生重100g		47.5	5.0	1.0	2.5	2.0		
	高麗菜乾湯	1	高麗菜乾3g	260c.c湯杯							
	水果	1			60.0	15.0			1.0		
	麵茶牛奶	1	低脂奶粉25g麵茶20g		190.0	19.5	9.0	4.0	0.6		
				合計	2047	286	72	63	19		

普通飲食菜單(24)

餐別	餐盒供應內容	樣式	成品供應標準（食材以生重表示）	包裝餐盒或容器之規格材質	熱量（大卡）	醣類（公克）	蛋白質（公克）	脂肪（公克）	膳食纖維（公克）	功能表設計及供應原則
早餐	菜包	1	市售素菜包1個	紙製便當盒	205.4	38.6	7.8	2.2	1.0	
	青菜	1	生重100g		47.5	5.0	1.0	2.5	2.0	
	市售保久乳	1	保久乳200ml		96.4	11	6.8	2.8		
	水果	1			60.0	15.0			1.0	
午餐	胚芽飯	1	胚芽米80g	紙製便當盒	280.0	60.0	8.0		1.9	
	蒜泥白肉	1	後腿肉52.5g蒜泥5g		202.5		10.5	17.5		
	芹香干絲	1	芹菜50g白干絲17.5g		62.5	2.5	4.0	4.0	1.0	
	黑白雙耳	1	濕白木耳35g黑木耳45g		41.3	3.8	0.8	2.5	2.0	
	青菜	1	生重100g		47.5	5.0	1.0	2.5	2.0	
	枸杞瓠瓜湯	1	瓠瓜絲30g枸杞1g	260c.c湯杯	6.3	1.3	0.3		0.5	
	水果	2			120.0	30.0			2.0	少辛辣、刺激勿太硬、生食硬物。
晚餐	紫米飯	1	紫米80g	紙製便當盒	280.0	60.0	8.0		1.9	
	黃金柳葉魚	1	黃金柳葉魚80g		316.6	26.0	14.0	17.4		
	朴菜燒苦瓜	1	苦瓜70g梅干菜5g		41.3	3.8	0.8	2.5	2.0	
	金菇燒龍鬚菜	1	龍鬚菜65g金針菇10g		41.3	3.8	0.8	2.5	2.0	
	青菜	1	生重100g		47.5	5.0	1.0	2.5	2.0	
	薑絲紫菜湯	1	紫菜2.5g薑絲	260c.c湯杯	6.3	1.3	0.3		0.5	
	水果	1			60.0	15.0			1.0	
	豆漿	1	豆漿260ml		75.0	5.0	7.0	3.0		
				合計	2037.2	291.9	71.9	61.9	22.8	

普通飲食菜單(25)

餐別	餐盒供應內容	樣式	成品供應標準（食材以生重表示）	包裝餐盒或容器之規格材質	供應營養素 熱量(大卡)	醣類(公克)	蛋白質(公克)	脂肪(公克)	膳食纖維(公克)	功能表設計及供應原則
早餐	玉米炒蛋	1	玉米粒35g雞蛋50g		155.0	7.5	8.0	10.0	1.1	
	柚珍菇炒大瓜	1	大黃瓜55g柚珍菇20g	紙製便當盒	41.3	3.8	0.8	2.5	2.0	
	青菜	1	生重100g		47.5	5.0	1.0	2.5	2.0	
	糙米稀飯	1	糙米60g	520c.c.湯杯	210.0	45.0	6.0		1.4	
	水果	1			60.0	15.0			1.0	
午餐	三寶燕麥飯	1	三寶燕麥80g		280.0	60.0	8.0		1.9	
	孜然烤雞排	1	雞排67.5g孜然粉1g		157.5		10.5	12.5		
	米豆醬燒冬瓜	1	冬瓜塊75g米豆醬5g	紙製便當盒	41.3	3.8	0.8	2.5	1.5	少辛辣、刺激勿太硬、生食物。
	粉蒸芋頭	1	芋頭55g蒸肉粉5g		132.4	18.7	2.5	5.1	1.3	
	青菜	1	生重100g		47.5	5.0	1.0	2.5	2.0	
	金針湯	1	乾金針3g	260c.c.湯杯	6.0	1.3	0.3			
	水果	2			120.0	30.0			2.0	
晚餐	蝦仁蛋炒飯	1	白米飯150g玉米粒18g豌豆仁12g蝦仁30g雞蛋50g	紙製便當盒	465.0	52.5	21.0	18.0	3.1	
	青菜	1	生重100g		47.5	5.0	1.0	2.5	2.0	
	薑絲蘿蔔絲湯	1	蘿蔔絲25g薑絲	260c.c.湯杯	6.3	1.3	0.3		0.5	
	水果	1			60.0	15.0			1.0	
	糙米粉牛奶	1	低脂奶粉25g糙米粉10g		155.0	19.5	9.0	4.0	0.1	
	合計				2032	288	70	62	23	

菜單設計

普通飲食菜單(26)

餐別	餐盒供應內容	樣式	成品供應標準（食材以生重表示）	包裝餐盒或容器之規格材質	供應營養素 熱量(大卡)	醣類(公克)	蛋白質(公克)	脂肪(公克)	膳食纖維(公克)	功能表設計及供應原則
早餐	培根蛋漢堡	1	漢堡75g培根半片荷包蛋1顆大番茄20g小黃瓜10g洋蔥10g沙拉醬10g	耐熱紙袋	418.8	57.0	15.2	17.5	1.1	少辛辣、刺激勿太硬、生食物。
	燕麥粥	1	即食燕麥片20g糖5g	520c.c湯杯	90.0	20.0	2.0		0.5	
	水果	1			60.0	15.0			1.0	
午餐	糙米飯	1	糙米70g		245.0	52.5	7.0		1.7	
	紅燒肉角	1	肉角52.5g滷包八角	紙製便當盒	157.5		10.5	12.5		
	沙茶洋蔥炒素肚	1	洋蔥50g素肚條20g沙茶5g		85.0	2.5	4.0	6.5	1.0	
	清炒小豆苗	1	小豆苗75g		41.3	5.0	1.0	2.5	2.0	
	青菜	1	生重100g		47.5	5.0	1.0	2.5	2.0	
	薑絲大黃瓜湯	1	大黃瓜25g薑絲	260c.c湯杯	6.3	1.3	0.3		0.5	
	水果	2			120.0	30.0			2.0	
晚餐	五穀飯	1	五穀米60g	紙製便當盒	210.0	45.0	6.0		1.4	
	塔香中卷	1	中卷85g九層塔1g薑片1g		114.0		10.5	8.0		
	螞蟻上樹	1	乾冬粉10g高麗菜絲25g絞肉17.5g	紙製便當盒	110.3	8.8	4.8	6.0	0.5	
	薑絲皇宮菜	1	皇宮菜75g薑絲		41.3	5.0	1.0	2.5	2.0	
	青菜	1	生重100g		47.5	5.0	1.0	2.5	2.0	
	榨菜肉絲湯	1	榨菜12.5g肉絲8.75g	260c.c湯杯	21.9	0.6	1.9	1.3	0.3	
	水果	1			60.0	15.0			1.0	
	AB優酪乳	1	AB優酪乳200ml		127.2	24.4	7.4	0.0		
	合計				2003	292	73	62	19	

普通飲食菜單(2)

餐別	餐盒供應內容	樣式	成品供應標準（食材以生重表示）	包裝餐盒或容器之規格材質	熱量(大卡)	醣類(公克)	蛋白質(公克)	脂肪(公克)	膳食纖維(公克)	功能表設計及供應原則
早餐	肉燥米粉	1	乾米粉60g絞肉35g高麗菜絲15g紅蘿蔔絲5g乾香菇絲1g蝦米1g紅蔥頭1g	一體大	380.0	46.0	13.2	15.0	0.4	
	青菜	1	生重100g		47.5	5.0	1.0	2.5	2.0	
	番茄味噌湯	1	番茄30g洋蔥絲10g味噌	520c.c湯杯	10.0	2.0	0.4	0.8	0.8	
	水果	1			60.0	15.0			1.0	
午餐	燕麥飯	1	燕麥80g	紙製便當盒	280.0	60.0	8.0		1.9	少辛辣、刺激勿大硬、生食物。
	瓜仔雞	1	雞腿丁45g花瓜條10g		130.0	0.5	7.1	8.0	0.2	
	高麗炒臘肉	1	高麗菜75g臘肉10g		75.0	3.8	2.5	5.0	1.4	
	木須金茸	1	木耳絲45g金針菇30g		41.3	3.8	0.8	2.5	2.0	
	青菜	1	生重100g		47.5	5.0	1.0	2.5	2.0	
	薑絲海芽湯	1	海帶芽1g薑絲	260c.c湯杯					2.0	
	水果	2			120.0	30.0			1.9	
晚餐	胚芽飯	1	胚芽米80g	紙製便當盒	280.0	60.0	8.0		1.9	
	芋頭燒肉	1	肉角52.5g芋頭27.5g		170.0	7.5	11.5	10.0	0.6	
	絲瓜炒蛋	1	絲瓜50g雞蛋32.5g		61.0	2.5	4.0	7.5	1.0	
	蒜香四季豆	1	四季豆75g蒜末		41.3	3.8	0.8	2.5	2.0	
	青菜	1	生重100g		47.5	5.0	1.0	2.5	2.0	
	時蔬湯	1	大白菜25g紅蘿蔔絲5g	260c.c湯杯	7.5	1.5	0.3		0.6	
	水果	1			60.0	15.0			1.0	
	紅豆牛奶	1	低脂奶粉25g紅豆15g		172.5	23.3	9.5	4.0	1.2	
				合計	2031.0	289.5	69.0	62.0	24.0	

菜單設計

普通飲食菜單(28)

餐別	餐盒供應內容	樣式	成品供應標準（食材以生重表示）	包裝餐盒或容器之規格材質	供應營養素					功能表設計及供應原則
					熱量(大卡)	醣類(公克)	蛋白質(公克)	脂肪(公克)	膳食纖維(公克)	
早餐	全麥饅頭夾蛋	1	全麥饅頭60g	紙製便當盒	210.0	45.0	6.0		2.7	
	荷包蛋	1	荷包蛋1顆		97.5		7.0	7.5		
	美生菜	1	美生菜20g		5.0	1.0	0.2		0.4	
	米漿	1	米漿250ml	260c.c.湯杯	185.8	32.5	3.3	4.8	1.0	
	水果	1			60.0	15.0			1.0	
午餐	牛肉麵	1	拉麵180g牛腩45g番茄25g洋蔥25g	850c.c.湯碗	515.0	47.5	13.5	15.0	1.3	少辛辣、刺激勿大便、生食物。
	滷豆干海帶	1	豆干40g濕海帶50g	一體小	105.5	2.5	7.5	7.0	2.8	
	青菜	1	生重100g		43.0	5.0	1.0	2.0	2.0	
	水果	2			120.0	30.0			2.0	
	紫米飯	1	紫米80g		280.0	60.0	8.0		1.9	
	鹽烤秋刀魚	1	秋刀魚（可食生重）52.5g	紙製便當盒	180.0	60.0	10.5	15.0		
	韓式黃芽絲	1	黃豆芽70g紅蘿蔔絲5g韓式辣椒醬5g		41.3	3.8	0.8	2.5	2.0	
晚餐	咖哩洋芋	1	馬鈴薯中丁50g紅蘿蔔中丁25g咖哩粉		63.8	8.8	1.3	2.5	2.0	
	青菜	1	生重100g		47.5	5.0	1.0	2.5	2.0	
	冬瓜蛤蜊湯	1	冬瓜25g蛤蜊10g	260c.c.湯杯	15.4	1.3	1.4	0.5	0.5	
	水果	1			60.0	15.0			1.0	
	麵茶牛奶	1	低脂奶粉25g麵茶10g		155.0	19.5	9.0	4.0	0.6	
	合計				2185	292	70	63	23	

第二節　素食

有人因為宗教、生活理念、環保概念吃素，吃素分為純素、蛋素、奶素、蛋奶素、果食素。吃素纖維素的攝取量較不會缺少，膽固醇量降低，多種癌症發病率下降。吃素較有維生素B$_{12}$與維生素D缺乏的現象，因此可攝取麥粉、健素糖、麥片及酵母粉獲得B$_{12}$，可藉由陽光照射獲得維生素D。

素食的飲食指南

一、依每人的身高、體重、活動、性別、年齡設計出每人每日飲食所需的熱量，及每日三大營養素的比例如蛋白質宜占總熱量11-14%，脂肪宜占20-30%，醣占58-68%。

二、由全穀根莖類、豆類、蔬菜、水果、油脂與堅果類來攝取飲食，蛋素則每日多一份蛋類，奶素每日多1.5-2份低脂牛奶，蛋奶素則每日多一份蛋類及1.5-2份低脂奶類。

健康素食材料

一、豆、麵製品。富含蛋白質的素材，身體的棟樑。

　　㈠ 豆製品：為大豆經加工製成的各種食品，營養豐富，含高蛋白，是烹調素材必不可少的原料。如豆腐、豆干、百頁、油豆腐、豆腐衣、素雞、干絲、毛豆等。

　　㈡ 麵筋製品：由小麥粉洗出的麵筋所製成的食品，亦是烹調素材的主要材料。這類食品有麵筋、烤麩、麵腸、麵肚、油麵筋泡等。

　　㈢ 素肉製品：大豆經去油，經過去除醣類及乾燥處理後，可製成濃縮大豆蛋白；去油大豆經蛋白質萃取及沉澱、乾燥處理

後，可取得分離大豆蛋白。分離大豆蛋白及濃縮大豆蛋白，因味道經過了去除醣類處理，所以豆味淡且不會活化體內腸道細菌，因而可以避免脹氣現象產生。分離大豆蛋白及濃縮大豆蛋白，經高溫、高壓、擠壓後，形成具有纖維肉狀組織的大豆蛋白製品，爲製造素肉的主要材料來源。素肉製品的蛋白質含量高於豆腐、豆干等製品。這類製品在目前素食界較爲流行，如素火腿，對於初次嘗試素食的人，可以變化多種菜色，更容易入口。

二、蒟蒻製品。富含纖維且低熱量，是體內的清道夫。

　　㈠ 純粹蒟蒻製品：蒟蒻的英文名字Elephant feet，意思是象的大腳。爲球根類食物，所含的醣類不容易被消化，又含有97%的水分，因此熱量非常低。如：素魷魚、素花枝、素蝦仁、素生魚片等，有特殊的口感，咬起來非常有勁。

　　㈡ 蒟蒻延伸製品：蒟蒻加上麵粉、素肉、香菇等，可做成更豐富的製品，如：魚丸、甜不辣、貢丸、火鍋料理等，吃起來幾乎像葷食一般。此類製品因添加物比例不同，熱量及營養素也稍有不同，有時會添加物較多時，不太吃得出來是素食。

三、澱粉類製品。提供熱量，是身體的加油站。

　　㈠ 粉類製品：由豆類、薯類、玉米等各類食物磨粉製成。這類製品有粉絲、粉皮、涼粉等，其中以綠豆粉製成的食品質量最佳，烹成素菜，爽滑柔嫩，食法多樣。

　　㈡ 根莖菜類：食用的部分爲菜的變態肥大直根或變態莖，其中大部分富含澱粉，和少量蛋白質等，如甘薯、山藥、刈薯、芋頭、馬鈴薯、蓮藕、菱角、荸薺、南瓜等都是。

　　㈢ 種子類：紅豆、綠豆、蠶豆、刀豆、花豆、薏苡、蓮子、栗子、玉米，這類食物富含澱粉和少量蛋白質，食法多樣，其特

殊的食療功效，也被廣爲流傳。

四、乳製品。高鈣高蛋白，骨骼強健的大補帖。

 ㈠ 起司（或稱乾酪）：將原料乳加入凝乳酵素使牛奶中之酪蛋白凝結，再種入乳酸菌使之發酵，經放置一段時間後即成爲熟成起司。起司是一種高度營養的食品，含豐富的蛋白質、鈣、磷、維生素A。

 ㈡ 發酵乳：加入細菌使牛乳發酵，因其在牛奶中生長，使乳糖變成乳酸，而使牛奶變酸，即是市售的優格。喝牛奶會拉肚子的人，可以多使用。吃生菜沙拉時將其拿來取代沙拉醬，風味絕佳，又能補充鈣質。

五、油脂類製品。香味及飽足感的來源。

 ㈠ 乾豆核果類：芝麻、腰果、杏仁果、開心果、核桃仁、瓜子、南瓜子、花生等，這些能夠榨油的種子類富含油脂和維生素E，除了是素食者主要的油脂來源，又能夠提供蛋白質，是種營養豐富的食品，但是食用過量會造成肥胖。

 ㈡ 其他類製品：酪梨是一種富含脂肪的水果，有「森林奶油」之稱，熱量非常高。而沙拉醬或無蛋沙拉醬，因主要是用沙拉油做成的，所以熱量也非常高。

六、蔬菜類。含豐富的維生素、礦物質及纖維，熱量低，是美容聖品。

 依食用部位不同，可分爲下列幾種：

 ㈠ 根菜類：如胡蘿蔔、白蘿蔔。

 ㈡ 莖菜類：如芹菜、韭菜花、蘆筍。

 ㈢ 葉菜類：如菠菜、油菜、青江菜。

 ㈣ 花菜類：如花椰菜、金針花等。

 ㈤ 果菜類：又分爲茄果類（如番茄、茄子、辣椒等）、瓜果類

（如冬瓜、絲瓜、黃瓜等）。

　　㈥ 種子及夾豆類：如長豆、扁豆、豌豆、四季豆、菜豆、肉豆。

　　㈦ 其他：如芽菜類（如豆芽、黃豆芽）、海產類（如紫菜、海帶、海菜。為素食者鐵質來源）、食用菌類（如銀耳、黑木耳、香菇、蘑菇等）。

七、水果類。含豐富的維生素、礦物質及纖維，可以讓營養均衡。

　　㈠ 乾果類：一般常加在素菜中烹調的黑棗、紅棗、葡萄乾等乾果類，皆屬於水果類食物，其熱量亦不少，礦物質（如鈣、鐵等）含量豐富。

　　㈡ 新鮮水果：完整的新鮮水果，特別是本地產的水果，含豐富的維生素C。如果榨成果汁，因一杯果汁需要很多份量的水果才夠，不僅熱量高，且纖維都沒有了，所以盡量不要榨汁來喝。水果可分為高熱量水果，如香蕉、芒果、榴槤、釋迦皆是，怕胖的人或糖尿病人要注意份量；中熱量水果，如蘋果、鳳梨、柑橘、芭樂等；低熱量水果，如蓮霧、西瓜、文旦等。

八、油品的使用：所有的油，如橄欖油、芥花油、花生油、苦茶油、麻油等都應該輪用，因為每一種油含不同的脂肪酸及營養素，但是沙拉油並不適合高溫油炸，比較適合油炸的是橄欖油，當然能少用油是最好。

奶素食菜單(1)

餐別	餐盒供應內容	樣式	成品供應標準（食材以生重表示）	包裝餐盒之容器及規格材質	熱量(大卡)	醣類(公克)	蛋白質(公克)	脂肪(公克)	膳食纖維(公克)	功能表設計及供應原則
早餐	素香鬆	1	素香鬆15g		62.6	6.0	6.5	1.4		
	醬燒秋葵	1	秋葵75g薑絲	紙製便當盒	45.8	3.8	0.8	3.0	1.5	
	青菜	1	生重100g		70.0	5.0	1.0	5.0	2.0	
	地瓜稀飯	1	白米40g地瓜100g	520c.c湯杯	266.0	57.0	7.6		2.6	
	水果	1			60.0	15.0			1.0	
午餐	糙米飯	1	糙米60g		210.0	45.0	6.0		1.4	
	紅糟麵腸	1	麵腸斜片50g地瓜粉5g紅糟5g		131.3	3.8	9.3	8.8		少辛辣、刺激勿太硬、生食物。
	三色干丁	1	玉米粒35g豌豆仁22.5g豆干丁20g紅蘿蔔小丁5g	紙製便當盒	142.5	15.0	5.5	6.5	3.0	
	清炒蘿蔔絲	1	白蘿蔔90g紅蘿蔔絲10g薑絲1g		61.0	5.0	1.0	4.0	2.0	
	青菜	1	生重100g		56.5	5.0	1.0	3.5	2.0	
	竹筍絲湯	1	筍絲25g	260c.c湯杯	6.3	3.8	0.3		1.1	
	水果	2			120.0	30.0			2.0	
晚餐	五穀飯	1	五穀米70g		245.0	52.5	7.0		1.7	
	味噌燒油腐	1	四角油腐82.5g味噌5g		157.5		10.5	12.5		
	綠蘆筍炒素肉絲	1	綠蘆筍75g乾素肉絲3.5g	紙製便當盒	83.3	3.8	4.3	4.0	1.2	
	炒三菇	1	生香菇35g洋菇35g柳松菇30g		61.0	5.0	1.0	4.0	2.0	
	青菜	1	生重100g		56.5	5.0	1.0	3.5	2.0	
	枸杞瓠瓜湯	1	瓠瓜絲25g枸杞1g	260c.c湯杯	6.3	1.3	0.3		0.5	
	低脂牛奶	1	低脂奶粉25g		120.0	15.0	8	4	1.0	
合計					2021.4	288.8	70.9	60.2	27.0	

奶素食菜單(2)

餐別	餐盒供應內容	樣式	成品供應標準（食材以生重表示）	包裝餐盒或容器之規格材質	供應營養素					功能表設計及供應原則
					熱量（大卡）	醣類（公克）	蛋白質（公克）	脂肪（公克）	膳食纖維（公克）	
早餐	豆豉豆腐	1	豆腐80g陰豆豉3g	紙製便當盒	97.5		7.0	7.5	0.4	少辛辣、刺激勿大硬、生食物。
	素炒粉肝	1	素粉肝50g洋芹斜片20g紅蘿蔔片10g		42.5	4.0	0.8	2.5	3.7	
	青菜	1	生重100g		56.5	5.0	1.0	3.5	2.0	
	玉米粥	1	白米50g玉米粒70g	520c.c湯杯	245.0	52.5	7.0		2.4	
	水果	1			60.0	15.0			1.0	
	燕麥飯	1	燕麥80g	紙製便當盒	280.0	60.0	8.0		1.9	
	豆瓣素雞	1	素雞片50g豆瓣醬		106.5	0.0	7.0	8.5		
	番茄豆腐	1	豆腐40g番茄50g		81.5	2.5	4.0	6.0	1.2	
午餐	拌海帶絲	1	海帶絲75g嫩薑絲1g		50.3	3.8	0.8	3.5	2.3	
	青菜	1	生重100g		56.5	5.0	1.0	3.5	2.0	
	梅干苦瓜湯	1	苦瓜25g梅干菜1g	260c.c湯杯	6.3	1.3	0.3		0.5	
	水果	2			120.0	30.0			2.0	
	胚芽飯	1	胚芽米70g	紙製便當盒	245.0	52.5	7.0		1.9	
	滷大黑干丁	1	大黑干丁60g滷包		144.0		10.5	11.0		
	彩椒素肚	1	青椒45g紅椒15g黃椒15g素肚條20g		77.8	3.8	4.3	5.0	1.5	
晚餐	紅燒牛蒡山藥	1	山藥35g牛蒡40g胡蘿蔔5g	紙製便當盒	79.0	12.5	2.0	3.5	1.0	
	青菜	1	生重100g		56.5	5.0	1.0	3.5	2.0	
	高麗菜乾湯	1	高麗菜乾3g	260c.c湯杯						
	水果	1			60.0	15.0			1.0	
	麥片牛奶	1	低脂奶粉25g即時燕麥片15g		172.5	23.3	9.5	4.0	1.8	
				合計	2037.3	291.0	71.1	62.0	28.6	

奶素食菜單(3)

餐別	餐盒供應內容	樣式	成品供應標準（食材以生重表示）	包裝餐盒或容器之規格材質	供應營養素					功能表設計及供應原則
					熱量(大卡)	醣類(公克)	蛋白質(公克)	脂肪(公克)	膳食纖維(公克)	
早餐	素火腿三明治	1	全麥吐司50g小黃瓜絲20g紅蘿蔔絲5g素火腿片25g沙拉醬5g	吐司盒	248.8	36.3	7.8	7.5	2.1	
	豆漿	1	豆漿260ml		75.0	5.0	7.0	3.0		
	水果	1			60.0	15.0			1.0	
午餐	紫米飯	1	紫米80g	紙製便當盒	280.0	60.0	8.0		1.9	
	芝麻豆包	1	炸豆包60g白芝麻1g		114.0	15.0	14.0	9.5	1.3	
	芋頭爛花生	1	芋頭小丁55g熟花生20g		182.5	15.0	2.0	12.5	2.0	
	清炒茭白筍	1	茭白筍90g紅蘿蔔絲10g		56.5	5.0	1.0	3.5	2.0	
	青菜	1	生重100g		52.0	5.0	1.0	3.0	2.0	
	金針湯	1	乾金針3g	260c.c.湯杯						
	水果	2			120.0	30.0			2.0	
晚餐	三寶燕麥飯	1	三寶燕麥80g	紙製便當盒	280.0	60.0	8.0		1.9	少辛辣、刺激、勿太生硬物。
	三杯烤麩	1	烤麩片60g九層塔1g薑片1g		127.5	5.0	10.5	9.5	2.0	
	紅棗高麗	1	高麗菜100g紅棗3g		56.5	5.0	1.0	3.5	2.0	
	木須瓠瓜絲	1	瓠瓜絲90g木耳絲10g		56.5	5.0	1.0	3.5	1.6	
	青菜	1	生重100g		52.0	5.0	1.0	3.0	2.0	
	薑絲紫菜湯	1	紫菜2.5g薑絲	260c.c.湯杯	6.3	1.3	0.3		0.5	
	水果	1			60.0	15.0			1.0	
	藕粉牛奶	1	低脂奶粉25g蓮藕粉20g		190.0	27.0	10.0	4.0	0.1	
	合計				2017.5	289.5	72.5	62.5	21.4	

奶素食菜單(4)

餐別	餐盒供應內容	樣式	成品供應標準（食材以生重表示）	包裝餐盒或餐盒器之規格材質	供應營養素					功能表設計及供應原則
					熱量(大卡)	醣類(公克)	蛋白質(公克)	脂肪(公克)	膳食纖維(公克)	
早餐	滷四分干	1	四分干40g紅蘿蔔中丁20g	紙製便當盒	102.5	2.0	7.2	7.5		
	黃瓜木耳	1	大黃瓜90g木耳10g		43.0	5.0	1.0	2.0	2.0	
	青菜	1	生重100g		43.0	5.0	1.0	2.0	2.0	
	小米粥	1	白米40g/小米20g	520c.c湯杯	210.0	45.0	6.0		0.7	
	水果	1			60.0	15.0			1.0	
午餐	客家粄條	1	粄條160g乾素紋肉3.5g豆干丁40g豆芽菜30g紅蘿蔔絲10g香菜1g	紙製便當盒	459.5	73.6	11.9	13.8	1.0	少辛辣、刺激勿大便、生食物。
	涼拌干絲	1	白干絲35g木耳絲10g紅蘿蔔絲10g		82.5	1.0	7.2	5.0	0.4	
	青菜	1	生重100g		43.0	5.0	1.0	2.0	2.0	
	四神素肉片湯	1	乾四神料5g乾素肉片3.5g	260c.c湯杯	64.0	3.8	4.0	2.0	0.3	
	水果	2			120.0	30.0			2.0	
晚餐	糙米飯	1	糙米60g		210.0	45.0	6.0		1.4	
	泡菜凍豆腐	1	凍豆腐60g泡菜20g		153.5	1.0	10.7	11.5	0.4	
	素魚香茄子	1	茄子75g素肉醬20g	紙製便當盒	114.8	9.4	2.6	7.4	1.3	
	薑絲紅鳳菜	1	紅鳳菜100g薑絲		43.0	5.0	1.0	2.0	2.0	
	青菜	1	生重100g		43.0	5.0	1.0	2.0	2.0	
	薑絲冬瓜湯	1	冬瓜25g薑絲	260c.c湯杯	6.3	1.3	0.3		0.5	
	水果	1			60.0	15.0			1.0	
	糙米粉牛奶	1	低脂奶粉25g糙米粉20g		190.0	27.0	10.0	4.0	0.3	
	合計				2048.0	294.0	70.8	61.2	20.3	

奶素食菜單(5)

餐別	餐盒供應內容	樣式	成品供應標準（食材以生重表示）	包裝餐盒或容器之容器材質規格材質	供應營養素 熱量(大卡)	醣類(公克)	蛋白質(公克)	脂肪(公克)	膳食纖維(公克)	功能表設計及供應原則
早餐	香菇麵輪	1	麵輪30g乾香菇絲1g		127.5		10.5	9.5		
	毛豆炒雪裡紅	1	雪裡紅50g毛豆仁25g		82.5	7.5	4.0	4.0	2.5	
	青菜	1	生重100g		47.5	5.0	1.0	2.5	2.0	
	燕麥粥	1	白米40g燕麥20g		210.0	45.0	6.0		1.4	
	水果	1			60.0	15.0			1.0	
午餐	五穀飯	1	五穀米80g		280.0	60.0	8.0		1.9	
	香煎白頁	1	百頁豆腐50g		120.0		7.0	10.0		
	黃瓜炒素雞片	1	大黃瓜80g紅蘿蔔片10g素雞片12.5g	紙製便當盒	86.3	4.5	2.7	6.3	1.8	
	滷筍絲	1	筍絲75g		50.3	3.8	0.8	3.5	1.5	少辛辣、刺激勿大硬、生食物。
	青菜	1	生重100g		56.5	5.0	1.0	3.5	2.0	
	香菜蘿蔔湯	1	白蘿蔔小丁25g香菜1g	260c.c湯杯	6.3	1.3	0.3		0.5	
	水果	2			120.0	30.0			2.0	
晚餐	燕麥飯	1	燕麥80g		280.0	60.0	8.0		1.9	
	麻油豆圭	1	如意豆圭60g薑5g麻油5g	紙製便當盒	128.1	2.8	8.6	9.0		
	雙花炒肉片	1	青花菜25g花椰菜50g		50.3	3.8	0.8	3.5	1.5	
	枸杞皇宮菜	1	皇宮菜75g		50.3	3.8	0.8	3.5	1.5	
	青菜	1	生重100g		56.5	5.0	1.0	3.5	2.0	
	時蔬湯	1	高麗菜絲25g	260c.c湯杯	6.3	1.3	0.3		0.5	
	水果	1			60.0	15.0			1.0	
	紅豆牛奶	1	低脂奶粉25g紅豆15g		172.5	23.3	9.5	4.0	1.8	
	合計				2050.6	291.8	70.0	62.8	26.9	

奶素食菜單(6)

餐別	餐盒供應內容	樣式	成品供應標準（食材以生重表示）	包裝餐盒或容器之規格材質	熱量（大卡）	醣類（公克）	蛋白質（公克）	脂肪（公克）	膳食纖維（公克）	功能表設計及供應原則
早餐	腐乳豆腸	1	豆腸段30g豆腐乳3g		73.0		7.0	5.0		少辛辣、刺激勿大硬、生食物。
	清炒茭白筍	1	茭白筍75g	紙製便當盒	50.3	3.8	0.8	3.5	2.0	
	青菜	1	生重100g		56.5	5.0	1.0	3.5	2.0	
	五穀粥	1	五穀米80g	520c.c湯杯	280.0	60.0	8.0		1.9	
	水果	1			60.0	15.0			1.0	
午餐	胚芽飯	1	胚芽米80g		280.0	60.0	8.0		1.9	
	糖醋黑干片	1	黑干片60g/小黃瓜片25g	紙製便當盒	163.8	1.3	10.8	12.5	0.5	
	芹香黃干絲	1	芹菜段50g黃干絲17.5g		76.0	2.5	0.5	5.5	1.0	
	香菇炒豆苗	1	豆苗100g乾香菇絲1g		56.5	5.0	1.0	3.5	2.0	
	青菜	1	生重100g		56.5	5.0	1.0	3.5	2.0	
	榨菜素肉絲湯	1	榨菜12.5g乾素肉絲1g	260c.c湯杯	13.8	0.6	1.1	0.7	0.3	
	水果	2			120.0	30.0			2.0	
晚餐	紫米飯	1	紫米80g		280.0	60.0	8.0		1.9	
	蒸素食全雞	1	素食全雞45g	紙製便當盒	124.5	2.3	11.1	7.9		
	番茄燒日式炸豆皮	1	番茄中丁75g日式炸豆皮12g		99.8	4.3	3.0	7.8	1.5	
	薑絲紅鳳菜	1	紅鳳菜100g薑絲		52.0	5.0	1.0	3.0	2.0	
	青菜	1	生重100g		52.0	5.0	1.0	3.0	2.0	
	味噌海芽湯	1	乾海帶芽1g味噌5g	260c.c湯杯						
	水果	1			60.0	15.0			1.0	
	市售保久乳	1	保久乳200ml		96.4	11	6.8	2.8		
合計					2051.0	290.7	70.0	62.2	25.0	

奶素食菜單(7)

餐別	餐盒供應內容	樣式	成品供應標準（食材以生重表示）	包裝餐盒或容器之規格材質	熱量（大卡）	醣類（公克）	蛋白質（公克）	脂肪（公克）	膳食纖維（公克）	功能表設計及供應原則
早餐	素肉醬燒豆腐	1	豆腐80g素肉醬10g	紙製便當盒	127.5	2.8	7.9	9.2	0.4	
	香菜炒豆薯絲	1	豆薯絲105g香菜1g		71.0	7.5	1.0	4.0	1.2	
	梅干苦瓜	1	苦瓜100g梅干菜2.5g		52.0	5.0	1.0	3.0	2.0	
	蕎麥稀飯	1	白米40g蕎麥35g	520c.c.湯杯	262.5	56.3	7.5		1.0	
	水果	1			60.0	15.0			1.0	
午餐	三寶燕麥飯	1	三寶燕麥70g		245.0	52.5	7.0		1.7	
	魯味素鴨肉	1	魯味素鴨肉80g		97.0	4.0	7.2	5.8		少辛辣、刺激勿大硬、生食物。
	毛豆素蝦仁	1	素蝦仁50g毛豆仁25g	紙製便當盒	82.5	7.5	4.0	4.0	2.5	
	薑絲紅棗蒸南瓜	1	南瓜100g紅棗3g薑絲		75.0	11.3	1.5	3.0	2.3	
	青菜	1	生重100g		52.0	5.0	1.0	3.0	2.0	
	青木瓜湯	1	青木瓜25g	260c.c.湯杯	6.3	1.3	0.3		0.5	
	水果	2			120.0	30.0			2.0	
晚餐	素肉粥	1	加鈣米60g玉米粒17.5g乾素絞肉3.5g素火腿小丁25g芹菜末1g	850c.c.湯杯	347.5	48.8	13.5	10.0	0.6	
	酸菜麵腸	1	麵腸40g酸菜25g		106.3	1.3	7.3	8.0	0.8	
	花生米	1	花生米18粒		45.0			5.0	0.7	
	青菜	1	生重100g		52.0	5.0	1.0	3.0	2.0	
	水果	1			60.0	15.0			1.0	
	麵素牛奶	1	低脂奶粉25g麵素15g		172.5	23.3	9.5	4.0	0.6	
				合計	2034.0	291.3	69.6	62.0	22.2	

餐別	餐盒供應內容	樣式	成品供應標準（食材以生重表示）	包裝餐盒或裝盛器之規格材質	供應營養素					功能表設計及供應原則
					熱量（大卡）	醣類（公克）	蛋白質（公克）	脂肪（公克）	膳食纖維（公克）	
早餐	素香鬆	1	素香鬆15g	紙製便當盒	62.6	6.0	6.5	1.4		
	滷海帶結	1	海帶結75g		41.3	3.8	0.8	2.5	1.5	
	青菜	1	生重100g		52.0	5.0	1.0	3.0	2.0	
	胚芽稀飯	1	胚芽米80g	520c.c.湯杯	280.0	60.0	8.0		1.9	
	水果	1			60.0	15.0			1.0	
午餐	糙米飯	1	糙米75g		262.5	56.3	7.5		1.8	
	燒素北平烤鴨	1	素北平烤鴨80g	紙製便當盒	135.0	4.0	7.3	10.0	0.6	
	小瓜干片	1	小黃瓜50g紅蘿蔔片10g干片20g		75.0	3.0	4.1	5.5	1.2	
	豆豉苦瓜	1	苦瓜75g烏豆豉1g		50.3	3.8	0.8	3.5	2.0	
	青菜	1	生重100g		61.0	5.0	1.0	4.0	2.0	少辛辣、刺激勿大硬、生食物。
	玉米湯	1	玉米粒17.5g	260c.c.湯杯	17.5	3.8	0.5		0.8	
	水果	2			120.0	30.0			2.0	
晚餐	五穀飯	1	五穀米60g		210.0	45.0	6.0		1.4	
	當歸枸杞子燒臭豆腐	1	臭豆腐75g枸杞子1g當歸1g	紙製便當盒	127.5		10.5	9.5		
	甜豆炒麵輪	1	甜豆50g麵輪20g		85.0	2.5	4.0	6.5	1.0	
	絲瓜粉絲	1	絲瓜75g濕粉絲20g		58.8	7.5	1.3	3.5	1.5	
	青菜	1	生重100g		61.0	5.0	1.0	4.0	2.0	
	筍絲湯	1	筍絲25g	260c.c.湯杯	6.3	1.3	0.3		0.5	
	水果	1			60.0	15.0			1.0	
	胚芽杏仁牛奶	1	低脂奶粉25g杏仁粉10g胚芽粉10g		200.0	19.5	8.0	9.0	0.1	
	合計				2025.6	291.3	68.4	62.4	24.3	

奶素食菜單(9)

餐別	餐盒供應內容	樣式	成品供應標準（食材以生重表示）	包裝餐盒或盛裝器之規格材質	熱量(大卡)	醣類(公克)	蛋白質(公克)	脂肪(公克)	膳食纖維(公克)	功能表設計及供應原則
早餐	干丁燒素肉醬	1	豆干丁40g素肉醬20g	耐熱紙袋	132.8	5.6	8.8	8.4		
	枸杞炒高苣	1	高苣75g枸杞1g		41.3	3.8	0.8	2.5	1.5	
	青菜	1	生重100g	390c.c.湯杯	47.5	5.0	1.0	2.5	2.0	
	地瓜粥	1	白米40g地瓜55g		210.0	45.0	6.0		0.7	
	水果	1			60.0	15.0			1.0	
午餐	燕麥飯	1	燕麥60g		210.0	45.0	6.0		1.4	
	薑燒素雜肉絲	1	素雜肉絲75g薑絲	紙製便當盒	228.4	9.2	11.0	16.4		
	塔香海茸	1	海茸75g九層塔1g		41.3	3.8	0.8	2.5	1.5	少辛辣、刺激勿太硬、生食物。
	山藥燒腐皮	1	山藥52.5g腐皮25g		124.5	12.4	7.3	4.7	0.5	
	青菜	1	生重100g		47.5	5.0	1.0	2.5	2.0	
	金針湯	1	乾金針3g	260c.c.湯杯						
	水果	2			120.0	30.0			2.0	
晚餐	胚芽飯	1	胚芽米60g		210.0	45.0	6.0			
	蕃茄白貢	1	百貢豆腐50g蕃茄25g	紙製便當盒	126.3	1.3	7.3	10.0	1.4	
	火腿拌粉皮	1	小黃瓜50g素火腿絲12g濕粉皮20g		71.3	7.5	2.8	3.8	1.0	
	燒大頭菜	1	大頭菜75g香菜1g		41.3	3.8	0.8	2.5	1.0	
	青菜	1	生重100g		47.5	5.0	1.0	2.5	1.5	
	白木耳甜湯	1	白木耳2.5g二砂糖5g	260c.c.湯杯	20.0	5.0			2.0	
	水果	1			60.0	15.0			1.0	
	胚芽牛奶	1	低脂奶粉25g/小麥胚芽粉20g		190.0	27.0	10.0	4.0	1.78	
				合計	2029.5	289.2	70.4	62.2	22.3	

課程設計

奶素食菜單(10)

餐別	餐盒供應內容	樣式	成品供應標準（食材以生重表示）	包裝餐盒或容器之規格材質	供應營養素					功能表設計及供應原則
					熱量(大卡)	醣類(公克)	蛋白質(公克)	脂肪(公克)	膳食纖維(公克)	
早餐	滷花干	1	花干55g	紙製便當盒	120.0		7.0	10.0		
	大白菜燒烤麩	1	大白菜50g烤麩20g素沙茶5g		71.5	2.5	4.0	5.0	2.0	
	青菜	1	生重100g		47.5	5.0	1.0	2.5	2.0	
	燕麥加鈣紫米稀飯	1	加鈣米40g即溶燕麥片35g	520.c.c湯杯	262.5	56.3	7.5		1.0	
	水果	1			60.0	15.0			1.0	
午餐	素肉粽*1	1	素肉粽180g		420.0	54.0	15.0	16.0	1.1	
	青菜	1	生重100g		47.5	5.0	1.0	2.5	2.0	
	高麗菜乾湯	1	高麗菜乾3g	260.c.c湯杯						
	水果	2			120.0	30.0			2.0	
晚餐	紫米飯	1	紫米80g	紙製便當盒	280.0	60.0	8.0		1.9	少辛辣、刺激勿大便、生食物。
	燒素獅子頭	1	素獅子頭75g		174.1	5.9	10.9	11.9		
	四季豆炒素肉絲	1	四季豆75g乾素肉絲3.5g		78.8	3.8	4.3	5.0	1.3	
	菇絲彩椒	1	青椒30g紅椒20g黃椒25g生香菇25g		56.5	5.0	1.0	3.5	2.0	
	青菜	1	生重100g		47.5	5.0	1.0	2.5	2.0	
	薑絲瓠瓜湯	1	瓠瓜絲25g薑絲	260.c.c湯杯	6.3	1.3	0.3		0.5	
	水果	1			60.0	15.0			1.0	
	五穀粉牛奶	1	低脂奶粉25g五穀粉20g		190.0	27.0	10.0	4.0	0.1	
	合計				2042.1	290.6	70.9	62.9	19.9	

奶素食菜單(11)

餐別	餐盒供應內容	樣式	成品供應標準（食材以生重表示）	包裝餐盒或容器之規格材質	供應營養素 熱量(大卡)	醣類(公克)	蛋白質(公克)	脂肪(公克)	膳食纖維(公克)	功能表設計及供應原則
早餐	雪菜白頁	1	百頁豆腐50g雪菜20g		125.0	1.0	7.2	10.0	0.4	
	滷筍茸	1	筍茸75g		45.8	3.8	0.8	3.0	1.5	
	青菜	1	生重100g	260c.c湯杯	52.0	5.0	1.0	3.0	2.0	
	玉米粥	1	白米60g玉米粒70g		280.0	60.0	8.0		1.9	
	水果	1			60.0	15.0			1.0	
午餐	三寶燕麥飯	1	三寶燕麥80g		280.0	60.0	8.0		1.9	
	香菇燒素肚	1	素肚條60g山藥17.5g乾香菇絲1g	紙製便當盒	145.0	3.8	4.0	9.5	0.2	少辛辣、刺激勿太硬、生食物。
	青椒炒豆干	1	青椒片50g豆干片20g		77.0	2.5	4.0	5.5	1.7	
	紅棗高麗菜	1	高麗菜75g紅棗3g		45.8	3.8	0.8	3.0	1.5	
	青菜	1	生重100g		52.0	5.0	1.0	3.0	2.0	
	紫菜湯	1	紫菜2.5g蔥花1g	260c.c湯杯	6.0	1.3	0.3		0.3	
	水果	2			120.0	30.0			2.0	
晚餐	糙米飯	1	糙米80g		280.0	60.0	8.0		1.9	
	咖哩凍豆腐	1	凍豆腐80g洋芋25g胡蘿蔔20g	紙製便當盒	142.5	4.8	7.7	10.0	0.7	
	豆芽干絲	1	豆芽菜40g白干絲35g		87.5	2.0	7.8	5.5	0.8	
	洋菇青花菜	1	青花菜50g洋菇25g		45.8	3.8	0.8	3.0	1.5	
	青菜	1	生重100g		52.0	5.0	1.0	3.0	2.0	
	冬瓜湯	1	冬瓜25g薑絲	260c.c湯杯	6.3	1.3	0.3		0.5	
	水果	1			60.0	15.0			1.0	
	低脂牛奶	1	低脂奶粉25g		120.0	12.0	8.0	4.0		
	合計				2082.5	294.8	68.5	62.5	24.8	

菜單設計

奶素食菜單(12)

餐別	餐盒供應內容	樣式	成品供應標準（食材以生重表示）	包裝餐盒或容器之規格材質	供應營養素					功能表設計及供應原則
					熱量(大卡)	醣類(公克)	蛋白質(公克)	脂肪(公克)	膳食纖維(公克)	
早餐	甜辣油腐	1	三角油腐5g甜辣醬		97.5		7.0	7.5		少辛辣、刺激勿太硬、生食硬物。
	豆豉過貓	1	過貓75g烏豆豉1g	紙製便當盒	65.5	5.0	1.0	4.5	2.0	
	青菜	1	生重100g		61.0	5.0	1.0	4.0	2.0	
	薏仁糙米粥	1	糙米40g薏仁40g	520c.c.湯杯	280.0	60.0	8.0		1.9	
	水果	1			60.0	15.0			1.0	
午餐	五穀飯	1	五穀米70g		245.0	52.5	7.0		1.7	
	燒素冬菜鴨	1	素冬菜鴨70g	紙製便當盒	117.3	7.2	11.6	4.7		
	醬爆小瓜素黑輪片	1	小瓜斜片70g素黑輪斜片10g		71.6	3.8	2.1	5.3	1.4	
	清炒白花菜	1	鮮白花菜75g		65.5	5.0	1.0	4.5	2.0	
	青菜	1	生重100g		61.0	5.0	1.0	4.0	2.0	
	蘿蔔絲湯	1	蘿蔔絲25g	260c.c.湯杯	6.3	1.3	0.3		0.5	
	水果	2			120.0	30.0			2.0	
晚餐	燕麥飯	1	燕麥70g		245.0	52.5	7.0		1.7	
	滷素香苕排	1	素香苕排45g	紙製便當盒	117.9	3.7	7.1	8.3		
	家常豆腐	1	筍片40g豆腐40g豆瓣醬1g		88.0	2.0	3.9	7.0	1.0	
	洋菇炒甜豆	1	甜豆50g洋菇片25g		65.5	5.0	1.0	4.5	2.0	
	青菜	1	生重100g		61.0	5.0	1.0	4.0	2.0	
	薑絲大黃瓜湯	1	大黃瓜25g薑絲	260c.c.湯杯	6.3	1.3	0.3		0.5	
	水果	1			60.0	15.0			1.0	
	南瓜牛奶	1	低脂奶粉25g南瓜67.5g		155.0	19.5	9.0	4.0	0.6	
				合計	2049	293.7	69.1	62.3	25	

奶素食菜單(13)

餐別	餐盒供應內容	樣式	成品供應標準（食材以生重表示）	包裝餐盒或容器之規格材質	供應營養素					功能表設計及供應原則
					熱量（大卡）	醣類（公克）	蛋白質（公克）	脂肪（公克）	膳食纖維（公克）	
早餐	香菇麵筋	1	麵筋20g乾香菇絲1g		120.0		7.0	10.0		少辛辣、刺激勿太硬、生食物。
	炒鮑魚菇	1	鮑魚菇75g	紙製便當盒	54.8	3.8	0.8	4.0	2.0	
	青菜	1	生重100g		52.0	5.0	1.0	3.0	2.0	
	雜糧粥	1	雜糧米70g	520c.c.湯杯	245.0	52.5	7.0		1.7	
	水果	1			60.0	15.0			1.0	
午餐	胚芽飯	1	胚芽米75g		245.0	56.3	7.5		1.8	
	蒸素食全雞	1	素食全雞50g		136.6	2.5	12.4	8.6	1.5	
	菜豆炒玉筍	1	菜豆50g玉米筍25g	紙製便當盒	59.3	3.8	0.8	4.5	2.0	
	甘藍炒木耳	1	結頭菜65g木耳片10g		59.3	3.8	0.8	4.5	2.0	
	青菜	1	生重100g		52.0	5.0	1.0	3.0	2.0	
	榨菜素肉絲湯	1	榨菜12.5g素乾肉絲1.75g	260c.c.湯杯	21.9	0.6	1.9	1.3	0.3	
	水果	2			120.0	30.0			2.0	
晚餐	素水餃	1	素水餃14顆（200g）	一體大	358.9	50.0	17.0	10.1	6.4	
	青菜	1	生重100g		52.0	5.0	1.0	3.0	2.0	
	玉米濃湯	1	玉米粒35g洋芋小丁25g太白粉5g素火腿丁12.5g雞蛋10g黑胡椒粗粒1g奶油5g	260c.c.湯杯	145.3	16.3	3.8	6.3	1.5	
	水果	1			60.0	15.0			1.0	
	綠豆沙牛奶	1	低脂奶粉25g綠豆仁20g		190.0	27.0	10.0	4.0	0.1	
				合計	2031.9	291.4	71.8	62.2	29.2	

奶素食菜單(14)

餐別	餐盒供應內容	樣式	成品供應標準（食材以生重表示）	包裝餐盒容器之規格材質	供應營養素					功能表設計及供應原則
					熱量(大卡)	醣類(公克)	蛋白質(公克)	脂肪(公克)	膳食纖維(公克)	
早餐	蔬菜起司吐司	1	全麥吐司2片首蓿芽20g美生菜20g起司2片沙拉醬5g番茄醬		335.0	49.0	12.4	13.0	2.3	
	米漿	1	米漿200ml	260c.c.湯杯	148.6	26.0	2.6	3.8	1.0	
	水果	1			60.0	15.0			1.0	
午餐	紫米飯	1	紫米60g		210.0	45.0	6.0		1.4	
	素香腸切片	1	素香腸100g	紙製便當盒	191.0	12.0	11.0	11.0		
	咖哩洋芋	1	洋芋75g紅羅蔔丁10g咖哩粉		86.5	11.8	1.6	3.5	1.3	少辛辣、刺激勿大硬、生食物。
	麻香茄子	1	茄子75g芝麻醬5g		41.3	3.8	0.8	2.5	2.0	
	青菜	1	生重100g		47.5	5.0	1.0	2.5	2.0	
	薑絲海芽湯	1	海帶芽1g薑絲	260c.c.湯杯						
	水果	2			120.0	30.0			2.0	
晚餐	三寶燕麥飯	1	三寶燕麥60g		210.0	45.0	6.0		1.4	
	香菜拌素雞片	1	素雞片75g香菜1g		127.5		10.5	9.5		
	雙菇麵腸	1	豌豆莢10g洋菇10g鴻喜菇15g麵腸40g	紙製便當盒	108.8	2.8	7.6	8.0	0.7	
	薑燒大白菜	1	大白菜75g薑絲		41.3	3.8	0.8	2.5	2.0	
	青菜	1	生重100g		47.5	5.0	1.0	2.5	2.0	
	青木瓜湯	1	青木瓜絲25g	260c.c.湯杯	6.3	1.3	0.3		0.5	
	水果	1			60.0	15.0			1.0	
	藕羹牛奶	1	低脂奶粉25g蓮藕粉10g		155.0	19.5	9.0	4.0	0.1	
				合計	1996.1	289.8	70.4	62.8	20.8	

奶素食菜單(15)

餐別	餐盒供應內容	樣式	成品供應標準（食材以生重表示）	包裝餐盒或容器之規格材質	供應營養素					功能表設計及供應原則
					熱量(大卡)	醣類(公克)	蛋白質(公克)	脂肪(公克)	膳食纖維(公克)	
早餐	蘿蔔糕	1	蘿蔔糕180g	吐司盒	255.0	45.0	6.0	5.0		少辛辣、刺激勿大硬、生食勿物。
	鮮奶茶		低脂奶粉12.5g紅茶包1包	260c.c湯杯	60.0	6.0	4.0	2.0		
	水果	1			60.0	15.0			1.0	
午餐	糙米飯	1	糙米70g	紙製便當盒	245.0	52.5	7.0		1.7	
	炸紅糟素排	1	紅糟素排50g		173.0	2.5	15.1	11.4		
	枸杞莧菜羹	1	莧菜100g枸杞1g太白粉5g		78.5	8.8	1.0	4.0	2.0	
	菇絲白花	1	鮮白花菜75g乾香菇絲1g		54.8	3.8	0.8	4.0	1.5	
	青菜	1	生重100g		61.0	5.0	1.0	4.0	2.0	
	味噌蔬菜湯	1	高麗菜絲25g味噌5g	260c.c湯杯	6.3	1.3	0.3		0.5	
	水果	2			120.0	30.0			2.0	
晚餐	五穀飯	1	五穀米80g	紙製便當盒	280.0	60.0	8.0		1.9	
	破布子炒素肉丸	1	素肉丸80g		182.6	6.2	11.6	12.4		
	豌豆莢炒干片	1	豌豆莢75g干片20g		101.3	3.8	4.3	7.5	1.5	
	大黃瓜燒粉肝	1	大黃瓜55g蒟蒻粉肝20g		54.8	3.8	0.8	4.0	1.5	
	青菜	1	生重100g		61.0	5.0	1.0	4.0	2.0	
	筍絲湯	1	筍絲25g	260c.c湯杯	6.3	1.3	0.3		0.5	
	水果	1			60.0	15.0			1.0	
	紅豆牛奶	1	低脂奶粉25g紅豆15g		155.0	23.3	9.5	4.0	0.2	
				合計	2014.4	288.0	70.5	62.3	19.3	

奶素食單(16)

餐別	餐盒供應內容	樣式	成品供應標準（食材以生重表示）	包裝餐盒或容器之規格材質	供應營養素					功能表設計及供應原則
					熱量（大卡）	醣類（公克）	蛋白質（公克）	脂肪（公克）	膳食纖維（公克）	
早餐	菜脯干丁	1	豆干丁40g菜脯25g		126.3	1.3	7.3	10.0	0.5	
	紅燒冬瓜	1	冬瓜100g	紙製便當盒	56.5	5.0	1.0	3.5	2.0	
	青菜	1	生重100g		56.5	5.0	1.0	3.5	2.0	
	糙米稀飯	1	糙米70g	520c.c湯杯	245.0	52.5	7.0		1.7	
	水果	1			60.0	15.0			1.0	
午餐	金瓜米粉	1	乾米粉60g南瓜絲35g素肉絲3.5g白干絲17.5g紅蘿蔔絲10g	紙製便當盒	385.0	48.8	13.5	14.0	0.7	少辛辣、刺激勿大便、生食物。
	滷油腐	1	四角油腐（1個）薑絲		75.0	5.0	7.0	5.0	0.4	
	青菜	1	生重100g		52.0	5.0	1.0	3.0	2.0	
	金針湯	1	乾金針3g	260c.c湯杯						
	水果	2			120.0	30.0			2.0	
晚餐	燕麥飯	1	燕麥70g		245.0	52.5	7.0		1.7	
	香滷牛蒡素排	1	牛蒡素排40g		138.4	2.0	12.1	9.1		
	金菇高麗菜	1	高麗菜50g金針菇20g紅蘿蔔絲5g	紙製便當盒	50.3	3.8	0.8	3.5	2.0	
	黃芽炒干絲	1	黃豆芽55g木耳絲10g白干絲8.75g		57.0	3.3	2.4	3.8	1.3	
	青菜	1	生重100g		52.0	5.0	1.0	3.0	2.0	
	綠豆湯	1	綠豆10g糖15g	260c.c湯杯	95.0	22.5	1.0		1.4	
	水果	1			60.0	15.0			1.0	
	糙米粉牛奶	1	低脂奶粉25g糙米粉10g		155.0	19.5	9.0	4.0	0.2	
	合計				2028.9	286.0	71.0	62.4	21.8	

奶素食菜單(17)

餐別	餐盒供應內容	樣式	成品供應標準（食材以生重表示）	包裝餐盒或器皿之規格材質	供應營養素					功能表設計及供應原則
					熱量(大卡)	醣類(公克)	蛋白質(公克)	脂肪(公克)	膳食纖維(公克)	
早餐	滷油腐	1	三角油腐55g	紙製便當盒	97.5		7.0	7.5		
	素肉醬炒龍鬚	1	龍鬚菜75g素肉醬10g		71.3	6.6	1.7	4.2	1.5	
	青菜	1	生重100g		52.0	5.0	1.0	3.0	2.0	
	三寶燕麥粥	1	三寶燕麥80g		280.0	60.0	8.0		1.9	
	水果	1			60.0	15.0			1.0	
午餐	胚芽飯	1	胚芽米80g	紙製便當盒	280.0	60.0	8.0		1.9	
	梅干燒百頁	1	百頁豆腐50g濕梅干菜10g		122.5	0.5	7.0	12.5	0.8	
	青椒素脆腸	1	青椒50g素脆腸20g木耳絲5g		54.8	3.8	0.8	4.0	1.5	
	金菇白菜燒豆包	1	大白菜35g金針菇15g紅蘿蔔絲15g生豆包15g		78.5	3.0	4.1	4.0	1.2	
	青菜	1	生重100g		52.0	5.0	1.0	3.0	2.0	
	番茄湯	1	大番茄25g	260.c.c湯杯	6.3	1.3	0.3		0.5	
	水果	2			120.0	30.0			2.0	
晚餐	紫米飯	1	紫米飯80g	紙製便當盒	280.0	60.0	8.0		1.9	
	香酥素帶魚	1	素帶魚40g		147.4	2.0	12.1	10.1		少辛辣、刺激勿太硬、生食物。
	甜豆炒洋菇	1	甜豆70g洋菇片30g		52.0	5.0	1.0	3.0	2.0	
	紅燒桂筍素肉末	1	桂筍75g乾素絞肉3.5g		83.3	3.8	4.3	5.5	1.5	
	青菜	1	生重100g		52.0	5.0	1.0	3.0	2.0	
	高麗菜乾湯	1	高麗菜乾3g	260.c.c湯杯						
	水果				60.0	15.0			1.0	
	市售保久乳	1	保久乳200ml		96.4	11	6.8	2.8		
	合計				2045.8	291.8	71.9	62.6	24.8	

菜單設計

奶素食菜單(18)

餐別	餐盒供應內容	樣式	成品供應標準（食材以生重表示）	包裝餐盒或容器之規格材質	供應營養素					功能表設計及供應原則
					熱量（大卡）	醣類（公克）	蛋白質（公克）	脂肪（公克）	膳食纖維（公克）	
早餐	素肉絲炒麵	1	油麵180g乾素肉絲3.5g高麗菜絲30g紅蘿蔔絲10g	一體大	302.5	47.0	9.9	7.5	0.8	
	青菜	1	生重100g		43.0	5.0	1.0	2.0	2.0	
	芹香素貢丸湯	1	素貢丸20g芹菜末1g	390c.c湯杯	50.7	1.0	6.1	2.5		
	水果	1			60.0	15.0			1.0	
午餐	三寶燕麥飯	1	三寶燕麥80g		280.0	60.0	8.0		1.9	
	蜜汁烤麩	1	烤麩片60g糖5g		177.5	5.0	10.5	12.5		
	米豆醬燒海根	1	海帶根75g米豆醬5g	紙製便當盒	50.3	5.0	1.0	3.5	2.4	
	泰式青木瓜	1	青木瓜絲65g番茄10g乾花生5g檸檬汁5g泰式辣椒醬3g		58.5	3.8	0.8	4.5	1.5	少辛辣、刺激勿大硬、生食物。
	青菜	1	生重100g		56.5	5.0	1.0	3.5	2.0	
	枸杞冬瓜湯	1	冬瓜25g枸杞0.25g	260c.c湯杯	6.3	1.3	0.3		0.5	
	水果	2		260c.c湯杯	120.0	30.0			2.0	
晚餐	糙米飯	1	糙米80g		280.0	60.0	8.0		1.9	
	京醬黑干片	2	大黑干片60g洋芹片10g甜麵醬5g	紙製便當盒	160.0	0.5	10.6	12.5		
	雙色羅蔔	1	白羅蔔50g紅羅蔔25g		50.3	5.0	1.0	3.5	1.5	
	薑絲皇宮菜	1	皇宮菜75g薑絲		50.3	5.0	1.0	3.5	1.5	
	青菜	1	生重100g		56.5	5.0	1.0	3.5	2.0	
	薑絲紫菜湯	1	紫菜2.5g薑絲	260c.c湯杯	6.3	1.3	0.3		0.5	
	水果	1			60.0	15.0			1.0	
	麵茶牛奶	1	低脂奶粉25g麵茶10g		155.0	19.5	9.0	4.0	0.6	
	合計				2023.5	289.3	69.3	63.0	23.1	
	%				99%	57.2%	13.7%	28.0%		

奶素食菜單(19)

餐別	餐盒供應內容	樣式	成品供應標準（食材以生重表示）	包裝餐盒之容器之規格材質	供應營養素					功能表設計及供應原則
					熱量(大卡)	醣類(公克)	蛋白質(公克)	脂肪(公克)	膳食纖維(公克)	
早餐	滷豆輪	1	豆輪20g		73.0		7.0	5.0		
	薑絲皇帝豆	1	皇帝豆65g薑絲	紙製便當盒	83.5	15.0	2.0	1.5	3.3	
	青菜	1	生重100g		38.5	5.0	1.0	1.5	2.0	
	小米稀飯	1	白米40g/小米40g	520c.c湯杯	280.0	60.0	8.0		1.1	
	水果	1			60.0	15.0			1.0	少辛辣、刺激勿大食硬、生食物。
午餐	五穀飯	1	五穀米70g		245.0	52.5	7.0		1.7	
	椒鹽素火腿	1	素火腿75g		127.5		10.5	12.5		
	小瓜花生	1	小黃瓜40g丁熟花生20g	紙製便當盒	118.0	2.0	0.4	12.0	2.2	
	焗烤地瓜	1	地瓜55g起司10g		116.8	17.7	3.8	3.3	2.0	
	青菜	1	生重100g		38.5	5.0	1.0	1.5	2.0	
	香菜蘿蔔湯	1	蘿蔔小丁25g香菜1g	260c.c湯杯	6.3	1.3	0.3		0.5	
	水果	2			120.0	30.0			2.0	
晚餐	酸辣湯餃	1	素水餃10顆（140g）豆腐絲40g豆包絲15g筍絲10g紅蘿蔔絲10g木耳絲10g太白粉10g	850c.c碗	408.3	37.1	18.2	19.3	0.6	
	青菜	1	生重100g		38.5	5.0	1.0	1.5	2.0	
	水果	1			60.0	15.0			1.0	
	綠豆沙牛奶	1	低脂奶粉25g綠豆仁20g		190.0	27.0	10.0	4.0	0.2	
				合計	2004	287.6	70.2	62.1	22	

奶素食菜單(20)

餐別	餐盒供應內容	樣式	成品供應標準（食材以生重表示）	包裝餐盒或裝餐器之規格材質	供應營養素					功能表設計及供應原則
					熱量(大卡)	醣類(公克)	蛋白質(公克)	脂肪(公克)	膳食纖維(公克)	
早餐	滷大黑干丁	1	大黑干丁40g滷包	紙製便當盒	97.5		7.0	7.5		
	肉燥拌季豆	1	四季豆75g素肉燥10g		71.3	6.6	1.7	4.2	1.5	
	青菜	1	生重100g		52.0	5.0	1.0	3.0	2.0	
	雜糧粥	1	雜糧米70g	520c.c湯杯	245.0	52.5	7.0		1.7	
	水果	1			60.0	15.0			1.0	
午餐	燕麥飯	1	燕麥80g	紙製便當盒	280.0	60.0	8.0		1.9	
	魯味素鴨肉	1	魯味素鴨肉80g		97.0	4.0	7.2	5.8		
	豆芽炒黃干絲	1	豆芽菜65g木耳絲10g黃干絲8.75g		189.0	3.8	2.5	4.3	1.5	
	青椒素雞片	1	青椒片50g素雞片12.5g		62.8	2.5	2.3	4.8	1.0	
	青菜	1	生重100g		52.0	5.0	1.0	3.0	2.0	
	大黃瓜湯	1	大黃瓜25g	260c.c湯杯	6.3	1.3	0.3		0.5	
	水果	2			120.0	30.0			2.0	
晚餐	胚芽飯	1	胚芽米80g	紙製便當盒	280.0	60.0	8.0		1.9	少辛辣、刺激及勿大食硬、生食物。
	橙汁油豆腐	1	四角油腐82.5g紅蘿蔔絲20g橙汁10g		167.5	2.2	10.7	12.5	0.4	
	薯丁三色	1	豆薯小丁52.5g豌豆仁11g素蝦仁10g		69.0	8.0	1.1	3.5	2.6	
	醋拌海芽	1	濕海芽75g白芝麻1g醋		45.8	5.0	1.0	3.0	3.0	
	青菜	1	生重100g		52.0	5.0	1.0	3.0	2.0	
	榨菜素肉絲湯	1	榨菜12.5g乾素肉絲1.75g	260c.c湯杯	28.1	0.6	1.9	1.3	0.3	
	水果	1			60.0	15.0			1.0	
	芝麻牛奶	1	低脂奶粉25g黑芝麻粉4.5g		142.5	12.0	8.0	6.5	0.7	
				合計	2178	293	70	62.2	27	

奶素食菜單(2)

餐別	餐盒供應內容	樣式	成品供應標準（食材以生重表示）	包裝餐盒或容器之規格器材質	供應營養素					功能表設計及供應原則
					熱量(大卡)	醣類(公克)	蛋白質(公克)	脂肪(公克)	膳食纖維(公克)	
早餐	素香鬆吐司	1	全麥吐司50g/小黃瓜絲20g紅蘿蔔絲10g/沙拉醬10g	紙製便當盒	257.5	36.5	4.3	10.0	2.2	
	素香鬆	1	素香鬆15g	紙製便當盒	62.6	6.0	6.5	1.4		
	五穀豆漿	1	五穀粉20g豆漿260ml	390c.c.湯杯	125.0	15.0	9.0	3.0		
	水果	1			60.0	15.0			1.0	
午餐	紫米飯	1	紫米80g	紙製便當盒	280.0	60.0	8.0		1.9	
	椒鹽香吉排	1	素香吉排45g		149.4	3.7	7.1	11.8		
	樹子炒龍鬚	1	龍鬚菜75g樹子1g		45.8	3.8	0.8	3.5	1.5	
	滷筍乾	1	筍乾75g		45.8	3.8	0.8	3.5	1.5	
	青菜	1	生重100g		52.0	5.0	1.0	3.0	2.0	
	番茄海芽湯	1	番茄25g乾海帶芽1g	260c.c.湯杯	6.3	1.3	0.3		0.5	少辛辣、刺激勿太硬、生食物。
	水果	2			120.0	30.0			2.0	
晚餐	三寶燕麥飯	1	三寶燕70g	紙製便當盒	245.0	52.5	7.0		1.7	
	三杯麵腸	1	麵腸片60g九層塔1g薑片1g		127.5		10.5	9.5		
	蒟蒻小卷燒油丁	1	小油腐丁27.5g蒟蒻小卷30g	紙製便當盒	76.5	1.5	3.8	6.0	0.6	
	醋拌蓮藕	1	蓮藕片75g白芝麻1g醋		32.3	11.3	1.5	3.5	2.0	
	青菜	1	生重100g		52.0	5.0	1.0	3.0	2.0	
	青木瓜湯	1	青木瓜25g	260c.c.湯杯	6.3	1.3	0.3		0.5	
	水果	1			60.0	15.0			1.0	
	麥片牛奶	1	低脂奶粉25g即溶麥片20g		190.0	27.0	10.0	4.0	0.9	
				合計	1993.8	293.4	71.7	62.2	21.4	

奶素食單(22)

餐別	餐盒供應內容	樣式	成品供應標準（食材以生重表示）	包裝餐盒或容器之規格材質	熱量（大卡）	醣類（公克）	蛋白質（公克）	脂肪（公克）	膳食纖維（公克）	功能表設計及供應原則
早餐	蘿蔔肉燥	1	白蘿蔔丁50g素肉醬20g	紙製便當盒	72.5	8.1	2.8	3.4	1.0	
	草菇炒白花菜	1	白花菜55g草菇20g		41.3	3.8	1.5	2.5	1.5	
	青菜	1	生重100g		47.5	5.0	1.0	2.5	2.0	
	地瓜粥	1	白米40g地瓜82.5g	520c.c湯杯	245.0	52.5	7.0		2.0	
	水果	1			60.0	15.0			1.0	
午餐	肉燥意麵	1	意麵75g素乾絞肉7g豆干丁40g豆芽菜60g紅蘿蔔絲10g	850c.c碗	420.0	48.5	22.2	15.0	2.6	
	青菜	1	生重100g		47.5	5.0	1.0	2.5	2.0	
	筍絲湯	1	筍絲25g	260c.c湯杯	6.3	1.3	0.3		0.5	
	水果	2			120.0	30.0			2.0	少辛辣、刺激勿大、硬、生食物。
晚餐	糙米飯	1	糙米80g		280.0	60.0	8.0		1.9	
	芝香素雞肉絲	1	素雞肉絲75g（炸）白芝麻1g	紙製便當盒	273.4	9.2	11.0	21.4		
	玉筍炒長豆	1	長豆55g玉筍斜片20g		41.3	3.8	1.5	2.5	1.5	
	枸杞美生菜	1	美生菜75g枸杞1g		41.3	3.8	1.5	2.5	1.5	
	青菜	1	生重100g		47.5	5.0	1.0	2.5	2.0	
	金針湯	1	乾金針3g	260c.c湯杯						
	水果	1			60.0	15.0			1.0	
	藕粉牛奶	1	低脂奶粉25g蓮藕粉20g		190.0	27.0	10.0	8.0	0.1	
				合計	1993	293	69	63	23	

奶素食菜單(23)

餐別	餐盒供應內容	樣式	成品供應標準（食材以生重表示）	包裝餐盒或容器之規格材質	供應營養素					功能表設計及供應原則
					熱量（大卡）	醣類（公克）	蛋白質（公克）	脂肪（公克）	膳食纖維（公克）	
早餐	素香鬆	1	素香鬆15g	紙製便當盒	62.6	6.0	6.5	1.4		
	豆瓣箭筍	1	箭筍75g豆瓣醬		54.8	3.8	1.5	4.0	1.5	
	青菜	1	生重100g		61.0	5.0	1.0	4.0	2.0	
	小米稀飯	1	白米40g/小米20g	50c.c.湯杯	245.0	52.5	7.0		0.7	
	水果	1			60.0	15.0			1.0	
午餐	五穀飯	1	五穀米80g	紙製便當盒	280.0	60.0	8.0		1.9	
	豆豉燒花干	1	花干55g烏豆豉1g		97.5		7.0	7.5		少辛辣、刺激、生食硬、生食勿太大物。
	海苔炒素肉絲	1	海苔50g乾素肉絲3.5g		72.5	2.5	4.0	5.0	1.5	
	炒茭白筍	1	茭白筍70g紅蘿蔔片5g		54.8	3.8	1.5	4.0	1.5	
	青菜	1	生重100g		61.0	5.0	1.0	4.0	2.0	
	薑絲苦瓜湯	1	苦瓜25g薑絲	260c.c.湯杯	6.3	1.3	0.3		0.5	
	水果	2			120.0	30.0			2.0	
晚餐	燕麥飯	1	燕麥70g	紙製便當盒	245.0	52.5	7.0		1.7	
	紫蘇梅燒素獅子頭	1	素獅子頭50g紫蘇梅15g		146.2	7.6	7.4	9.6	0.3	
	彩椒干片	1	紅椒片25g黃椒片25g黑干片20g		85.0	2.5	4.0	8.0	1.0	
	薑絲莧菜	1	莧菜75g薑絲		54.8	3.8	1.5	4.0	1.5	
	青菜	1	生重100g		61.0	5.0	1.0	4.0	2.0	
	高麗菜乾湯	1	高麗菜乾3g	260c.c.湯杯						
	水果	1			60.0	15.0			1.0	
	麵茶牛奶	1	低脂奶粉25g麵茶20g		190.0	19.5	9.0	4.0	0.6	
	合計				2017	291	68	59	23	

詳設單菜

奶素食菜單(24)

餐別	餐盒供應內容	樣式	成品供應標準（食材以生重表示）	包裝餐盒或容器之規格材質	供應營養素					功能表設計及供應原則
					熱量（大卡）	醣類（公克）	蛋白質（公克）	脂肪（公克）	膳食纖維（公克）	
早餐	菜包	1	市售素菜包1個	紙製便當盒	205.4	38.6	7.8	2.2	1.0	
	青菜	1	生重100g		70.0	5.0	1.0	5.0	2.0	
	市售保久乳	1	保久乳200ml		96.4	11	6.8	2.8		
	水果	1			60.0	15.0			1.0	
午餐	胚芽飯	1	胚芽米80g	紙製便當盒	280.0	60.0	8.0		1.9	
	沙素麵輪	1	麵輪30g素沙茶		127.5		10.5	9.5		
	芹香干絲	1	芹菜50g白干絲17.5g		85.0	2.5	4.0	6.5	1.0	
	玉米粒扣洋芋	1	馬鈴薯50g玉米粒35g		115.0	15.0	2.0	5.0		
	青菜	1	生重100g		70.0	5.0	1.0	5.0	2.0	
	枸杞瓠瓜湯	1	瓠瓜絲30g枸杞1g	260c.c湯杯	6.3	1.3	0.3		0.5	
	水果	2			120.0	30.0			2.0	少辛辣、刺激勿大便、生食物。
晚餐	紫米飯	1	紫米飯80g	紙製便當盒	280.0	60.0	8.0		1.9	
	醬爆素肚	1	素肚條60g甜麵醬		127.5		10.5	9.5		
	朴菜燒苦瓜	1	苦瓜70g梅干菜5g		63.8	3.8	0.8	5.0	2.0	
	炒寬粉	1	寬粉10g金針菇20g紅羅蔔絲10g		83.0	9.0	0.3	4.5	2.0	
	青菜	1	生重100g		65.5	5.0	1.0	4.5	2.0	
	薑絲紫菜湯	1	紫菜2.5g薑絲	260c.c湯杯	6.3	1.3	0.3		0.5	
	水果	1			60.0	15.0			1.0	
	豆漿	1	豆漿260ml糖15g		115.0	15.0	7.0	3.0	1.0	
合計					2036.6	292.4	69.2	62.5	20.8	

奶素食菜單(25)

餐別	餐盒供應內容	樣式	成品供應標準（食材以生重表示）	包裝餐盒或品容器之規格材質	熱量(大卡)	醣類(公克)	蛋白質(公克)	脂肪(公克)	膳食纖維(公克)	功能表設計及供應原則
早餐	滷五香豆干	1	五香豆干52.5g	紙製便當盒	157.5		10.5	12.5		
	柚珍菇炒大瓜	1	大黃瓜55g柚珍菇20g		36.8	3.8	0.8	2.0	2.0	
	青菜	1	生重100g		43.0	5.0	1.0	2.0	2.0	
	糙米稀飯	1	糙米60g	520c.c湯杯	210.0	45.0	6.0		1.4	
	水果	1			60.0	15.0			1.0	
午餐	三寶燕麥飯	1	三寶燕麥80g	紙製便當盒	280.0	60.0	8.0		1.9	少辛辣、刺激勿太便、生食物。
	孜然烤素食全雞	1	素食全雞50g孜然粉1g		159.1	2.5	12.4	11.1	1.5	
	米豆醬燒冬瓜	1	冬瓜塊75g米豆醬5g		36.8	3.8	0.8	2.0	1.5	
	香酥芋餅	1	芋餅100g		170.5	26.4	2.5	6.1		
	青菜	1	生重100g		43.0	5.0	1.0	2.0	2.0	
	金針湯	1	乾金針3g	260c.c湯杯	6.0	1.3	0.3			
	水果	2			120.0	30.0			2.0	
晚餐	素蝦仁炒飯	1	白米飯150g玉米粒18g豌豆仁12g素蝦仁30g豆干丁40g素肉醬20g	紙製便當盒	420.4	54.0	16.1	18.4	3.7	
	青菜	1	生重100g		43.0	5.0	1.0	2.0	2.0	
	蘿絲蘿富湯	1	蘿蔔絲25g蘿富絲	260c.c湯杯	6.3	1.3	0.3		0.5	
	水果	1			60.0	15.0			1.0	
	糙米粉牛奶	1	低脂奶粉25g糙米粉10g		155.0	19.5	9.0	4.0	0.1	
	合計				2007	292	70	62	23	

奶素食菜單(26)

菜單設計

餐別	餐盒供應內容	樣式	成品供應標準（食材以生重表示）	包裝餐盒或容器之規格材質	供應營養素					功能表設計及供應原則
					熱量(大卡)	醣類(公克)	蛋白質(公克)	脂肪(公克)	膳食纖維(公克)	
早餐	素漢堡	1	漢堡75g如意豆片50g大番茄20g小黃瓜20g沙拉醬10g	耐熱紙袋	379.3	59.3	13.6	10.4	1.1	少辛辣、刺激勿太硬、生食物。
	燕麥粥	1	即食燕麥片20g糖5g	520c.c湯杯	90.0	20.0	2.0		0.5	
	水果	1			60.0	15.0			1.0	
午餐	糙米飯	1	糙米80g	紙製便當盒	210.0	45.0	6.0		1.4	
	紅燒油豆腐	1	三角油豆腐83g滷包八角		157.5		10.5	12.5		
	鮑菇炒素肚	1	鮑菇片50g素肚條20g素沙茶		85.0	2.5	4.0	6.5	1.0	
	清炒小豆苗	1	小豆苗75g		50.3	5.0	1.0	3.5	2.0	
	青菜	1	生重100g		56.5	5.0	1.0	3.5	2.0	
	薑絲大瓜湯	1	大黃瓜25g薑絲	260c.c湯杯	6.3	1.3	0.3		0.5	
	水果	2			120.0	30.0			2.0	
晚餐	五穀飯	1	五穀米60g	紙製便當盒	210.0	45.0	6.0		1.4	
	塔香素香腸	1	素香腸100g九層塔1g薑片1g		191.0	12.0	11.0	11.0		
	高麗燒海芽	1	高麗菜75g乾海帶芽1g		54.8	5.0	1.0	4.0	2.0	
	薑絲皇宮菜	1	皇宮菜75g薑絲		54.8	5.0	1.0	4.0	2.0	
	青菜	1	生重100g		56.5	5.0	1.0	3.5	2.0	
	榨菜素肉絲湯	1	榨菜12.5g乾素肉絲1.75g	260c.c湯杯	21.9	0.6	1.9	3.5	0.3	
	水果	1			60.0	15.0			1.0	
	AB優酪乳	1	AB優酪乳200ml		127.2	24.4	7.4	0.0		
	合計				1991	295	68	62	20	

奶素食菜單(2)

餐別	餐盒供應內容	樣式	成品供應標準（食材以生重表示）	包裝餐盒或容器之規格材質	熱量(大卡)	醣類(公克)	蛋白質(公克)	脂肪(公克)	膳食纖維(公克)	功能表設計及供應原則
早餐	肉燥米粉	1	乾米粉60g素絞肉7g高麗菜絲15g紅蘿蔔絲5g乾香菇絲1g蝦米1g紅蔥頭1g	一體大	380.0	46.0	13.2	15.0	0.4	
	青菜	1	生重100g		47.5	5.0	1.0	2.5	2.0	
	番茄味噌湯	1	番茄25g味噌	520c.c湯杯	6.3	1.3	0.3		0.5	
	水果	1			60.0	15.0			1.0	
午餐	燕麥飯	1	燕麥80g	紙製便當盒	280.0	60.0	8.0		1.9	
	瓜仔燒豆包	1	豆包60g花瓜條10g		157.5	0.5	14.1	11.0	0.2	少辛辣、刺激勿太硬、生食物。
	高麗菜丸片	1	高麗菜70g素香菇脆丸片10g		50.1	3.6	1.0	3.6	1.4	
	木須金首	1	木耳絲45g金針菇30g		50.3	3.8	0.8	3.5	2.0	
	青菜	1	生重100g		56.5	5.0	1.0	3.5	2.0	
	薑絲海芽湯	1	海帶芽1g薑絲	260c.c湯杯						
	水果	2			120.0	30.0			2.0	
晚餐	胚芽飯	1	胚芽米80g	紙製便當盒	280.0	60.0	8.0		1.9	
	芋頭燒四分干	1	四分干60g芋頭25g		170.0	7.5	11.5	10.0	0.6	
	紅人燒絲瓜	1	絲瓜65g紅蘿蔔片10g		50.3	3.8	0.8	3.5	2.0	
	清炒四季豆	1	四季豆75g		50.3	3.8	0.8	3.5	2.0	
	青菜	1	生重100g		56.5	5.0	1.0	3.5	2.0	
	時蔬湯	1	大白菜絲25g紅蘿蔔絲5g	260c.c湯杯	7.5	1.5	0.3		0.6	
	水果	1			60.0	15.0			1.0	
	紅豆牛奶	1	低脂奶粉25g紅豆15g		172.5	23.3	9.5	4.0	1.2	
	合計				2055.1	289.8	71.1	63.6	24.7	

詳細設計單

奶素食菜單（28）

餐別	餐盒供應內容	樣式	成品供應標準（食材以生重表示）	包裝餐盒或盛裝器之規格材質	供應營養素					功能表設計及供應原則
					熱量（大卡）	醣類（公克）	蛋白質（公克）	脂肪（公克）	膳食纖維（公克）	
早餐	全麥饅頭夾蛋	1	全麥饅頭60g		210.0	45.0	6.0		2.7	
	起司片	1	起司片*2	紙製便當盒	85.5	0.7	4.7	7.1		
	美生菜	1	美生菜20g		5.0	1.0	0.2		0.4	
	米漿	1	米漿250ml	260c.c湯杯	185.8	32.5	3.3	4.8	1.0	
	水果	1			60.0	15.0			1.0	
午餐	素肉羹麵	1	拉麵180g素肉羹35g筍絲25g木耳絲10g紅蘿蔔絲5g太白粉5g	850c.c湯碗	417.1	53.8	17.0	14.5	1.1	
	滷豆干海帶	1	豆干40g濕海帶50g	一體小	105.5	2.5	7.5	7.0	2.8	
	青菜	1	生重100g		52.0	5.0	1.0	3.0	2.0	
	水果	2			120.0	30.0			2.0	
晚餐	紫米飯	1	紫米60g		245.0	45.0	6.0		1.4	少辛辣、刺激勿大硬、生食物。
	炸素帶魚	1	素帶魚40g		169.9	2.0	12.1	12.6		
	韓式黃芽絲	1	黃豆芽70g紅蘿蔔絲5g韓式辣椒醬5g	紙製便當盒	45.8	3.8	0.8	3.0	2.0	
	咖哩洋芋		馬鈴薯中丁50g紅蘿蔔中丁25g咖哩粉		63.8	8.8	1.3	3.0	2.0	
	青菜	1	生重100g		52.0	5.0	1.0	3.0	2.0	
	冬瓜湯	1	冬瓜25g薑絲	260c.c湯杯	6.3	1.3	0.3		0.5	
	水果	1			60.0	15.0			1.0	
	麵茶牛奶	1	低脂奶粉25g麵茶10g		155.0	19.5	9.0	4.0	0.6	
				合計	2039	286	70	62	22	

第三節　糖尿病飲食

糖尿病是因體內胰島素引發的疾病，分為第一型糖尿病、第二型糖尿病、妊娠型糖尿病。

糖尿病患者要控制血糖，常以糖化血色素應小於7%來了解患者三個月內血糖的控制情況，血壓應小於80/130mmHg，血脂LDL宜小於100mg/dl、HDL宜大於50 mg/dl、三酸甘油脂（TG）宜小於150 mg/dl，糖尿病的治療須靠飲食、運動、藥物及自我血糖監測四方面配合，才可將血糖做好控制，才可減低糖尿病的併發症（神經病變、視網膜、腎臟病變），其飲食設計原則如下：

一、理想體重

22*身高（公尺）*身高（公尺）＝理想體重

若為體重過重者宜調整體重

調整體重＝（實際體重－理想體重）*0.25＋理想體重

二、每日熱量比例

㈠ 蛋白質宜占總熱量15-20%，如果有微量尿蛋白時，蛋白質的攝取：以10-15%或每公斤體重0.8公克為宜。

㈡ 脂肪以小於總熱量25%，低密度脂蛋白（飽和脂肪酸）宜在7%以下，膽固醇攝取控制在300毫克以下。

㈢ 醣類攝取占總熱量50-55%以下。

㈣ 膳食纖維一天以20-35公克（14克／1000卡）。

㈤ 三大營養素均衡分配，若有特殊藥物治療則依醫生指示做熱量分配。

三、熱量：視體重而定

體重活動	過重（＞10%）	理想（±10%）	瘦弱（＜10%）
輕	20-25（大卡）	30	35
中	30	35	40
重	35	40	45

- 如以165公分、中度工作者、體重理想60公斤者，每日熱量需求為35大卡x 60＝2100大卡。
- 如以165公分、中度工作者、體重超重者，每日熱量需求為30大卡x 60＝1800大卡。
1. 蛋白質：15-20%　1800×20%÷4 = 90公克
2. 脂肪：25%　1500×25%÷9 = 41.5克
3. 醣類：50-55%　1800×55%÷4 = 247.5公克

食物	份數	蛋白質（公克）	脂肪（公克）	醣（公克）
牛奶（脫脂）	2X	16	0	24
肉、魚、豆、蛋	7X	49	35	＋
五穀根莖類	11.5X	23	＋	172.5
蔬菜	4X	4	＋	20
水果	2X	＋	＋	30
油脂	1.5X	0	7.5	0
總合		91	42.5	246.5

四、三餐及點心的分配

食物	早餐	中餐	晚餐	點心
牛奶	1X	-	-	1X
肉、魚、豆、蛋	2X	2.5X	2.5X	-
五穀根莖類	3.5X	4X	3X	1X
蔬菜	1X	1.5X	1.5X	-
水果		1X	1X	-
油脂		1X	0.5X	

糖尿病飲食菜單(1)

餐別	餐盒供應內容	樣式	成品供應標準（食材以生重表示）	包裝餐盒之容器或材質規格材質	供應營養素					功能表設計及供應原則
					熱量（大卡）	醣類（公克）	蛋白質（公克）	脂肪（公克）	膳食纖維（公克）	
早餐	低油鹽肉鬆	1	低油鹽肉鬆20g	紙製便當盒	97.6	1.8	11.8	4.8		少辛辣、刺激勿大食硬、生食物。
	秋葵燒肉末	1	秋葵50g絞肉35g		150.5	2.5	7.5	7.0	1.0	
	青菜	1	生重100g		43.0	5.0	1.0	2.0	2.0	
	地瓜稀飯	1	白米30g地瓜55g	520c.c.湯杯	140.0	30.0	4.0		1.3	
	市售保久乳	1	保久乳200ml		96.4	11	6.8	2.8		
午餐	糙米飯	1	糙米60g	紙製便當盒	210.0	45.0	6.0		1.4	
	紅糖燒肉	1	肉角52.5g紅糖5g		135.0		10.5	10.0		
	三色雞丁	1	玉米粒35g雞胸35g紅蘿蔔丁5g		113.8	7.5	8.0	5.5	3.0	
	蝦皮羅蔔蔔絲	1	白羅蔔90g紅羅蔔絲10g蝦皮1g		43.0	5.0	1.0	2.0	2.0	
	青菜	1	生重100g		43.0	5.0	1.0	2.0	2.0	
	竹筍絲湯	1	筍絲25g雞骨頭	260c.c.湯杯	6.3	3.8	0.3		1.1	
	水果	1			60.0	15.0			1.0	
晚餐	五穀飯	1	五穀米60g	紙製便當盒	210.0	45.0	6.0		1.4	
	味噌燒魚	1	白北魚52.5g味噌5g		127.5	2.5	10.5	9.5	0.9	
	綠蘆筍炒肉絲	1	綠蘆筍50g肉絲24.5g		83.0	2.5	5.7	5.5	0.9	
	炒三菇	1	生香菇35g洋菇35g柳松菇30g		43.0	5.0	1.0	2.0	2.0	
	青菜	1	生重100g		43.0	5.0	1.0	2.0	2.0	
	枸杞瓠瓜湯	1	瓠瓜絲25g枸杞1g	260c.c.湯杯	6.3	1.3	0.3		0.5	
	水果	1			60.0	15.0			1.0	
	高纖蘇打餅乾	1	高纖蘇打餅乾*1包		67.3	9.6	1.6	2.5	0.7	
	市售保久乳	1	保久乳200ml	260c.c.湯杯	96.4	11	6.8	2.8		
合計					1875.0	225.9	90.7	60.4	23.4	

菜單設計

糖尿病飲食菜單(2)

餐別	餐盒供應內容	樣式	成品供應標準（食材以生重表示）	包裝餐盒或容器之規格材質	供應營養素					功能表設計及供應原則
					熱量(大卡)	醣類(公克)	蛋白質(公克)	脂肪(公克)	膳食纖維(公克)	
早餐	鐵板烤肉飯糰	1	鐵板烤肉飯糰*1		222.8	30	3.3	5	0.1	少辛辣、刺激勿太硬、生食物。
	凝能活性發酵乳	1	凝能活性發酵乳*1		178.0	29.2	6.2	4.2		
	茶葉蛋	1	茶葉蛋*1		75.0		7	5		
	水果	1			60.0	15.0			1.0	
午餐	燕麥飯	1	燕麥60g	紙製便當盒	210.0	45.0	6.0		1.4	
	白斬雞	1	光雞（帶骨1ex45g）90g		128.0		14.0	8.0		
	番茄豆腐	1	豆腐80g番茄10g		95.5	0.1	7.1	7.0	0.4	
	拌海帶絲	1	海帶絲75g嫩薑絲1g		32.3	3.8	0.8	1.5	2.3	
	青菜	1	生重100g		38.5	5.0	1.0	1.5	2.0	
	梅干苦瓜湯	1	苦瓜25g梅干菜1g	260c.c湯杯	6.3	1.3	0.3		0.5	
	水果	1			60.0	15.0			1.0	
晚餐	胚芽飯	1	胚芽米60g	紙製便當盒	210.0	45.0	6.0		1.4	
	滷肉角	1	肉角70g滷包		168.0		14.0	12.0		
	彩椒魚片	1	青椒20g紅椒15g黃椒15g魚肉42g		96.5	2.5	8.9	6.5	1.0	
	牛蒡雞絲	1	牛蒡20g雞絲36.75g		88.3	2.5	7.9	5.2	1.0	
	青菜	1	生重100g		38.5	5.0	1.0	1.5	2.0	
	高麗菜乾湯	1	高麗菜乾3g	260c.c湯杯	60.0	15.0			1.0	
	水果	1			60.0	15.0			1.0	
	市售保久乳	1	保久乳200ml		96.4	11	6.8	2.8		
				合計	1864.0	225.3	90.2	60.2	15.2	

糖尿病飲食菜單(3)

餐別	餐盒供應內容	樣式	成品供應標準（食材以生重表示）	包裝餐盒或容器之規格材質	供應營養素					功能表設計及供應原則
					熱量(大卡)	醣類(公克)	蛋白質(公克)	脂肪(公克)	膳食纖維(公克)	
早餐	鮪魚三明治	1	全麥吐司50g/小黃瓜絲20g紅蘿蔔絲5g鮪魚（罐頭）30g沙拉醬2.5g	吐司盒	243.8	33.8	11.3	5.5	2.1	
	豆漿	1	豆漿260ml		75.0	5.0	7.0	3.0		
	市售保久乳	1	保久乳200ml		96.4	11	6.8	2.8	1.4	
午餐	紫米飯	1	紫米60g	紙製便當盒	210.0	45.0	6.0			
	烤秋刀魚	1	秋刀魚（可食生重）35g		120.0		7.0	10.0		
	洋蔥炒肉絲	1	洋蔥50g肉絲42g		120.5	2.5	8.9	8.0	1.0	
	清炒茭白筍	1	茭白筍90g紅蘿蔔絲10g		43.0	5.0	1.0	2.0	2.0	
	青菜	1	生重100g		43.0	5.0	1.0	2.0	2.0	少辛辣、刺激勿大、硬、生食物。
	金針湯	1	乾金針3g	260c.c湯杯	60.0	15.0				
	水果	1			60.0	15.0			1.0	
晚餐	三寶燕麥飯	1	三寶燕麥60g	紙製便當盒	210.0	45.0	6.0		1.4	
	三杯雞	1	雞腿丁90g九層塔1g薑片1g		155.0		14.0	11.0		
	紅棗高麗肉片	1	高麗菜50g紅棗3g肉片40.25g		116.8	2.5	8.6	7.8	1.0	
	木須瓠瓜絲	1	瓠瓜絲90g木耳絲10g		43.0	5.0	1.0	2.0	1.6	
	青菜	1	生重100g		43.0	5.0	1.0	2.0	2.0	
	薑絲紫菜湯	1	紫菜2.5g薑絲	260c.c湯杯	6.3	1.3	0.3		0.5	
	水果	1			60.0	15.0			1.0	
	藕粉牛奶	1	低脂奶粉25g蓮藕粉20g		190.0	27.0	10.0	4.0	0.1	
				合計	1835.7	223.0	89.8	60.1	17.1	

糖尿病飲食設計

餐別	餐盒供應內容	樣式	成品供應標準（食材以生重表示）	包裝餐盒或容器之器材規格材質	供應營養素					功能表設計及供應原則
					熱量（大卡）	醣類（公克）	蛋白質（公克）	脂肪（公克）	膳食纖維（公克）	
早餐	芝麻涼拌皮蛋	1	白芝麻1g皮蛋1個		75.0	2.5	7.0	5.0		
	黃瓜木耳雜片	1	大黃瓜40g木耳10g雞片35g	紙製便當盒	81.0	5.0	7.5	4.5	1.0	
	青菜	1	生重100g		38.5	5.0	1.0	1.5	2.0	
	小米粥	1	白米40g/小米20g	520c.c.湯杯	210.0	45.0	6.0		0.7	
	市售保久乳	1	保久乳200ml		96.4	11	6.8	2.8		
午餐	客家粄條	1	粄條80g豬肉絞肉35g豆干丁20g豆芽菜30g韭菜10g紅蘿蔔絲10g蝦米1g	紙製便當盒	294.0	38.1	11.5	11.4	1.0	少辛辣、刺激勿大便、生食物。
	青菜	1	生重100g		38.5	5.0	1.0	1.5	2.0	
	四神肉片湯	1	乾四神料2.5g肉片35g	260c.c.湯杯	92.8	1.9	7.3	6.0	0.2	
	水果	1			60.0	15.0			1.0	
晚餐	糙米飯	1	糙米60g		210.0	45.0	6.0		1.4	
	紅燒豬排	1	豬肉排70g	紙製便當盒	168.0		14.0	12.0	0.1	
	肉末燒茄子	1	茄子50g絞肉42g		120.5	2.5	8.9	8.0	1.0	
	薑絲紅鳳菜	1	紅鳳菜100g薑絲		38.5	5.0	1.0	1.5	2.0	
	青菜	1	生重100g		38.5	5.0	1.0	1.5	2.0	
	冬瓜蛤蜊湯	1	冬瓜25g蛤蜊10g	260c.c.湯杯	15.4	1.3	1.4	0.5	0.5	
	水果	1			60.0	15.0			1.0	
	糙米粉牛奶	1	低脂奶粉25g糙米粉20g		190.0	27.0	10.0	4.0	0.3	
				合計	1827.1	224.2	90.3	60.2	16.2	

餐別	餐盒供應內容	樣式	成品供應應標準（食材以生重表示）	包裝餐盒之容器或包裝材質規格材質	供應營養素					功能表設計及供應原則
					熱量(大卡)	醣類(公克)	蛋白質(公克)	脂肪(公克)	膳食纖維(公克)	
早餐	湯種紅豆麵包	1	湯種紅豆麵包		237.2	45.3	6.8	3.2		
	光泉鮮奶	1	光泉鮮奶		192.0	13.6	9.6	11		
	茶葉蛋		茶葉蛋*1		75.0		7	5		
	五穀飯	1	五穀米60g		210.0	45.0	6.0		1.4	
	香煎鮭魚	1	鮭魚（可食生重）52.5g	紙製便當盒	135.0		10.5	10.0		少辛辣、刺激勿太硬、生食物。
	黃瓜炒雞片	1	大黃瓜片40g紅蘿蔔片10g雞片35g		81.0	2.5	7.5	4.5	1.0	
午餐	筍絲拌干絲	1	筍絲50g白干絲30g		72.8	2.5	6.5	4.1	1.0	
	青菜	1	生重100g		38.5	5.0	1.0	1.5	2.0	
	香菜蘿蔔湯	1	白蘿蔔小丁25g香菜1g	260c.c.湯杯	6.3	1.3	0.3		0.5	
	水果	1			60.0	15.0			1.0	
晚餐	燕麥飯	1	燕麥60g		210.0	45.0	6.0		1.4	
	麻油雞	1	雞腿丁67.5g薑5g麻油3g		109.5		10.5	7.5		
	雙花炒肉片	1	花椰菜50g肉片35g	紙製便當盒	101.0	2.5	7.5	6.5	1.0	
	枸杞皇宮菜	1	皇宮菜100g		38.5	5.0	1.0	1.5	2.0	
	青菜	1	生重100g		38.5	5.0	1.0	1.5	2.0	
	時蔬湯	1	高麗菜絲25g	260c.c.湯杯	6.3	1.3	0.3		0.5	
	水果	1			60.0	15.0			1.0	
	紅豆牛奶	1	低脂奶粉25g紅豆10g		155.0	19.5	9.0	4.0	2.5	
				合計	1826.5	223.4	90.4	60.3	17.3	

糖尿病飲食菜單(6)

餐別	餐盒供應內容	樣式	成品供應標準（食材以生重表示）	包裝餐盒或容器之規格材質	供應營養素 熱量(大卡)	醣類(公克)	蛋白質(公克)	脂肪(公克)	膳食纖維(公克)	功能表設計及供應原則
早餐	全麥饅頭里肌蛋	1	全麥饅頭60g	耐熱熱紙袋	210.0	45.0	6.0		2.2	少辛辣、刺激勿太硬、生食物。
	里肌肉片	1	里肌肉片35g		88.5		7.0	6.5		
	荷包蛋	1	荷包蛋1顆		88.5		7.0	6.5		
	青菜	1	生重100g		34.0	5.0	1.0	1.0	2.0	
	市售保久乳	1	保久乳200ml		96.4	11	6.8	2.8		
午餐	胚芽飯	1	胚芽米60g	紙製便當盒	210.0	45.0	6.0		1.4	
	糖醋肉片	1	肉片70g洋蔥20g紅蘿蔔片5g		169.8	1.3	14.3	11.5	0.5	
	芹香雞柳	1	芹菜段50g清雞柳24.5g		60.0	2.5	5.4	3.1	1.0	
	香菇炒豆苗	1	豆苗75g乾香菇絲1g		23.3	3.8	0.8	0.5	2.0	
	青菜	1	生重100g		29.5	5.0	1.0	0.5	2.0	
	榨菜肉絲湯	1	榨菜12.5g肉絲5g	260c.c湯杯	13.8	0.6	1.1	0.7	0.3	
	水果	1			60.0	15.0			1.0	
晚餐	紫米飯	1	紫米60g	紙製便當盒	210.0	45.0	6.0		1.4	
	清蒸鱈魚	1	鱈魚（可食生重）52.5g		180.0		10.5	15.0		
	番茄炒蛋	1	番茄中丁30g雞蛋55g		91.5	1.5	7.3	6.0	1.0	
	薑絲紅鳳菜	1	紅鳳菜75g薑絲		23.3	3.8	0.8	0.5	2.0	
	青菜	1	生重100g		29.5	5.0	1.0	0.5	2.0	
	味噌海芽湯	1	乾海帶芽1g味噌5g	260c.c湯杯	60.0	15.0	6.0		1.0	
	水果	1			60.0	15.0			1.0	
	高纖蘇打餅乾	1	高纖蘇打餅乾*1包		67.3	9.6	1.6	2.5	0.7	
	市售保久乳	1	保久乳200ml		96.4	11	6.8	2.8		
	合計				1841.7	225.0	90.3	60.4	20.5	

糖尿病飲食菜單(7)

餐別	餐盒供應內容	樣式	成品供應標準（食材以生重表示）	包裝餐盒或容器之規格材質	熱量(大卡)	醣類(公克)	蛋白質(公克)	脂肪(公克)	膳食纖維(公克)	功能表設計及供應原則
早餐	滷豆腐	1	豆腐80g		88.5		7.0	6.5	0.4	
	豆薯炒肉絲	1	豆薯絲52.5g肉絲35g蝦皮1g	紙製便當盒	123.5	3.8	7.5	6.5	0.6	
	梅干苦瓜	1	苦瓜100g梅干菜2.5g		38.5	5.0	1.0	1.5	2.0	
	蕎麥稀飯	1	白米40g蕎麥20g	520c.c.湯杯	210.0	45.0	6.0		0.7	
	市售保久乳	1	保久乳200ml		96.4	11	6.8	2.8		
午餐	三寶燕麥飯	1	三寶燕麥60g		210.0	45.0	6.0		1.4	
	鳳梨雞	1	雞腿丁90g鳳梨豆醬10g		132.5	2.5	14.0	8.5		少辛辣、刺激勿太硬、生食物。
	韭黃肉絲	1	韭黃段50g肉絲35g	紙製便當盒	101.0		7.5	6.5	1.5	
	薑絲紅棗蒸南瓜	1	南瓜100g紅棗3g薑絲		66.0	11.3	1.5	2.0	2.3	
	青菜	1	生重100g		43.0	5.0	1.0	2.0	2.0	
	青木瓜湯	1	青木瓜25g大骨	260c.c.湯杯	6.3	1.3	0.3		0.5	
	水果	1			60.0	15.0			1.0	
晚餐	皮蛋瘦肉粥	1	加鈣米60g玉米粒17.5g絞肉35g皮蛋0.5個芹菜末1g	850c.c.湯杯	353.5	48.8	17.0	9.0	0.6	
	洋蔥燒麵腸	1	麵腸40g洋蔥片25g		83.8	1.3	7.3	5.5	0.8	
	花生米	1	花生米18粒		45.0			5.0	0.7	
	青菜	1	生重100g		43.0	5.0	1.0	2.0	2.0	
	水果	1			60.0	15.0			2.0	
	市售保久乳	1	保久乳200ml		96.4	11	6.8	2.8	1.0	
	合計				1857.3	225.8	90.6	60.6	17.5	

糖尿病飲食菜單(8)

餐別	餐盒供應內容	樣式	成品供應標準（食材以生重表示）	包裝餐盒或器具之規格材質	供應營養素					功能表設計及供應原則
					熱量（大卡）	醣類（公克）	蛋白質（公克）	脂肪（公克）	膳食纖維（公克）	
早餐	火腿燻雞手捲	1	火腿燻雞手捲		291.4	54	5.8	5.8		少牛辣、刺激勿大硬、生食物。
	豆漿	1	豆漿260ml	260c.c.湯杯	75.0	5	7	3		
	市售保久乳	1	保久乳200ml		96.4	11	6.8	2.8	1.4	
午餐	糙米飯	1	糙米60g		210.0	45.0	6.0		0.6	
	烤肉丸	1	絞肉52.5g豆薯10g紅蘿蔔末10g 洋蔥末10g	紙製便當盒	148.0	1.8	10.8	10.5	1.0	
	小瓜雞片	1	小黃瓜40g紅蘿蔔片10g清雞片35g		68.8	2.5	7.5	5.5	2.0	
	豆豉苦瓜	1	苦瓜75g烏豆豉1g		36.8	3.8	0.8	2.0	2.0	
	青菜	1	生重100g		38.5	5.0	1.0	1.5	0.8	
	玉米大骨湯	1	玉米粒17.5g大骨	260c.c.湯杯	17.5	3.8	0.5			
	水果	1			60.0	15.0			1.0	
晚餐	五穀飯	1	五穀米55g		192.5	41.3	5.5		1.3	
	當歸枸杞子蒸魚	1	旗魚70g枸杞子1g當歸1g	紙製便當盒	123.5		14.0	7.5		
	甜豆炒肉片	1	甜豆50g肉片35g		101.0	2.5	7.5	6.5	1.0	
	絲瓜雞茸	1	絲瓜50g雞茸35g		81.0	2.5	7.5	4.5	1.0	
	青菜	1	生重100g		38.5	5.0	1.0	1.5	2.0	
	筍絲湯	1	筍絲25g雞骨頭	260c.c.湯杯	6.3	1.3	0.3		0.5	
	水果	1			60.0	15.0			1.0	
	杏仁牛奶	1	低脂奶粉25g杏仁粉10g		165.0	12.0	8.0	9.0	0.1	
				合計	1810.1	226.3	89.9	60.1	15.7	

糖尿病飲食菜單(9)

餐別	餐盒供應內容	樣式	成品供應標準（食材以生重表示）	包裝餐盒之容器材質或規格材質	供應營養素					功能表設計及供應原則
					熱量(大卡)	醣類(公克)	蛋白質(公克)	脂肪(公克)	膳食纖維(公克)	
早餐	蔬菜蛋餅	1	蛋餅皮1張美生菜50g雞蛋1顆	耐熱紙袋	272.5	32.5	11.5	10.0	1.0	
	芝麻豆漿		豆漿260ml黑芝麻粉10g	390c.c湯杯	120.0	5.0	7.0	8.0		
	市售保久乳	1	保久乳200ml		96.4	11	6.8	2.8		
午餐	燕麥飯	1	燕麥60g		210.0	45.0	6.0		1.4	
	蔥爆雞柳	1	清雞柳70g蔥25g	紙製便當盒	161.3	1.3	14.3	11.0	0.4	
	塔香海苔	1	海苔50g九層塔1g絞肉17.5g		68.0	2.5	4.0	4.5	1.0	
	鮮菇炒山藥	1	山藥52.5g鮮香菇25g		72.3	12.5	1.8	1.5	1.3	
	青菜	1	生重100g		38.5	5.0	1.0	1.5	2.0	少辛辣、刺激、勿太硬、生食物。
	金針湯	1	乾金針3g	260c.c湯杯						
	水果				60.0	15.0			1.0	
晚餐	胚芽飯	1	胚芽米55g		192.5	41.3	5.5		1.3	
	洋蔥番茄燉肉	1	肉角70g洋蔥10g番茄15g	紙製便當盒	169.8	1.3	14.3	11.5	0.5	
	小瓜蝦仁	1	小黃瓜50g蝦仁30g		81.0	2.5	7.5	4.5	1.0	
	燒大頭菜	1	大頭菜75g香菜1g		32.3	3.8	0.8	1.5	1.5	
	青菜	1	生重100g		38.5	5.0	1.0	1.5	2.0	
	白木耳甜湯	1	白木耳2.5g代糖1g	260c.c湯杯						
	水果	1			60.0	15.0			1.0	
	全麥吐司	1	全麥吐司*1片		70.0	15.0	2.0		0.8	
	市售保久乳	1	保久乳200ml		96.4	11	6.8	2.8		
	合計				1839.3	224.5	90.1	61.1	16.2	

糖尿病飲食菜單(10)

餐別	餐盒供應內容	樣式	成品供應標準（食材以生重表示）	包裝餐盒或容器之規格材質	供應營養素 熱量(大卡)	醣類(公克)	蛋白質(公克)	脂肪(公克)	膳食纖維(公克)	功能表設計及供應原則
早餐	荷包蛋	1	荷包蛋1顆		102.0		7.0	8.0		
	大白菜燒豆包	1	大白菜40g紅蘿蔔片10g生豆包30g	紙製便當盒	81.0	2.5	7.5	4.5	1.0	
	青菜	1	生重100g		38.5	5.0	1.0	1.5	2.0	
	燕麥加鈣米稀飯	1	加鈣米40g即溶燕麥片15g		192.5	41.3	5.5		1.0	
	市售保久乳	1	保久乳200ml	520c.c湯杯	96.4	11	6.8	2.8		
午餐	肉粽*1	1	肉粽180g		420.0	54.0	15.0	16.0	1.1	少辛辣、刺激、太硬、生食物。
	滷豆腐	1	四角油腐*1		75.0		7.0	5.0		
	青菜	1	生重100g		38.5	5.0	1.0	1.5	2.0	
	高麗菜乾湯	1	高麗菜乾3g	260c.c湯杯						
	水果	1			60.0	15.0			1.0	
晚餐	紫米飯	1	紫米60g		210.0	45.0	6.0		1.4	
	破布子魚	1	鱈斑魚70g破布子5g		123.5		14.0	7.5		
	四季豆炒肉絲	1	四季豆50g肉絲35g	紙製便當盒	101.0	2.5	7.8	6.5	1.0	
	菇絲彩椒	1	青椒30g紅椒20g黃椒25g生香菇25g		38.5	5.0	1.0	1.5	2.0	
	青菜	1	生重100g		38.5	5.0	1.0	1.5	2.0	
	薑絲瓠瓜湯	1	瓠瓜絲25g薑絲	260c.c湯杯	6.3	1.3	0.3		0.5	
	水果	1			60.0	15.0			1.0	
	五穀粉牛奶	1	低脂奶粉25g玉穀粉10g		155.0	19.5	9.0	4.0	1.0	
	合計				1836.7	227.0	89.8	60.3	16.1	

糖尿病飲食菜單(11)

餐別	餐盒供應內容	樣式	成品供應標準（食材以生重表示）	包裝餐盒或容器之規格材質	供應營養素					功能表設計及供應原則
					熱量（大卡）	醣類（公克）	蛋白質（公克）	脂肪（公克）	膳食纖維（公克）	
早餐	綜合壽司	1	綜合壽司1盒		355.0	58.2	13.0	7.8		
	鮮奶茶		低脂奶粉12.5g紅茶包	260c.c.湯杯	60.0		4.0	2.0		
	茶葉蛋	1	茶葉蛋*1		75.0		7.0	5.0		
	市售保久乳	1	保久乳200ml		96.4	11	6.8	2.8		
午餐	三寶燕麥飯	1	三寶燕麥60g		210.0	45.0	6.0		1.4	
	香菇燉雞	1	雞腿90g乾香菇絲1g	紙製便當盒	123.5		14.0	7.5		
	韭菜炒豆干	1	韭菜50g豆干片32g		99.5	2.5	6.1	7.0	2.0	
	開陽高麗菜	1	高麗菜65g紅蘿蔔絲10g蝦米1g		41.3	3.8	0.8	3.0	1.5	少辛辣、刺激勿太硬、生食物。
	青菜	1	生重100g		52.0	5.0	1.0	3.0	2.0	
	紫菜湯	1	紫菜2.5g蔥花1g	260c.c.湯杯	6.0	1.3	0.3		0.3	
	水果	1			60.0	15.0			1.0	
晚餐	糙米飯	1	糙米50g		175.0	37.5	5.0		1.2	
	咖哩豬肉	1	肉角52.5g胡蘿蔔10g洋蔥10g	紙製便當盒	131.0	1.0	10.7	9.0	0.4	
	豆芽炒雞絲	1	豆芽菜75g雞絲17.5g		73.3	3.8	5.0	3.0	1.5	
	洋菇青花菜	1	青花菜50g洋菇25g		45.8	3.8	0.8	3.0	1.5	
	青菜	1	生重100g		52.0	5.0	1.0	3.0	2.0	
	冬瓜湯	1	冬瓜25g薑絲	260c.c.湯杯	6.3	1.3	0.3		0.5	
	水果	1			60.0	15.0			1.0	
	薏仁牛奶	1	低脂奶粉25g薏仁粉10g		155.0	19.5	9.0	4.0	0.4	
				合計	1876.9	228.5	90.6	60.1	16.8	

糖尿病飲食菜單(12)

餐別	餐盒供應內容	樣式	成品供應標準（食材以生重表示）	包裝餐盒或容器之規格材質	供應營養素					功能表設計及供應原則
					熱量(大卡)	醣類(公克)	蛋白質(公克)	脂肪(公克)	膳食纖維(公克)	
早餐	菠蘿麵包	1	菠蘿麵包60g	透明塑膠袋	294.0	45.0	6.0	10.0		
	茶葉蛋	1	茶葉蛋1個	透明塑膠袋	75.0		7.0	5.0		
	綠豆沙牛奶	1	低脂奶粉25g綠豆仁10g		155.0	19.5	9.0	4.0	0.6	
午餐	五穀飯	1	五穀米60g	紙製便當盒	210.0	45.0	6.0	7.5	1.4	
	香煎金目鱸	1	金目鱸（可食生重）70g		123.5		14.0	5.0		
	小瓜肉片	1	小瓜斜片60g肉片21g		78.0	3.0	4.8	5.0	1.2	
	蒜香白花菜	1	鮮白花菜75g蒜末		36.8	3.8	0.8	2.0	1.5	
	青菜	1	生重100g		43.0	5.0	1.0	2.0	2.0	少辛辣、刺激勿太便、生食物。
	蝦米蘿蔔絲湯	1	蘿蔔絲25g蝦米0.25g	260c.c.湯杯	6.3	1.3	0.3		0.5	
	水果	1			60.0	15.0			1.0	
晚餐	燕麥飯	1	燕麥60g	紙製便當盒	210.0	45.0	6.0		1.4	
	滷雞腿	1	雞腿70g滷包		123.5		14.0	7.5		
	家常豆腐	1	豆腐40g絞肉35g豆瓣醬1g		130.5		10.5	9.5		
	洋菇炒甜豆	1	甜豆50g洋菇片25g		36.8	3.8	0.8	2.0	1.5	
	青菜	1	生重100g		43.0	5.0	1.0	2.0	2.0	
	薑絲大黃瓜湯	1	大黃瓜25g薑絲	260c.c.湯杯	6.3	1.3	0.3		0.5	
	水果	1			60.0	15.0			1.0	
	南瓜牛奶	1	低脂奶粉25g南瓜67.5g		155.0	19.5	9.0	4.0	0.6	
合計					1847	227.0	90.3	60.5	15	

餐別	餐盒供應內容	樣式	成品供應標準（食材以生重表示）	包裝餐盒或容器之規格材質	供應營養素					功能表設計及供應原則
					熱量（大卡）	醣類（公克）	蛋白質（公克）	脂肪（公克）	膳食纖維（公克）	
早餐	香菇麵腸	1	麵腸50g乾香菇絲1g		91.5		10.5	5.5		少辛辣、刺激勿太硬、生食物。
	蔥花蛋	1	雞蛋55g蔥花20g	紙製便當盒	89.0	1.0	7.2	6.0	0.4	
	青菜	1	生重100g		34.0	5.0	1.0	1.0	2.0	
	雜糧粥	1	雜糧米60g	520c.c湯杯	210.0	45.0	6.0		1.4	
	西米露牛奶	1	低脂奶粉25g西谷米10g		155	19.5	9	4		
午餐	胚芽飯	1	胚芽米60g		210.0	45.0	6.0		1.4	
	蒸肉餅	1	絞肉70g紅蘿蔔末10g洋蔥末10g	紙製便當盒	155.0	1.0	14.2	10.0	0.4	
	菜豆炒干片	1	菜豆50g豆干片32g		81.5	2.5	6.1	5.0	1.0	
	甘藍炒木耳	1	結頭菜片65g木耳片10g		27.8	3.8	0.8	1.0	2.0	
	青菜	1	生重100g		34.0	5.0	1.0	1.0	2.0	
	榨菜肉絲湯	1	榨菜12.5g肉絲17.5g	260c.c湯杯	28.1	0.6	3.6	2.5	0.3	
	水果	1			60.0	15.0			1.0	
晚餐	豬肉水餃	1	豬肉水餃11顆（150g）	一體大	336.5	30.2	10.7	19.3	0.9	
	青菜	1	生重100g		34.0	5.0	1.0	1.0	2.0	
	玉米肉末湯	1	玉米粒35g絞肉17.5g	260c.c湯杯	72.5	7.5	4.5	2.5	1.1	
	水果	1			60.0	15.0			1.0	
	小麥胚芽吐司	1	小麥胚芽吐司*1片		70.0	15.0	2.0		0.8	
	市售保久乳	1	保久乳200ml		96.4	11	6.8	2.8		
	合計				1845.2	227.0	90.3	61.6	17.7	

糖尿病飲食菜單(14)

餐別	餐盒供應內容	樣式	成品供應標準（食材以生重重表示）	包裝餐盒或容器之規格材質	供應營養素 熱量(大卡)	醣類(公克)	蛋白質(公克)	脂肪(公克)	膳食纖維(公克)	功能表設計及供應原則
早餐	蔬菜起司吐司	1	全麥吐司2片苜蓿芽20g美生菜20g起司1片沙拉醬5g番茄醬	耐熱紙袋	275.0	49.0	8.4	9.0	2.3	
	低油鹽肉鬆	1	低油鹽肉鬆20g		97.6	1.8	11.8	4.8		
	市售保久乳	1	保久乳200ml		96.4	11	6.8	2.8	1.4	
午餐	紫米飯	1	紫米60g	紙製便當盒	210.0	45.0	6.0			
	煎肉魚	1	肉魚（可食生重）70g		123.5		14.0	7.5		
	咖哩凍豆腐	1	凍豆腐80g豬柔絞肉1.75g咖哩粉		107.3	3.8	5.3	7.8		少辛辣、刺激勿太硬、生食物。
	麻香茄子	1	茄子75g芝麻醬2.5g		41.3	3.8	0.8	2.5	2.0	
	青菜	1	生重100g		47.5	5.0	1.0	2.5	2.0	
	薑絲海芽湯	1	海帶芽1g薑絲	260c.c湯杯						
	水果	1			60.0	15.0			1.0	
晚餐	三寶燕麥飯	1	三寶燕麥60g		210.0	45.0	6.0		1.4	
	照燒雞丁	1	雞腿丁90g		123.5		14.0	7.5		
	雙菇鮮魚	1	豌豆莢30g洋菇20g鴻喜菇25g鮮鯛魚17.5g	紙製便當盒	91.3	3.8	4.3	6.5	1.3	
	薑燒大白菜	1	大白菜100g薑絲		47.5	5.0	1.0	2.5	2.0	
	青菜	1	生重100g		47.5	5.0	1.0	2.5	2.0	
	青木瓜湯	1	青木瓜絲25g	260c.c湯杯	6.3	1.3	0.3		0.5	
	水果	1			60.0	15.0			1.0	
	藕囊牛奶	1	低脂奶粉25g蓮藕粉10g		155.0	19.5	9.0	4.0	0.1	
	合計				1799.5	225.1	89.5	59.9	17.0	

糖尿病飲食菜單(15)

餐別	餐盒供應內容	樣式	成品供應標準（食材以生重表示）	包裝餐盒或容器之規格材質	熱量（大卡）	醣類（公克）	蛋白質（公克）	脂肪（公克）	膳食纖維（公克）	功能表設計及供應原則
早餐	蘿蔔糕	1	蘿蔔糕180g	吐司盒	255.0	45.0	6.0	5.0		少辛辣、刺激勿太硬、生食物。
	荷包蛋*1	1	荷包蛋1顆		120.0		7.0	10.0		
	豆漿		豆漿260ml	390c.c湯杯	75.0	5.0	7.0	3.0		
	市售保久乳	1	保久乳200ml		96.4	11	6.8	2.8	1.4	
午餐	糙米飯	1	糙米60g	紙製便當盒	210.0	45.0	6.0			
	荷葉蒸肉角	1	肉角70g/荷葉		154.5		14.0	10.5	1.2	
	莧菜燒豆包	1	莧菜60g生豆包15g		60.5	3.0	4.5	3.5	1.5	
	菇絲白花	1	鮮白花菜75g乾香菇絲1g		36.8	3.8	0.8	2.0	2.0	
	青菜	1	生重100g		43.0	5.0	1.0	2.0	0.5	
	味噌蔬菜湯	1	高麗菜絲25g味噌5g	260c.c湯杯	6.3	1.3	0.3		1.0	
	水果	1			60.0	15.0			1.4	
晚餐	五穀飯	1	五穀米60g	紙製便當盒	210.0	45.0	6.0			
	破布子蒸魚	1	鱈斑魚（可食生重）70g破布子5g		123.5		14.0	7.5	1.2	
	豌豆莢炒肉片	1	豌豆莢60g肉片28g		93.0	3.0	6.2	6.0	2.0	
	大黃瓜燒粉肝	1	大黃瓜55g蒟蒻粉肝20g		43.0	5.0	1.0	2.0	2.0	
	青菜	1	生重100g		43.0	5.0	1.0	2.0	0.5	
	筍絲湯	1	筍絲25g	260c.c湯杯	6.3	1.3	0.3		1.0	
	水果	1			60.0	15.0			0.2	
	紅豆牛奶	1	低脂奶粉25g紅豆10g		155.0	19.5	9.0	4.0		
				合計	1851.2	227.8	90.8	60.3	16.0	

設計單菜

糖尿病飲食菜單(16)

餐別	餐盒供應內容	樣式	成品供應標準 （食材以生重表示）	包裝餐盒 或容器之 規格材質	供應營養素					功能表設 計及供應 原則
					熱量 (大卡)	醣類 (公克)	蛋白質 (公克)	脂肪 (公克)	膳食 纖維 (公克)	
早餐	蔥花蛋	1	蛋55g蔥花30g	紙製便當盒	96.0	1.5	7.3	6.5	0.6	
	肉末冬瓜	1	冬瓜75g絞肉35g		107.3	3.8	7.8	7.5	1.5	
	青菜	1	生重100g		52.0	5.0	1.0	3.0	2.0	
	糙米稀飯	1	糙米55g	520c.c湯杯	192.5	41.3	5.5		1.3	
	市售保久乳	1	保久乳200ml		96.4	11	6.8	2.8		
午餐	金瓜米粉	1	乾米粉40g南瓜絲35g肉絲35g	紙製便當盒	289.0	33.8	11.5	11.0	0.7	少辛辣、 刺激勿太 硬、生食 物。
	滷油腐	1	紅蘿蔔絲10g蝦米1g 四角油腐（1個）薑絲		75.0	5.0	7.0	5.0	0.4	
	青菜	1	生重100g		52.0	5.0	1.0	3.0	2.0	
	金針湯	1	乾金針3g	260c.c湯杯						
	水果	1			60.0	15.0			1.0	
晚餐	燕麥飯	1	燕麥60g	紙製便當盒	210.0	45.0	6.0		1.4	
	香滷雞腿	1	雞腿90g		123.5		14.0	7.5		
	高麗炒花枝	1	花枝條65g高麗菜片20g		73.5	1.0	7.2	4.5	0.4	
	黃芽炒干絲	1	黃豆芽60g白干絲17.5g		56.0	3.0	4.1	3.0	0.8	
	青菜	1	生重100g		52.0	5.0	1.0	3.0	2.0	
	綠豆湯	1	綠豆10g糖15g	260c.c湯杯	95.0	22.5	1.0		1.4	
	水果	1			60.0	15.0			1.0	
	糙米粉牛奶	1	低脂奶粉25g糙米粉10g		155.0	19.5	9.0	4.0	0.2	
	合計				1845.2	227.3	90.2	60.8	16.7	

糖尿病飲食菜單(17)

餐別	餐盒供應內容	樣式	成品供應標準（食材以生重表示）	包裝餐盒或容器之規格材質	熱量（大卡）	醣類（公克）	蛋白質（公克）	脂肪（公克）	膳食纖維（公克）	功能表設計及供應原則
早餐	嘉義雞肉飯糰	1	嘉義雞肉飯糰*1		141.9	30.0	2.1	1.5		少辛辣、刺激勿太硬、生食物。
	五穀豆漿		豆漿260ml五穀粉10g	紙製便當盒	110.0	12.5	8.0	3.0		
	茶葉蛋	1	茶葉蛋*1		75.0		7.0	5.0		
	麥片牛奶	1	低脂奶粉25g即時燕麥片20g		220.0	27.0	10.0	8.0	1.8	
	胚芽飯	1	胚芽米60g		210.0	45.0	6.0		1.4	
	梅干燒肉	1	肉角70g濕梅干菜5g		164.8	0.3	14.1	11.5	0.1	
	青椒素脆腸炒蝦仁	1	青椒40g素脆腸20g木耳絲5g蝦仁15g	紙製便當盒	57.3	3.3	4.2	3.0	1.3	
午餐	金菇白菜燒豆包	1	大白菜35g金針菇15g紅蘿蔔絲10g生豆包15g		69.5	3.0	4.1	4.5	1.2	
	青菜	1	生重100g		47.5	5.0	1.0	2.5	2.0	
	番茄洋蔥湯	1	大番茄25g洋蔥5g	260c.c湯杯	7.5	1.5	0.3		0.6	
	水果	1			60.0	15.0			1.0	
	紫米飯	1	紫米飯60g		210.0	45.0	6.0		1.4	
	煎鯖魚	1	鯖魚片（可食重量）70g	紙製便當盒	123.5		14.0	7.5		
晚餐	甜豆炒洋菇	1	甜豆70g洋菇片30g		52.0	5.0	1.0	3.0	2.0	
	紅燒桂筍肉末	1	桂筍75g絞肉17.5g		83.3	3.8	4.3	5.5	1.5	
	青菜	1	生重100g		47.5	5.0	1.0	2.5	2.0	
	高麗菜乾湯	1	高麗菜乾3g	260c.c湯杯						
	水果	1			60.0	15.0			1.0	
	市售保久乳	1	保久乳200ml		96.4	11	6.8	2.8		
				合計	1836.1	227.3	89.8	60.3	17.4	

第五章　不同疾病的飲食設計

菜單設計

糖尿病飲食菜單(18)

餐別	餐盒供應內容	樣式	成品供應標準（食材以生重表示）	包裝餐盒之容器或規格材質	供應營養素					功能表設計及供應原則
					熱量(大卡)	醣類(公克)	蛋白質(公克)	脂肪(公克)	膳食纖維(公克)	
早餐	肉絲炒麵	1	油麵180g肉絲35g高麗菜絲30g紅蘿蔔絲10g	一體大	308.5	47.0	13.4	6.5	0.8	
	青菜	1	生重100g		38.5	5.0	1.0	1.5	2.0	
	味噌豆腐湯	1	豆腐40g味噌	390c.c湯杯	37.5		3.5	2.5		
	市售保久乳	1	保久乳200ml		96.4	11	6.8	2.8	1.4	
午餐	三寶燕麥飯	1	三寶燕麥60g	紙製便當盒	210.0	45.0	6.0			少辛辣、刺激勿大、硬、生食物。
	芝香烤雞排	1	雞排90g白芝麻1g		150.0		14.0	10.0		
	米豆醬燒海根	1	海帶根75g米豆醬5g		32.3	5.0	1.0	1.5	2.4	
	泰式青木瓜	1	青木瓜絲30g番茄10g乾花生5g檸檬汁5g泰式辣椒醬3g肉絲10.5g		68.5	2.0	2.5	5.5	0.8	
	青菜	1	生重100g		38.5	5.0	1.0	1.5	2.0	
	枸杞冬瓜湯	1	冬瓜25g枸杞0.25g	260c.c湯杯	6.3	1.3	0.3		0.5	
	水果	1			60.0	15.0			1.0	
晚餐	糙米飯	1	糙米50g	紙製便當盒	175.0	37.5	5.0		1.2	
	京醬肉絲	1	肉絲60g蔥段25g甜麵醬5g		169.8	1.3	14.3	11.5		
	柴魚燒蘿蔔	1	白蘿蔔50g紅蘿蔔25g柴魚片1g		32.3	5.0	1.0	1.5	1.5	
	毛豆黑干丁	1	毛豆25g黑干丁40g		136.0	5.0	10.5	9.5	1.5	
	青菜	1	生重100g		38.5	5.0	1.0	1.5	2.0	
	薑絲紫菜湯	1	紫菜2.5g薑絲	260c.c湯杯	6.3	1.3	0.3		0.5	
	水果	1			60.0	15.0			1.0	
	麵茶牛奶	1	低脂奶粉25g麵茶10g		155.0	19.5	9.0	4.0	0.6	
	合計				1819.2	225.8	90.5	59.8	19.2	

糖尿病飲食菜單(19)

餐別	餐盒供應內容	樣式	成品供應標準（食材以生重表示）	包裝餐盒或容器之規格材質	供應營養素					功能表設計及供應原則
					熱量(大卡)	醣類(公克)	蛋白質(公克)	脂肪(公克)	膳食纖維(公克)	
早餐	滷豆輪	1	豆輪20g		55.0		7.0	3.0		
	低油鹽肉鬆	1	低油鹽肉鬆20g	紙製便當盒	97.6	1.8	11.8	4.8	3.3	
	青菜	1	生重100g		34.0	5.0	1.0	1.0	2.0	
	小米稀飯	1	白米40g/小米20g	520c.c.湯杯	210.0	45.0	6.0		0.7	
	市售保久乳	1	保久乳200ml		96.4	11	6.8	2.8		
午餐	五穀飯	1	五穀米55g		192.5	41.3	5.5		1.3	
	椒鹽剝皮魚	1	剝皮魚（可食生重）70g		155.0		14.0	11.0		少辛辣、刺激勿大便、生食物。
	雙色炒雞片	1	小黃瓜丁40g素腿片15g雞片17.5g	紙製便當盒	54.8	2.8	4.1	3.0	1.1	
	焗烤地瓜	1	地瓜55g起司10g		125.8	17.7	3.8	4.3	2.0	
	青菜	1	生重100g		34.0	5.0	1.0	1.0	2.0	
	香菜蘿蔔湯	1	蘿蔔小丁25g香菜1g	260c.c.湯杯	6.3	1.3	0.3		0.5	
	水果	1			60.0	15.0			1.0	
晚餐	豬肉水餃	1	豬肉水餃11顆(150g)	一體大	336.5	30.2	10.7	19.3	0.9	
	青菜	1	生重100g		34.0	5.0	1.0	1.0	2.0	
	蓮藕肉片湯	1	蓮藕25g肉片35g		92.5	3.8	7.5	5.0	1.4	
	水果	1			60.0	15.0			1.0	
	綠豆沙牛奶	1	低脂奶粉25g綠豆仁20g		190.0	27.0	10.0	4.0	0.2	
				合計	1834	226.6	90.3	60.1	19	

菜單設計

糖尿病飲食菜單(20)

餐別	餐盒供應內容	樣式	成品供應應標準（食材以生重表示）	包裝餐盒或容器之規格材質	供應營養素					功能表設計及供應原則
					熱量(大卡)	醣類(公克)	蛋白質(公克)	脂肪(公克)	膳食纖維(公克)	
早餐	蛋皮肉鬆手捲	1	蛋皮肉鬆手捲*1	紙製便當盒	295.0	45.0	13.0	7.0		少辛辣、刺激勿大硬、生食物。
	薏仁漿	1	薏仁粉20g糖5g		90.0	20.0	2.0		0.5	
	市售保久乳	1	保久乳200ml		96.4	11	6.8	2.8		
午餐	燕麥飯	1	燕麥60g	紙製便當盒	210.0	45.0	6.0		1.4	
	蔥燒雞	1	雞排90g蔥段3g		137.0		14.0	9.0		
	豆芽炒肉絲	1	豆芽菜50g木耳絲10g肉絲17.5g		66.0	3.0	4.1	5.0	1.2	
	青椒素雞片	1	青椒片50g素雞片17.5g		63.5	2.5	4.0	4.0	1.0	
	青菜	1	生重100g		38.5	5.0	1.0	1.5	2.0	
	大黃瓜湯	1	大黃瓜25g大骨	260c.c.湯杯	6.3	1.3	0.3		0.5	
	水果	1			60.0	15.0			1.0	
晚餐	胚芽飯	1	胚芽米50g	紙製便當盒	175.0	37.5	5.0		1.2	
	腐乳豬柳	1	豬柳70g洋蔥絲20g腐乳1.5g		182.0	1.0	14.2	13.0	0.4	
	蘆筍炒蝦仁	1	蘆筍50g蝦仁30g		81.0	2.5	7.5	5.5	1.0	
	醋拌海芽	1	濕海芽75g白芝麻1g醋		41.3	5.0	1.0	2.5	3.0	
	青菜	1	生重100g		47.5	5.0	1.0	2.5	2.0	
	榨菜肉絲湯	1	榨菜12.5g肉絲8.75g	260c.c.湯杯	21.9	0.6	1.9	1.3	0.3	
	水果	1			60.0	15.0			1.0	
	芝麻牛奶	1	低脂奶粉25g黑芝麻粉4.5g		142.5	12.0	8.0	6.5	0.7	
				合計	1814	226	90	60.6	17	

糖尿病飲食菜單(2)

餐別	餐盒供應內容	樣式	成品供應標準 (食材以生重表示)	包裝餐盒 或容器之 規格材質	熱量 (大卡)	醣類 (公克)	蛋白質 (公克)	脂肪 (公克)	膳食纖維 (公克)	功能表設計及供應原則
早餐	起司蛋吐司	1	全麥吐司50g/小黃瓜絲20g紅蘿蔔絲10g/荷包蛋1顆低脂起司1片/沙拉醬10g	紙製便當盒	401.1	36.5	15.9	17.3	2.2	少辛辣、刺激勿太硬、生食物。
	五穀豆漿	1	五穀粉20g豆漿208ml	390c.c湯杯	97.5	15.0	7.6	2.4		
	市售保久乳	1	保久乳200ml		96.4	11	6.8	2.8		
午餐	紫米飯	1	紫米60g		210.0	45.0	6.0		1.4	
	冬菜燒魚丁	1	旗魚70g冬菜3g	紙製便當盒	123.5		14.0	7.5		
	樹子炒龍鬚	1	龍鬚菜75g樹子1g		45.8	3.8	0.8	3.0	1.5	
	滷筍乾	1	筍乾75g		45.8	3.8	0.8	3.0	1.5	
	青菜	1	生重100g		52.0	5.0	1.0	3.0	2.0	
	番茄海芽湯	1	番茄25g乾海帶芽1g	260c.c湯杯	6.3	1.3	0.3		0.5	
	水果	1			60.0	15.0			1.0	
晚餐	三寶燕麥飯	1	三寶燕麥60g		210.0	45.0	6.0		1.4	
	三杯雞丁	1	雞腿丁90g九層塔1g薑片1g	紙製便當盒	123.5		14.0	7.5		
	蒼蠅頭	1	韭菜花(末)50g絞肉35g烏豆豉1g		101.0	2.5	8.0	6.5	1.3	
	醋拌蓮藕	1	蓮藕片75g白芝麻1g醋		79.5	11.3	1.5	3.0	2.0	
	青菜	1	生重100g		43.0	5.0	1.0	2.0	2.0	
	青木瓜湯	1	青木瓜25g大骨	260c.c湯杯	6.3	1.3	0.3		0.5	
	水果	1			60.0	15.0			1.0	
	市售保久乳	1	保久乳200ml		96.4	11	6.8	2.8		
				合計	1857.9	227.3	90.6	60.8	18.4	

糖尿病飲食菜單(22)

餐別	餐盒供應內容	樣式	成品供應標準（食材以生重表示）	包裝餐盒或容器之規格材質	供應營養素					功能表設計及供應原則
					熱量（大卡）	醣類（公克）	蛋白質（公克）	脂肪（公克）	膳食纖維（公克）	
早餐	蘿蔔肉燥	1	白蘿蔔肉丁50g絞肉35g	紙製便當盒	132.5	2.5	8.0	10.0	1.0	少辛辣、刺激勿大、硬、生食物。
	草菇燜烤麩	1	草菇20g烤麩40g		73.5	1.0	7.2	4.5	0.4	
	青菜	1	生重100g		43.0	5.0	1.0	2.0	2.0	
	地瓜粥	1	白米40g地瓜55g	520c.c湯杯	210.0	45.0	6.0		0.7	
	市售保久乳	1	保久乳200ml		96.4	11	6.8	2.8		
午餐	肉燥蔥麵	1	蔥麵75g絞肉35g豆干40g豆芽菜50g韭菜10g紅蘿蔔絲10g	850c.c碗	402.0	48.5	22.2	13.0	2.6	
	滷蛋	1	滷蛋*1		75.0		7.0	3.0		
	青菜	1	生重100g		43.0	5.0	1.0	2.0	2.0	
	筍絲湯	1	筍絲25g雞骨頭	260c.c湯杯	6.3	1.3	0.3		0.5	
	水果	1			60.0	15.0			1.0	
午餐	糙米飯	1	糙米50g	紙製便當盒	175.0	37.5	5.0		1.2	
	照燒豬排	1	去骨肉排52.5g		126.0		10.5	9.0		
	玉筍炒長豆	1	長豆55g玉筍斜片20g蒜末		36.8	3.8	1.5	2.0	1.5	
	枸杞美生菜	1	美生菜75g枸杞1g		36.8	3.8	1.5	2.0	1.5	
	青菜	1	生重100g		43.0	5.0	1.0	2.0	2.0	
	金針湯	1	乾金針3g	260c.c湯杯						
	水果	1			60.0	15.0			1.0	
	藕羹牛奶	1	低脂奶粉25g蓮藕粉20g		190.0	27.0	10.0	8.0	0.1	
				合計	1809	226	89	60	17	

糖尿病飲食菜單(23)

餐別	餐盒供應內容	樣式	成品供應標準（食材以生重表示）	包裝餐盒之容器材質或規格材質	熱量（大卡）	醣類（公克）	蛋白質（公克）	脂肪（公克）	膳食纖維（公克）	功能表設計及供應原則
早餐	低油鹽肉鬆	1	低油鹽肉鬆20g	紙製便當盒	97.6	1.8	11.8	4.8		少辛辣、刺激勿大硬、生食物。
	豆瓣豆腐	1	豆腐80g豆瓣醬	260c.c.湯杯	88.5	5.0	7.0	6.5		
	青菜	1	生重100g		47.5	5.0	1.0	2.5	2.0	
	小米稀飯	1	白米40g/小米20g		210.0	45.0	6.0		1.4	
	市售保久乳	1	保久乳200ml		96.4	11	6.8	2.8		
午餐	五穀飯	1	五穀米60g		210.0	45.0	6.0		1.4	
	清蒸鱈魚	1	鱈魚（可食生重）52.5g薑絲2.5g	紙製便當盒	180.0		10.5	15.0		
	海苷炒肉絲	1	海苷50g肉絲17.5g		72.5	2.5	4.0	5.0	1.5	
	炒茭白筍	1	茭白筍70g紅蘿蔔片5g		36.8	3.8	1.5	2.0	1.5	
	青菜	1	生重100g		47.5	5.0	1.0	2.5	2.0	
	薑絲苦瓜湯	1	苦瓜25g薑絲	260c.c.湯杯	6.3	1.3	0.3		0.5	
	水果	1			60.0	15.0			1.0	
晚餐	燕麥飯	1	燕麥55g		192.5	41.3	5.5		1.3	
	紫蘇梅燒雞	1	雞腿丁90g紫蘇梅7.5g		130.9	1.9	14.0	7.5	0.2	
	彩椒干片	1	紅椒片25g黃椒片25g黑干片20g	紙製便當盒	58.0	2.5	4.0	5.0	1.0	
	吻魚莧菜	1	莧菜75g吻魚1g薑絲		36.8	3.8	1.5	2.0	1.5	
	青菜	1	生重100g		47.5	5.0	1.0	2.5	2.0	
	高麗菜乾湯	1	高麗菜乾3g	260c.c.湯杯						
	水果	1			60.0	15.0			1.0	
	麵茶牛奶	1	低脂奶粉25g麵茶10g		155.0	19.5	9.0	4.0	0.6	
			合計		1834	224	91	62	19	

糖尿病飲食菜單(24)

餐別	餐盒供應內容	樣式	成品供應標準（食材以生重表示）	包裝餐盒或容器之規格材質	供應營養素					功能表設計及供應原則
					熱量(大卡)	醣類(公克)	蛋白質(公克)	脂肪(公克)	膳食纖維(公克)	
早餐	菜包	1	市售素菜包1個	紙製便當盒	205.4	38.6	7.8	2.2	1.0	少辛辣、刺激勿太硬、生食物。
	青菜	1	生重100g		47.5	5.0	1.0	2.5	2.0	
	茶葉蛋	1	茶葉蛋*1		75.0		7.0	5.0		
	市售保久乳	1	保久乳200ml		96.4	11	6.8	2.8	1.4	
午餐	胚芽飯	1	胚芽米60g	紙製便當盒	210.0	45.0	6.0			
	蒜泥白肉	1	瘦後腿肉70g蒜泥5g		132.5		14.0	8.5		
	芹香干絲	1	芹菜40g白干絲35g		96.5	2.0	7.4	6.5	1.0	
	黑白雙耳	1	濕白木耳35g黑木耳45g		41.3	3.8	0.8	2.5	2.0	
	青菜	1	生重100g		47.5	5.0	1.0	2.5	2.0	
	枸杞瓠瓜湯	1	瓠瓜絲30g枸杞1g	260c.c湯杯	6.3	1.3	0.3		0.5	
	水果	1			60.0	15.0			1.0	
晚餐	紫米飯	1	紫米60g	紙製便當盒	210.0	45.0	6.0		1.4	
	迷迭香烤鱈斑魚	1	鱈斑魚70g迷迭香		155.0		14.0	11.0		
	朴菜燒苦瓜	1	苦瓜70g梅干菜5g		41.3	3.8	0.8	2.5	2.0	
	龍鬚菜炒牛肉絲	1	龍鬚菜45g牛肉絲35g		108.8	2.3	7.5	7.5	0.9	
	青菜	1	生重100g		47.5	5.0	1.0	2.5	2.0	
	薑絲紫菜湯	1	紫菜2.5g薑絲	260c.c湯杯	6.3	1.3	0.3		0.5	
	水果	1			60.0	15.0			1.0	
	薏仁牛奶	1	薏仁粉20g低脂奶粉25g		190.0	27.0	10.0	4.0	1.0	
合計					1837.1	225.9	91.5	60.0	18.8	

糖尿病飲食菜單(25)

餐別	餐盒供應內容	樣式	成品供應標準（食材以生重表示）	包裝餐盒之容器或規格材質	熱量（大卡）	醣類（公克）	蛋白質（公克）	脂肪（公克）	膳食纖維（公克）	功能表設計及供應原則
早餐	紅人炒蛋	1	紅蘿蔔絲30g雞蛋65g		96.0	1.5	7.3	6.5	0.6	
	珍菇炒肉片	1	袖珍菇40g肉片35g	紙製便當盒	98.5	2.0	7.4	8.5	0.8	
	青菜	1	生重100g		47.5	5.0	1.0	2.5	2.0	
	糙米稀飯	1	糙米60g	520c.c湯杯	210.0	45.0	6.0		1.4	
	市售保久乳	1	保久乳200ml		96.4	11	6.8	2.8		
午餐	三寶燕麥飯	1	三寶燕麥60g		210.0	45.0	6.0		1.4	少辛辣、刺激勿太硬、生食物。
	炙然烤雞排	1	雞排90g炙然粉1g	紙製便當盒	150.0		14.0	10.0		
	米豆醬燒冬瓜	1	冬瓜塊75g米豆醬5g		41.3	3.8	0.8	2.5	1.5	
	洋芹炒麵腸	1	麵腸片40g洋芹片40g		78.5	2.0	7.4	4.5	0.8	
	青菜	1	生重100g		47.5	5.0	1.0	2.5	2.0	
	金針湯	1	乾金針3g	260c.c湯杯	6.0	1.3	0.3			
	水果	1			60.0	15.0			1.0	
晚餐	蝦仁炒飯	1	白米飯150g毛豆仁25g蝦仁30g絞肉24.5g紅蘿蔔小丁10g	紙製便當盒	410.0	50.0	21.5	14.5	2.0	
	青菜	1	生重100g		47.5	5.0	1.0	2.5	2.0	
	薑絲羅蔔絲湯	1	羅蔔絲25g薑絲	260c.c湯杯	6.3	1.3	0.3		0.5	
	水果	1			60.0	15.0			1.0	
	糙米粉牛奶	1	低脂奶粉25g糙米粉10g		155.0	19.5	9.0	4.0	0.1	
合計					1820	227	90	61	17	

糖尿病飲食菜單(26)

餐別	餐盒供應內容	樣式	成品供應標準（食材以生重表示）	包裝餐盒或容器之規格材質	供應營養素					功能表設計及供應原則
					熱量（大卡）	醣類（公克）	蛋白質（公克）	脂肪（公克）	膳食纖維（公克）	
早餐	里肌蛋漢堡	1	漢堡75g里肌肉片35g荷包蛋1顆大番茄20g小黃瓜10g洋蔥10g沙拉醬5g	耐熱紙袋	415.0	57.0	20.4	15.0	1.1	少辛辣、刺激勿太硬、生食物。
	市售保久乳	1	保久乳200ml		96.4	11	6.8	2.8		
午餐	糖米飯	1	糙米飯50g	紙製便當盒	175.0	37.5	5.0		1.2	
	紅燒肉角	1	肉角70g滷包八角		163.5	2.0	14.0	15.0	0.8	
	洋蔥炒素肚	1	洋蔥40g素肚條40g		78.5	2.0	7.4	4.5	2.0	
	清炒小豆苗	1	小豆苗75g		32.3	5.0	1.0	1.5	2.0	
	青菜	1	生重100g		38.5	5.0	1.0	1.5	0.5	
	薑絲大黃瓜湯	1	大黃瓜25g薑絲	260c.c湯杯	6.3	1.3	0.3			
	水果	1			60.0	15.0			1.0	
晚餐	五穀飯	1	五穀米50g	紙製便當盒	175.0	37.5	5.0		1.2	
	塔香中卷	1	中卷85g九層塔1g薑片1g		114.0		10.5	8.0		
	瓠瓜炒肉絲	1	瓠瓜絲50g肉絲35g		101.0	2.5	7.5	6.5	1.0	
	薑絲皇宮菜	1	皇宮菜75g薑絲		41.3	5.0	1.0	2.5	2.0	
	青菜	1	生重100g		38.5	5.0	1.0	1.5	2.0	
	榨菜肉絲湯	1	榨菜12.5g肉絲8.75g	260c.c湯杯	21.9	0.6	1.9	1.3	0.3	
	水果	1			60.0	15.0			1.0	
	AB優酪乳	1	AB優酪乳200ml		127.2	24.4	7.4	0.0		
				合計	1744	224	90	60	16	

餐別	餐盒供應內容	樣式	成品供應標準（食材以生重表示）	包裝餐盒或容器之規格材質	供應營養素					功能表設計及供應原則
					熱量（大卡）	醣類（公克）	蛋白質（公克）	脂肪（公克）	膳食纖維（公克）	
早餐	肉燥米粉	1	乾米粉60g絞肉35g高麗菜絲15g紅蘿蔔絲5g乾香菇絲1g蝦米1g紅蔥頭1g滷蛋半顆	一體大	372.5	46.0	16.7	12.5	0.4	少辛辣、刺激勿太硬、生食物。
	青菜	1	生重100g		47.5	5.0	1.0	2.5	2.0	
	番茄味噌湯	1	番茄30g洋蔥絲10g味噌	520c.c湯杯	10.0	2.0	0.4		0.8	
	市售保久乳	1	保久乳200ml		96.4	11	6.8	2.8		
午餐	燕麥飯	1	燕麥60g	紙製便當盒	210.0	45.0	6.0		1.4	
	瓜仔雞	1	雞腿丁90g花瓜條5g		124.8	0.3	14.1	7.5	0.1	
	高麗炒魷耳條	1	高麗菜50g魷耳條27.5g		53.5	2.5	4.0	3.0	1.0	
	木須金菇	1	木耳絲45g金針菇30g		41.3	3.8	0.8	2.5	2.0	
	青菜	1	生重100g		47.5	5.0	1.0	2.5	2.0	
	薑絲海芽湯	1	海帶芽1g薑絲	260c.c湯杯	60.0	15.0	1.0		1.0	
	水果	1								
晚餐	胚芽飯	1	胚芽米60g	紙製便當盒	210.0	45.0	6.0		1.4	
	紅燒肉	1	肉角70g		163.5	1.3	14.0	11.5		
	絲瓜炒蛋	1	絲瓜25g雞蛋65g		26.8	3.8	7.3	6.5	0.5	
	蒜香四季豆	1	四季豆75g蒜末		41.3	3.8	0.8	2.5	2.0	
	青菜	1	生重100g		47.5	5.0	1.0	2.5	2.0	
	時蔬湯	1	大白菜絲25g紅蘿蔔絲5g	260c.c湯杯	7.5	1.5	0.3		0.6	
	水果	1			60.0	15.0			1.0	
	紅豆牛奶	1	低脂奶粉25g紅豆10g		155.0	19.5	9.0	4.0	1.2	
				合計	1774.9	226.5	89.0	60.3	19.5	

糖尿病飲食菜單(28)

餐別	餐盒供應內容	樣式	成品供應標準（食材以生重表示）	包裝餐盒或容器之規格材質	供應營養素					功能表設計及供應原則
					熱量（大卡）	醣類（公克）	蛋白質（公克）	脂肪（公克）	膳食纖維（公克）	
早餐	全麥饅頭夾蛋	1	全麥饅頭60g	紙製便當盒	210.0	45.0	6.0		2.7	
	荷包蛋	1	荷包蛋1顆		97.5	1.0	7.0	7.5		
	美生菜	1	美生菜20g		5.0	1.0	0.2		0.4	
	豆漿	1	豆漿260ml	260c.c湯杯	75.0	5.0	7.0	3.0		
	市售保久乳									
	保久乳	1	保久乳200ml		96.4	11	6.8	2.8	1.3	
午餐	牛肉麵	1	拉麵180g牛肉角70g番茄25g洋蔥25g	850c.c湯碗	395.0	47.5	20.5	12.5		少辛辣、刺激勿太硬、生食物。
	滷豆干海帶	1	豆干40g濕海帶50g	一體小	105.5	2.5	7.5	7.0	2.8	
	青菜	1	生重100g		43.0	5.0	1.0	2.0	2.0	
	水果	1			60.0	15.0			1.0	
晚餐	紫米飯	1	紫米55g（可食重）	紙製便當盒	192.5	41.3	5.5		1.3	
	鹽烤秋刀魚	1	秋刀魚（可食重）52.5g		180.0		10.5	15.0		
	韓式黃芽絲	1	黃豆芽70g紅蘿蔔絲5g韓式辣椒醬5g		41.3	3.8	0.8	2.5	2.0	
	咖哩洋芋雞茸	1	馬鈴薯中丁50g雞茸17.5g咖哩粉		76.0	7.5	4.5	3.0		
	青菜	1	生重100g		47.5	5.0	1.0	2.5	2.0	
	冬瓜蛤蜊湯	1	冬瓜25g蛤蜊10g	260c.c湯杯	15.4	1.3	1.4	0.5	0.5	
	水果	1			60.0	15.0			1.0	
	麵茶牛奶	1	低脂奶粉25g麵茶10g		155.0	19.5	9.0	4.0	0.6	
				合計	1855	225	89	62	18	

第四節　洗腎飲食

長期血液透析病人的營養照顧，控制電解質平衡，降低骨骼病變。其飲食設計原則如下：

一、攝取足夠熱量

年齡小於60歲患者每日每公斤熱量30-35大卡，年齡大於60歲者每日每公斤熱量30大卡，體重過重（大於115%理想體重）或過輕（小於95%理想體重），其體重以調整後的體重重新計算〔調整體重＝乾重＋（理想體重－乾重）*25%〕

二、蛋白質

每日蛋白質至少為每日每公斤體重1.2公克，其中50-60%來自高生理價值的食物

三、禁食鉀、磷、鈉含量高的食物.

(一)鉀，每日攝取鉀離子約75-100毫克（小於40-60毫克約1500～2300毫克）

　　鉀量高的食物如人蔘精、雞精、牛肉精、肉湯、香蕉、柿子、釋迦、楊桃、奇異果、香瓜、木瓜（葡萄算中等）、水果乾、空心菜、波菜、莧菜、紅鳳菜、苜蓿芽、地瓜葉、南瓜、芹菜、竹筍、洋菇。

(二)磷，每日磷攝取量約10-17毫克

　　磷含量高的食物如巧克力、可樂、汽水、全穀類（如糙米、胚芽米）、酵母粉、一般奶類（含濃縮奶及養樂多等發酵乳）、堅果類、香腸、火腿。

(三)鈉，每日建議攝取量不超過6毫克

鈉含量高如鹽、味精、蘇打、醃製的蔬菜、豆腐乳、醬油、麵線、沙茶醬、辣椒醬、番茄醬、豆豉、味增、雞精、牛肉精、海苔醬、速食麵的調味包。

洗腎飲食設計範例

舉例：小於60或體重60公斤者

1. 熱量：35大卡×60＝2100大卡
2. 蛋白質：1.2公克×60＝72公克，其中50～60%來自肉、魚、豆、蛋類
3. 脂肪：2100大卡×28%÷9＝65公克
4. 醣類：（2100－65×9－72×4）÷4＝307公克

食物	份數	蛋白質（公克）	脂肪（公克）	醣（公克）
牛奶	1	8	8	12
肉、魚、豆、蛋	4	28	20	+
五穀根莖類	16	32	+	240
蔬菜	3	3	+	15
水果	2	+	+	30
油脂	7	0	35	0
總合		71	63	297

四、三餐及點心的分配

食物	份量	早餐	中餐	晚餐	點心
牛奶	1X	1X			
肉、魚、豆、蛋	4X	1X	1.5X	1.5X	
五穀根莖類	16X	4X	5X	5X	2X
蔬菜	3X	1X	1X	1X	
水果	2X	1X			1X
油脂	7X	2X	2.5X	2.5X	

洗腎飲食菜單(1)

餐別	餐盒供應內容	樣式	成品供應標準（食材以生重表示）	包裝餐盒之或餐器具規格材質	熱量（大卡）	醣類（公克）	蛋白質（公克）	脂肪（公克）	膳食纖維（公克）	功能表設計及供應原則
早餐	魚鬆	1	魚鬆25g		117.0	11.0	7.1	5.1		
	柴魚秋葵	1	秋葵75g柴魚片1g	紙製便當盒	45.8	3.8	0.8	3.0	1.5	
	青菜	1	生重100g		56.5	5.0	1.0	3.5	2.0	
	地瓜稀飯	1	白米40g地瓜110g	520c.c湯杯	280.0	60.0	8.0		2.6	
	市售保久乳	1	保久乳200ml		96.4	11	6.8	2.8		
	水果	1			60.0	15.0			1.0	
午餐	糙米飯	1	糙米75g		262.5	56.3	7.5		1.8	少辛辣、刺激勿太硬、生食物。
	紅糟肉	1	後腿肉35g地瓜粉5g紅糟5g		242.5	3.8	7.5	15.0		
	三色雞丁	1	玉米粒35g豌豆仁22.5g雞胸丁17.5g紅蘿蔔小丁5g	紙製便當盒	124.5	15.0	5.5	5.0	3.0	
	蝦皮蘿蔔絲	1	白蘿蔔90g紅蘿蔔絲10g蝦皮1g		56.5	5.0	1.0	3.5	2.0	
	青菜	1	生重100g		56.5	5.0	1.0	3.5	2.0	
	竹筍絲湯	1	筍絲25g雞骨頭	260c.c湯杯	6.3	3.8	0.3		1.1	
晚餐	五穀飯	1	五穀米70g		245.0	52.5	7.0		1.7	
	味噌燒魚	1	白北魚52.5g味噌5g	紙製便當盒	127.5		10.5	9.5		
	綠蘆筍炒肉絲	1	綠蘆筍75g肉絲17.5g		83.3	3.8	4.3	6.0	1.2	
	炒三菇	1	生香菇35g洋菇35g柳松菇30g		56.5	5.0	1.0	3.5	2.0	
	青菜	1	生重100g		56.5	5.0	1.0	3.5	2.0	
	枸杞瓠瓜湯	1	瓠瓜絲25g枸杞1g	260c.c湯杯	6.3	1.3	0.3		0.5	
	水果	1			60.0	15.0			1.0	
	白吐司	1	白吐司2片		140	30	4			
合計					2179.4	307.0	74.4	63.9	25.4	

洗腎飲食菜單(2)

餐別	餐盒供應內容	樣式	成品供應標準（食材以生重表示）	包裝餐盒或容器之規格材質	熱量（大卡）	醣類（公克）	蛋白質（公克）	脂肪（公克）	膳食纖維（公克）	功能表設計及供應原則
早餐	鐵板烤肉飯糰		鐵板烤肉飯糰*1		222.8	30	3.3	5	0.1	
	凝態活性發酵乳		凝態活性發酵乳*1		178.0	29.2	6.2	4.2		
	市售保久乳	1	保久乳200ml		96.4	11	6.8	2.8		
	水果	1			60.0	15.0			1.0	
	燕麥飯	1	燕麥100g		350.0	75.0	10.0		2.4	
午餐	白斬雞	1	光雞（帶骨1ex45g）67.5g	紙製便當盒	127.5	0.0	10.5	9.5		少辛辣、刺激勿太硬、生食物。
	番茄豆腐	1	豆腐40g番茄50g		86.0	2.5	4.0	6.5	1.2	
	拌海帶絲	1	海帶絲75g嫩薑絲1g		63.8	3.8	0.8	5.0	2.3	
	青菜	1	生重100g		65.5	5.0	1.0	4.5	2.0	
	梅干苦瓜湯	1	苦瓜25g梅干菜1g	260c.c湯杯	6.3	1.3	0.3		0.5	
	胚芽飯	1	胚芽米85g		297.5	63.8	8.5		2.0	
	滷肉角	1	肉角52.5g滷包		157.5	63.8	10.5	12.5		
晚餐	彩椒魚片	1	青椒45g紅椒15g黃椒15g魚肉17.5g	紙製便當盒	82.3	3.8	4.3	5.5	1.5	
	紅燒牛蒡山藥	1	山藥35g牛蒡40g胡蘿蔔5g		92.5	12.5	2.0	5.0	1.0	
	青菜	1	生重100g		65.5	5.0	1.0	4.5	2.0	
	高麗菜乾湯	1	高麗菜乾3g	260c.c湯杯						
	水果	1			60.0	15.0			1.0	
	麥片粥	1	即時燕麥片40g糖5g		160.0	35.0	4.0		3.6	
				合計	2171.5	307.7	73.1	65.0	20.6	

洗腎飲食菜單(3)

餐別	餐盒供應內容	樣式	成品供應標準（食材以生重表示）	包裝餐盒或容器之規格材質	熱量(大卡)	醣類(公克)	蛋白質(公克)	脂肪(公克)	膳食纖維(公克)	功能表設計及供應原則
早餐	鮪魚三明治	1	全麥吐司50g小黃瓜絲20g紅蘿蔔絲5g鮪魚(罐頭)30g沙拉醬5g	吐司盒	266.3	36.3	11.3	8.0	2.1	少辛辣、刺激勿太硬、生食物。
	豆漿	1	豆漿260ml		75.0	5.0	7.0	3.0		
	市售保久乳	1	保久乳200ml		96.4	11	6.8	2.8		
	水果	1			60.0	15.0			1.0	
午餐	紫米飯	1	紫米85g	紙製便當盒	297.5	63.8	8.5		2.0	
	烤秋刀魚	1	秋刀魚(可食生重)52.5g		180.0		10.5	15.0		
	粉蒸芋頭	1	芋頭82.5g蒸肉粉5g		167.4	26.2	3.5	5.1	1.9	
	清炒茭白筍	1	茭白筍90g紅蘿蔔絲10g		65.5	5.0	1.0	4.5	2.0	
	青菜	1	生重100g		61.0	5.0	1.0	4.0	2.0	
	金針湯	1	乾金針3g	260c.c湯杯						
晚餐	三寶燕麥飯	1	三寶燕麥85g	紙製便當盒	297.5	63.8	8.5		2.0	
	三杯雞	1	雞腿丁67.5g九層塔1g薑片1g		127.5		10.5	9.5		
	紅棗高麗	1	高麗菜100g紅棗3g		65.5	5.0	1.0	4.5	2.0	
	木須瓠瓜絲	1	瓠瓜絲90g木耳絲10g		65.5	5.0	1.0	4.5	1.6	
	青菜	1	生重100g		61.0	5.0	1.0	4.0	2.0	
	薑絲紫菜湯	1	紫菜2.5g薑絲	260c.c湯杯	6.3	1.3	0.3		0.5	
	水果	1			60.0	15.0			1.0	
	西米露藕羹	1	西谷米20g蓮藕粉20g糖15g		200.0	45.0			1.0	
				合計	2152.3	307.2	71.8	64.9	20.2	

洗腎飲食菜單(4)

餐別	餐盒供應內容	樣式	成品供應標準（食材以生重表示）	包裝餐盒或容器之規格材質	供應營養素					功能表設計及供應原則
					熱量（大卡）	醣類（公克）	蛋白質（公克）	脂肪（公克）	膳食纖維（公克）	
早餐	芝麻涼拌皮蛋	1	白芝麻1g皮蛋1個	紙製便當盒	75.0		7.0	5.0		
	黃瓜木耳	1	大黃瓜90g木耳10g		61.0	5.0	1.0	4.0	2.0	
	青菜	1	生重100g		61.0	5.0	1.0	4.0	2.0	
	小米粥	1	白米40g小米40g	520c.c湯杯	280.0	60.0	8.0		1.9	
	市售保久乳	1	保久乳200ml		96.4	11	6.8	2.8		
	水果	1			60.0	15.0			1.0	
午餐	客家粄條	1	粄條160g絞肉35g豆干丁20g豆芽菜30g韭菜10g紅蘿蔔絲10g蝦米1g	紙製便當盒	459.5	73.6	11.9	13.8	1.0	少辛辣、刺激勿太硬、生食物。
	青菜	1	生重100g		61.0	5.0	1.0	4.0	2.0	
	四神肉片湯	1	乾四神料5g肉片8.75g	260c.c湯杯	45.3	3.8	2.3	3.3	0.3	
	糙米飯	1	糙米80g		280.0	60.0	8.0		1.9	
晚餐	日式炸豬排	1	豬肉排70g麵包粉5g	紙製便當盒	204.6	3.9	14.7	14.1	0.1	
	魚香茄子	1	茄子75g絞肉17.5g		92.3	3.8	4.3	6.5	1.5	
	薑絲紅鳳菜	1	紅鳳菜100g薑絲		61.0	5.0	1.0	4.0	2.0	
	青菜	1	生重100g		61.0	5.0	1.0	4.0	2.0	
	冬瓜蛤蜊湯	1	冬瓜25g蛤蜊10g	260c.c湯杯	15.4	1.3	1.4	0.5	0.5	
	水果	1			60.0	15.0			1.0	
	綠豆糙米漿	1	綠豆20g糙米粉20g糖5g		160.0	35.0	4.0	0.5	1.2	
				合計	2133.4	307.2	73.3	65.9	20.4	

洗腎飲食菜單(5)

餐別	餐盒供應內容	樣式	成品供應標準（食材以生重表示）	包裝餐盒或容器之規格材質	供應營養素					功能表設計及供應原則
					熱量(大卡)	醣類(公克)	蛋白質(公克)	脂肪(公克)	膳食纖維(公克)	
早餐	湯種紅豆麵包	1	湯種紅豆麵包		237.2	45.3	6.8	3.2		
	茶葉蛋	1	茶葉蛋*1		75.0		7	5		
	胚芽牛奶	1	低脂奶粉25g/小麥胚芽粉40g		260.0	42	12	4		
	水果	1			60.0	15.0			1.0	
午餐	五穀飯	1	五穀米80g		280.0	60.0	8.0		1.9	
	香煎鮭魚	1	鮭魚（可食生重）52.5g		157.5		10.5	12.5		
	黃瓜炒丸片	1	大黃瓜片80g紅蘿蔔片10g貢丸片10g	紙製便當盒	97.5	4.5	2.7	7.5	1.8	少辛辣、刺激勿太硬、生食物。
	滷筍絲	1	筍絲75g		63.8	3.8	0.8	5.0	1.5	
	青菜	1	生重100g		70.0	5.0	1.0	5.0	2.0	
	香菜蘿蔔湯	1	白蘿蔔小丁25g香菜1g	260c.c湯杯	6.3	1.3	0.3		0.5	
晚餐	燕麥飯	1	燕麥80g		280.0	60.0	8.0		1.9	
	麻油雞	1	雞腿丁67.5g薑5g麻油5g	紙製便當盒	127.5		10.5	9.5		
	雙花炒肉片	1	青花菜25g花椰菜50g		63.8	3.8	0.8	5.0	1.5	
	枸杞皇宮菜	1	皇宮菜75g		59.3	3.8	0.8	4.5	1.5	
	青菜	1	生重100g		61.0	5.0	1.0	4.0	2.0	
	時蔬湯	1	高麗菜絲25g	260c.c湯杯	6.3	1.3	0.3		0.5	
	水果	1			60.0	15.0			1.0	
	紅豆芋圓湯	1	紅豆15g芋圓30g糖15g		182.5	41.3	1.5		1.8	
			合計		2147.5	306.8	71.7	65.2	19.0	

課程設計

洗腎飲食菜單(6)

餐別	餐盒供應內容	樣式	成品供應標準（食材以生重表示）	包裝餐盒或容器之規格材質	供應營養素					功能表設計及供應原則
					熱量（大卡）	醣類（公克）	蛋白質（公克）	脂肪（公克）	膳食纖維（公克）	
早餐	鮮肉鍋貼*5	1	市售鮮肉鍋貼5個	一體小	388.5	47.0	13.0	16.5	2.5	少辛辣、刺激、勿太硬、生食物。
	青菜	1	生重100g		52.0	5.0	1.0	3.0	2.0	
	市售保久乳	1	保久乳200ml		96.4	11	6.8	2.8		
	水果	1			60.0	15.0			1.0	
午餐	胚芽飯	1	胚芽米100g	紙製便當盒	350.0	75.0	10.0		2.4	
	糖醋肉片	1	肉片52.5g洋蔥20g紅蘿蔔片5g		163.8	1.3	10.8	12.5	0.5	
	芹香甜不辣	1	芹菜段50g甜不辣條20g		62.0	12.8	1.9	3.4	1.0	
	香菇炒豆苗	1	豆苗75g乾香菇絲1g		41.3	3.8	0.8	2.5	2.0	
	青菜	1	生重100g		47.5	5.0	1.0	2.5	2.0	
	榨菜肉絲湯	1	榨菜12.5g肉絲5g	260c.c湯杯	13.8	0.6	1.1	0.7	0.3	
晚餐	紫米飯	1	紫米80g	紙製便當盒	280.0	60.0	8.0		1.9	
	清蒸鱈魚	1	鱈魚（可食生重）35g		120.0		7.0	10.0		
	番茄炒蛋	1	番茄中丁75g雞蛋16.25g		55.5	3.8	2.5	3.3	1.0	
	薑絲紅鳳菜	1	紅鳳菜75g薑絲		41.3	3.8	0.8	2.5	2.0	
	青菜	1	生重100g		47.5	5.0	1.0	2.5	2.0	
	味噌海芽湯	1	乾海帶芽1g味噌5g	260c.c湯杯						
	水果	1			60.0	15.0			1.0	
	薏仁豆漿	1	薏仁粉40g糖15g豆漿90ml		227.5	45	6.45	1.05		
	合計				2107.0	308.9	72.0	63.2	21.6	

洗腎飲食菜單(7)

餐別	餐盒供應內容	樣式	成品供應標準（食材以生重表示）	包裝餐盒或容器之規格材質	供應營養素					功能表設計及供應原則
					熱量(大卡)	醣類(公克)	蛋白質(公克)	脂肪(公克)	膳食纖維(公克)	
早餐	滷豆腐	1	豆腐80g	紙製便當盒	97.5	7.5	7.0	7.5	0.4	
	蝦皮炒豆薯絲	1	豆薯絲105g蝦皮1g		71.0	7.5	1.0	4.0	1.2	
	梅干苦瓜	1	苦瓜100g梅干菜2.5g		61.0	5.0	1.0	4.0	2.0	
	蕎麥稀飯	1	白米40g蕎麥40g	520c.c湯杯	280.0	60.0	8.0		1.1	
	芝麻牛奶	1	低脂奶粉25g芝麻粉10g		165	12	8	9		
	水果	1			60.0	15.0			1.0	
午餐	三寶燕麥飯	1	三寶燕麥95g	紙製便當盒	332.5	71.3	9.5		2.3	少辛辣、刺激勿大食硬、生食物。
	鳳梨雞	1	雞腿丁45g鳳梨豆醬10g		77.5		7.0	5.5		
	韭黃肉絲	1	韭黃段75g肉絲17.5g		78.8	3.8	4.3	5.0	1.5	
	雪絲紅棗燜南瓜	1	南瓜100g紅棗3g薑絲		84.0	11.3	1.5	3.5	2.3	
	青菜	1	生重100g		56.5	5.0	1.0	3.5	2.0	
	青木瓜湯	1	青木瓜25g大骨	260c.c湯杯	6.3	1.3	0.3		0.5	
	皮蛋瘦肉粥	1	加鈣米60g玉米粒17.5g絞肉17.5g皮蛋0.5個芹菜末1g	850c.c湯杯	347.5	48.8	13.5	10.0	0.6	
晚餐	洋蔥燒麵腸	1	麵腸40g洋蔥片25g		83.8	1.3	7.3	5.5	0.8	
	花生米	1	花生米18粒		45.0			5.0	0.7	
	青菜	1	生重100g		47.5	5.0	1.0	2.5	2.0	
	水果	1			60.0	15.0			1.0	
	麵茶	1	麵茶20g太白粉20g糖15g		200.0	45.0	2.0			
				合計	2153.8	307.0	72.3	65.0	19.4	

評設單菜

洗腎飲食菜單(8)

餐別	餐盒供應內容	樣式	成品供應標準（食材以生重表示）	包裝餐盒或容器之規格材質	供應營養素					功能表設計及供應原則
					熱量（大卡）	醣類（公克）	蛋白質（公克）	脂肪（公克）	膳食纖維（公克）	
早餐	火腿燻雞手捲	1	火腿燻雞手捲		291.4	54	5.8	5.8		
	豆漿	1	豆漿130ml	260c.c湯杯	47.5	5	3.5	1.5		
	市售保久乳	1	保久乳200ml		96.4	11	6.8	2.8		
	水果	1			60.0	15.0			1.0	
午餐	糙米飯	1	糙米100g		350.0	75.0	10.0		2.4	
	烤肉丸	1	絞肉52.5g豆薯10g紅蘿蔔末10g洋蔥末10g	紙製便當盒	157.0	1.8	10.8	11.5	0.6	少辛辣、刺激、勿大便、生食物。
	小瓜雞片	1	小黃瓜65g紅蘿蔔葡片10g清雞片17.5g		82.3	3.8	4.3	5.5	1.5	
	豆豉苦瓜	1	苦瓜75g烏豆豉1g		54.8	3.8	0.8	4.0	2.0	
	青菜	1	生重100g		61.0	5.0	1.0	4.0	2.0	
	玉米大骨湯	1	玉米粒17.5g大骨	260c.c湯杯	17.5	3.8	0.5		0.8	
	五穀飯	1	五穀米100g		350.0	75.0	10.0		2.4	
晚餐	當歸枸杞子蒸魚	1	旗魚52.5g枸杞子1g當歸1g	紙製便當盒	127.5	2.5	10.5	9.5		
	甜豆炒香腸	1	甜豆50g香腸斜片20g		102.5	2.5	4.0	8.0	1.0	
	絲瓜粉絲	1	絲瓜75g濕粉絲20g		72.3	7.5	1.3	4.0	1.5	
	青菜	1	生重100g		61.0	5.0	1.0	4.0	2.0	
	筍絲湯	1	筍絲25g雞骨頭	260c.c湯杯	6.3	1.3	0.3		0.5	
	水果	1			60.0	15.0			1.0	
	胚芽杏仁藕羹	1	杏仁粉10g胚芽粉10g蓮藕粉20g		150.0	22.5	1.0	5.0	1.0	
				合計	2147.3	306.8	71.4	65.6	18.7	

洗腎飲食菜單(9)

餐別	餐盒供應內容	樣式	成品供應標準（食材以生重表示）	包裝餐盒或容器之規格器材材質	熱量(大卡)	醣類(公克)	蛋白質(公克)	脂肪(公克)	膳食纖維(公克)	功能表設計及供應原則
早餐	蔬菜蛋餅	1	蛋餅皮1張裹生菜50g雞蛋1顆	耐熱紙袋	272.5	32.5	11.5	10.0	1.0	少辛辣、刺激勿太硬、生食物。
	芝麻豆漿	1	豆漿260ml黑芝麻粉10g	390c.c湯杯	120.0	5.0	7.0	8.0		
	糙米粉牛奶	1	低脂奶粉25g糙米粉20g		190	27	10	4		
	水果	1			60.0	15.0			1.0	
午餐	燕麥飯	1	燕麥80g		280.0	60.0	8.0		1.9	
	蔥爆雞柳	1	清雞柳52.5g蔥25g	紙製便當盒	133.8	1.3	10.8	9.5	0.4	
	塔香海苔	1	海苔75g九層塔1g		54.8	3.8	0.8	4.0	1.5	
	鮮菇炒山藥	1	山藥52.5g鮮香菇25g		94.8	12.5	1.8	4.0	1.3	
	青菜	1	生重100g		61.0	5.0	1.0	4.0	2.0	
	金針湯	1	乾金針3g	260c.c湯杯						
晚餐	胚芽飯	1	胚芽米85g	紙製便當盒	297.5	63.8	8.5		2.0	
	洋蔥蕃茄燜肉	1	肉角35g洋蔥10g蕃茄15g		126.3	1.3	7.3	10.0	0.5	
	火腿拌粉皮	1	小黃瓜50g火腿11.25g濕粉皮20g		79.8	7.5	2.8	4.0	1.0	
	燒大頭菜	1	大頭菜75g香菜1g	紙製便當盒	54.8	3.8	0.8	4.0	1.5	
	青菜	1	生重100g		56.5	5.0	1.0	3.5	2.0	
	白木耳甜湯	1	白木耳2.5g二砂糖5g	260c.c湯杯	20.0	5.0				
	水果	1			60.0	15.0			1.0	
	燒仙草	1	粉圓20g脆圓20g市售仙草包*1		199.2	44.8				
	合計				2160.7	308.1	71.0	65.0	17.1	

設計單菜

洗腎飲食菜單(10)

餐別	餐盒供應內容	樣式	成品供應標準 （食材以生重表示）	包裝餐盒或容器之規格材質	供應營養素					功能表設計及供應原則
					熱量(大卡)	糖類(公克)	蛋白質(公克)	脂肪(公克)	膳食纖維(公克)	
早餐	荷包蛋	1	荷包蛋1顆	紙製便當盒	120.0		7.0	10.0		
	沙茶大白菜	1	大白菜90g紅蘿蔔片10g		65.5	5.0	1.0	4.5	2.0	
	青菜	1	生重100g		61.0	5.0	1.0	4.0	2.0	
	燕麥加鈣米稀飯	1	加鈣米40g即溶燕麥片40g	520c.c湯杯	280.0	60.0	8.0		1.1	
	紅豆牛奶	1	低脂奶粉25g紅豆20g		190	27	10	4	2.46	
	水果	1			60.0	15.0			1.0	
午餐	肉粽*1	1	肉粽180g		420.0	54.0	15.0	16.0	1.1	少辛辣、刺激勿太硬、生食物。
	青菜	1	生重100g	260c.c湯杯	61.0	5.0	1.0	4.0	2.0	
	高麗菜乾湯	1	高麗菜乾3g							
	紫米飯	1	紫米80g		280.0	60.0	8.0		1.9	
	破布子魚	1	鱈斑魚52.5g破布子5g		127.5		10.5	9.5		
	四季豆炒肉絲	1	四季豆75g肉絲17.5g	紙製便當盒	78.8	3.8	4.3	5.0	1.3	
	菇絲彩椒	1	青椒30g紅椒20g黃椒25g生香菇25g		61.0	5.0	1.0	4.0	2.0	
晚餐	青菜	1	生重100g		61.0	5.0	1.0	4.0	2.0	
	薑絲瓠瓜湯	1	瓠瓜絲25g薑絲	260c.c湯杯	6.3	1.3	0.3		0.5	
	水果	1			60.0	15.0			1.0	
	五穀漿	1	五穀粉40g糖15g		200.0	45.0	4.0			
				合計	2132.0	306.0	72.0	65.0	20.4	

洗腎飲食菜單(1)

餐別	餐盒供應內容	樣式	成品供應標準（食材以生重表示）	包裝餐盒或盛容器之規格材質	供應營養素					功能表設計及供應原則
					熱量(大卡)	醣類(公克)	蛋白質(公克)	脂肪(公克)	膳食纖維(公克)	
早餐	綜合壽司	1	綜合壽司1盒		355.0	58.2	13.0	7.8		
	無糖紅茶	1	紅茶包	260c.c.湯杯	60.0					
	薏仁牛奶	1	低脂奶粉25g薏仁粉20g		190.0	27.0	10.0	4.0	0.4	
	水果	1			60.0	15.0			1.0	
午餐	三寶燕麥飯	1	三寶燕麥80g	紙製便當盒	280.0	60.0	8.0		1.9	少辛辣、刺激勿太硬、生食物。
	香菇燜雞	1	雞腿45g山藥17.5g乾香菇絲1g		117.5	3.8	7.5	8.0	0.2	
	韭菜炒豆干	1	韭菜花50g豆干片20g		86.0	2.5	4.0	6.5	1.7	
	開陽高麗菜	1	高麗菜65g紅蘿蔔絲10g蝦米1g		63.8	3.8	0.8	5.0	1.5	
	青菜	1	生重100g		70.0	5.0	0.8	5.0	2.0	
	紫菜湯	1	紫菜2.5g蔥花1g	260c.c.湯杯	6.0	1.3	0.3		0.3	
	糙米飯	1	糙米80g		280.0	60.0	8.0		1.9	
	咖哩豬肉	1	肉角52.5g洋芋25g胡蘿蔔10g洋蔥10g	紙製便當盒	180.0	4.8	11.2	12.5	0.7	
晚餐	豆芽炒雞絲	1	豆芽菜75g雞絲17.5g		91.3	3.8	5.0	6.5	1.5	
	洋菇青花菜	1	青花菜50g洋菇25g		63.8	3.8	0.8	5.0	1.5	
	青菜	1	生重100g		70.0	5.0	1.0	5.0	2.0	
	冬瓜湯	1	冬瓜25g薑絲	260c.c.湯杯	6.3	1.3	0.3		0.5	
	水果	1			60.0	15.0			1.0	
	芋香西米露	1	熟芋頭55g西谷米10g糖15g		165.0	37.5	2.0		1.3	
			合計		2204.5	307.5	72.7	65.3	19.4	

洗腎飲食菜單(12)

餐別	餐盒供應內容	樣式	成品供應標準（食材以生重表示）	包裝餐盒或容器之規格材質	熱量(大卡)	醣類(公克)	蛋白質(公克)	脂肪(公克)	膳食纖維(公克)	功能表設計及供應原則
早餐	波蘿麵包	1	波蘿麵包60g	透明塑膠袋	294.0	45.0	6.0	10.0		
	茶葉蛋	1	茶葉蛋1個	透明塑膠袋	75.0		7.0	5.0		
	市售保久乳	1	保久乳200ml		96.4	11	6.8	2.8		
	水果	1			60.0	15.0			1.0	
午餐	五穀飯	1	五穀米100g	紙製便當盒	350.0	75.0	10.0		2.4	
	香煎金目鱸	1	金目鱸（可食生重）70g		155.0		14.0	11.0		
	醬爆小瓜黑輪斜片	1	小瓜斜片70g黑輪斜片10g蒜末		58.0	8.7	1.4	3.4	1.4	少辛辣、刺激勿太硬、生食物。
	蒜香白花菜	1	鮮白花菜75g蒜末		45.8	3.8	0.8	3.0	1.5	
	青菜	1	生重100g		47.5	5.0	1.0	2.5	2.0	
	蝦米蘿蔔絲湯	1	蘿蔔絲25g蝦米0.25g	260c.c湯杯	6.3	1.3	0.3		0.5	
晚餐	燕麥飯	1	燕麥100g	紙製便當盒	350.0	75.0	10.0		2.4	
	滷雞腿	1	雞腿35g滷包		86.5		7.0	6.5		
	家常豆腐	1	筍片40g豆腐40g絞肉5g豆瓣醬1g		108.5	2.0	6.2	8.2	1.0	
	洋菇炒甜豆	1	甜豆50g洋菇片25g		45.8	3.8	0.8	3.0	1.5	
	青菜	1	生重100g		47.5	5.0	1.0	2.5	2.0	
	薑絲大黃瓜湯	1	大黃瓜25g薑絲	260c.c湯杯	6.3	1.3	0.3		0.5	
	水果	1			60.0	15.0			1.0	
	地瓜酥	1	地瓜酥*2		223.7	38.9	0.6	7.3		
				合計	2116	305.6	73.0	65.2	17	

洗腎飲食菜單(13)

餐別	餐盒供應內容	樣式	成品供應標準（食材以生重表示）	包裝餐盒或應容器具之規格材質	供應營養素					功能表設計及供應原則
					熱量（大卡）	醣類（公克）	蛋白質（公克）	脂肪（公克）	膳食纖維（公克）	
早餐	香菇麵筋	1	麵筋30g乾香菇絲1g	紙製便當盒	180.0		10.5	15.0		
	炒鮑魚菇	1	鮑魚菇65g蔥段10g		41.3	3.8	0.8	2.5	2.0	
	青菜	1	生重100g		43.0	5.0	1.0	2.0	2.0	
	雜糧粥	1	雜糧米80g	520c.c.湯杯	280.0	60.0	8.0		1.9	
	市售保久乳	1	保久乳200ml		96.4	11	6.8	2.8		
	水果	1			60.0	15.0			1.0	
午餐	胚芽飯	1	胚芽米100g		350.0	75.0	10.0		2.4	少辛辣、刺激勿大、硬、生食勿。
	蒸肉餅	1	絞肉52.5g紅蘿蔔末10g洋蔥末10g	紙製便當盒	117.5	1.0	10.7	7.5	0.4	
	菜豆炒玉筍	1	菜豆50g玉米筍25g		45.8	3.8	0.8	3.0	2.0	
	甘藍炒木耳	1	結頭菜片65g木耳片10g		45.8	3.8	0.8	3.0	2.0	
	青菜	1	生重100g		52.0	5.0	1.0	3.0	2.0	
	榨菜肉絲湯	1	榨菜12.5g肉絲17.5g	260c.c.湯杯	40.6	0.6	3.6	2.5	0.3	
晚餐	豬肉水餃	1	豬肉水餃14顆（200g）	一體大	388.6	40.2	14.2	19.0	1.2	
	青菜	1	生重100g		43.0	5.0	1.0	2.0	2.0	
	玉米濃湯	1	玉米粒35g洋芋小丁12g火腿丁5g雞蛋10g黑胡椒粗粒1g奶油2.5g太白粉25g	260c.c.湯杯	140.3	16.3	3.8	3.3	1.5	
	水果	1			60.0	15.0			1.0	
	粉粿甜湯	1	粉粿266g糖5g		200.8	50.2				
	合計				2185.0	310.5	72.8	65.6	21.6	

洗腎飲食菜單(14)

餐別	餐盒供應內容	樣式	成品供應標準（食材以生重表示）	包裝餐盒或容器之規格材質	熱量（大卡）	醣類（公克）	蛋白質（公克）	脂肪（公克）	膳食纖維（公克）	功能表設計及供應原則
早餐	厚切雞排三明治	1	厚切雞排三明治*1		276.0	25.6	14.6	12.8	0.2	
	米漿	1	米漿200ml	260c.c湯杯	148.6	26.0	2.6	3.8	1.0	
	地瓜牛奶	1	低脂奶粉25g熟地瓜55g		190	27	10	4		
	水果	1			60.0	15.0			1.0	
午餐	紫米飯	1	紫米80g		280.0	60.0	8.0		1.9	
	煎肉魚	1	肉魚（可食生重）35g	紙製便當盒	77.5		7.0	5.5		少辛辣、刺激勿切大食、硬、生物。
	咖哩洋芋	1	洋芋75g紅蘿蔔丁10g咖哩粉		77.5	11.8	1.6	3.5	1.3	
	麻香茄子	1	茄子75g芝麻醬5g		63.8	3.8	0.8	5.0	1.5	
	青菜	1	生重100g		52.0	5.0	1.0	3.0	2.0	
	薑絲海芽湯	1	海帶芽1g薑絲	260c.c湯杯						
晚餐	三寶燕麥飯	1	三寶燕麥80g		280.0	60.0	8.0		1.9	
	照燒雞丁	1	雞腿丁67.5g		127.5		10.5	9.5		
	雙菇鮮魚	1	豌豆莢30g洋菇20g鴻喜菇25g鮮鯛魚17.5g	紙製便當盒	91.3	3.8	4.3	6.5	1.3	
	薑燒大白菜	1	大白菜100g薑絲		47.5	5.0	1.0	2.5	2.0	
	青菜	1	生重100g		47.5	5.0	1.0	2.5	2.0	
	青木瓜湯	1	青木瓜絲25g	260c.c湯杯	6.3	1.3	0.3		0.5	
	水果	1			60.0	15.0			1.0	
	市售麻糬	1	日式麻糬2顆		202.2	42.4	1.4	3.0		
				合計	2087.6	306.5	72.0	61.6	17.6	

洗腎飲食菜單(15)

餐別	餐盒供應內容	樣式	成品供應標準（食材以生重表示）	包裝餐盒或容器之規格材質	熱量(大卡)	糖類(公克)	蛋白質(公克)	脂肪(公克)	膳食纖維(公克)	功能表設計及供應原則
早餐	蘿蔔糕	1	蘿蔔糕180g	吐司盒	255.0	45.0	6.0	5.0		
	荷包蛋*1	1	荷包蛋1顆		120.0		7.0	10.0		
	糙米粉牛奶	1	低脂奶粉25g糙米粉20g		190.0	27.0	10.0	4.0	0.1	
	水果	1			60.0	15.0			1.0	
午餐	糙米飯	1	糙米85g	紙製便當盒	297.5	63.8	8.5		2.0	
	荷葉蒸肉角	1	肉角60g荷葉		127.5		11.9	8.5		少辛辣、
	吻魚蒪菜羹	1	蒪菜75g吻魚1g太白粉5g		76.8	7.5	1.3	4.5	1.5	刺激勿大
	菇絲白花	1	鮮白花菜75g乾香菇絲1g		54.8	3.8	0.8	4.0	1.5	硬、生食
	青菜	1	生重100g		61.0	5.0	1.0	4.0	2.0	物。
	味噌蔬菜湯	1	高麗菜絲25g味噌5g	260c.c.湯杯	6.3	1.3	0.3		0.5	
	五穀飯	1	五穀米80g		280.0	60.0	8.0		1.9	
晚餐	破布子蒸魚	1	鱈斑魚（可食生重）52.5g破布子5g	紙製便當盒	127.5		10.5	9.5		
	豌豆夾炒肉片	1	豌豆夾75g肉片17.5g		101.3	3.8	4.3	7.5	1.5	
	大黃瓜燒粉肝	1	大黃瓜55g蒟蒻粉肝20g		54.8	3.8	0.8	4.0	1.5	
	青菜	1	生重100g		61.0	5.0	1.0	4.0	2.0	
	筍絲湯	1	筍絲25g	260c.c.湯杯	6.3	1.3	0.3		0.5	
	水果	1			60.0	15.0			1.0	
	香蕉飴	1	市售香蕉飴60g		202.0	49.5	1.0			
				合計	2141.5	306.5	72.4	65.0	17.1	

洗腎飲食菜單(16)

餐別	餐盒供應內容	樣式	成品供應標準（食材以生重表示）	包裝餐盒或容器之規格材質	熱量(大卡)	醣類(公克)	蛋白質(公克)	脂肪(公克)	膳食纖維(公克)	功能表設計及供應原則
早餐	蔥花蛋	1	蛋65g蔥花30g	紙製便當盒	127.5	1.5	7.3	10.0	0.6	少辛辣、刺激勿大、硬、生食物。
	開陽燒冬瓜	1	冬瓜100g蝦米1g		52.0	5.0	1.0	3.0	2.0	
	青菜	1	生重100g		52.0	5.0	1.0	3.0	2.0	
	糙米稀飯	1	糙米70g	520c.c.湯杯	245.0	52.5	7.0		1.7	
	紅豆牛奶	1	低脂奶粉25g紅豆20g		190.0	27.0	10.0	4.0	2.5	
	水果	1			60.0	15.0			1.0	
午餐	金瓜米粉	1	乾米粉60g南瓜絲35g肉絲35g紅蘿蔔絲10g蝦米1g	紙製便當盒	395.0	48.8	13.5	15.0	0.7	
	滷油腐	1	四角油腐（1個）薑絲		75.0	5.0	7.0	5.0	0.4	
	青菜	1	生重100g		56.5	5.0	1.0	3.5	2.0	
	金針湯	1	乾金針3g	260c.c.湯杯						
	燕麥飯	1	燕麥80g		280.0	60.0	8.0		1.9	
	香滷雞腿	1	雞腿52.5g		127.5	3.8	10.5	9.5		
	金菇高麗菜	1	高麗菜50g金針菇20g紅蘿蔔絲5g	紙製便當盒	54.8	3.3	0.8	4.0	2.0	
晚餐	黃芽炒干絲	1	黃豆芽55g木耳絲10g白干絲8.75g		66.0	3.3	2.4	4.8	1.3	
	青菜	1	生重100g		56.5		1.0	3.5	2.0	
	綠豆湯	1	綠豆10g糖15g	260c.c.湯杯	95.0	22.5	1.0		1.4	
	水果	1			60.0	15.0			1.0	
	五穀藕羹	1	五穀粉20g蓮藕粉10g糖15g		165.0	37.5	2.0		1.0	
合計					2157.8	306.8	73.5	65.3	22.4	

洗腎飲食菜單(17)

餐別	餐盒供應內容	樣式	成品供應標準（食材以生重表示）	包裝餐盒或容器之規格材質	供應營養素					功能表設計及供應原則
					熱量（大卡）	醣類（公克）	蛋白質（公克）	脂肪（公克）	膳食纖維（公克）	
早餐	嘉義雞肉飯糰	1	嘉義雞肉飯糰*1	紙製便當盒	141.9	30.0	2.1	1.5		少辛辣、刺激勿大硬、生食物。
	市售糙米漿	1	市售糙米漿*1		339.0	58.0	6.2	9.1		
	茶葉蛋	1	茶葉蛋*1		75.0		7.0	5.0		
	保久乳	1	保久乳200ml		96.4	11	6.8	2.8		
	水果	1			60.0	15.0			1.0	
午餐	胚芽飯	1	胚芽米70g	紙製便當盒	245.0	52.0	7.0		0.7	
	梅干燒肉	1	肉角65g 濕梅干菜5g		185.0	0.3	13.0	14.3	0.1	
	青椒素脆腸	1	青椒50g素脆腸20g 木耳絲5g		45.8	3.8	0.8	3.0	1.5	
	金菇白菜燒豆包	1	大白菜35g 金針菇15g 紅蘿蔔絲10g 生豆包15g		69.5	3.0	4.1	4.5	1.2	
	青菜	1	生重100g		56.5	5.0	1.0	3.5	2.0	
	蕃茄洋蔥湯	1	大蕃茄25g 洋蔥5g	260c.c湯杯	7.5	1.5	0.3		0.6	
晚餐	紫米飯	1	紫米飯70g	紙製便當盒	245.0	52.7	7.0		1.7	
	煎鯖魚	1	鯖魚片（可食重量）52.5g		127.5		10.5	9.5		
	甜豆炒洋菇	1	甜豆70g 洋菇30g		52.0	5.0	1.0	3.0	2.0	
	黃燒桂筍肉末	1	桂筍75g 絞肉17.5g		83.3	3.8	4.3	5.5	1.2	
	青菜	1	生重100g		56.5	5.0	1.0	3.5	2.0	
	高麗菜乾湯	1	高麗菜乾3g	260c.c湯杯						
	水果	1			60.0	15.0			1.0	
	芋圓西米露	1	五穀粉20g蓮藕粉10g糖15g		165.0	37.5	2.0			
				合計	2157.8	306.8	73.5	65.3	22.4	

洗腎飲食菜單(18)

餐別	餐盒供應內容	樣式	成品供應標準（食材以生重表示）	包裝餐盒之容器或規格材質	熱量（大卡）	醣類（公克）	蛋白質（公克）	脂肪（公克）	膳食纖維（公克）	功能表設計及供應原則
早餐	肉絲炒麵	1	油麵180g肉絲17.5g高麗菜絲30g紅蘿蔔絲10g	一體大	302.5	47.0	9.9	7.5	0.8	
	青菜	1	生重100g		47.5	5.0	1.0	2.5	2.0	
	味噌豆腐湯	1	豆腐40g味噌	390c.c.湯杯	37.5		3.5	2.5		
	麵茶牛奶	1	低脂奶粉25g麵茶40g		220.0	27.0	10.0	8.0	1.1	
	水果	1			60.0	15.0			1.0	
午餐	三寶燕麥飯	1	三寶燕麥85g	紙製便當盒	297.5	63.8	8.5		2.0	
	蜜汁雞排	1	雞排60g糖5g		192.5	5.0	11.9	13.5		少辛辣、刺激勿太硬、生食物。
	米豆醬燒海根	1	海帶根75g米豆醬5g		45.8	5.0	1.0	3.0	2.4	
	泰式青木瓜	1	青木瓜絲65g蕃茄10g乾花生5g檸檬汁5g泰式辣椒醬3g		63.8	3.8	0.8	5.0	1.5	
	青菜	1	生重100g		47.5	5.0	1.0	2.5	2.0	
	枸杞冬瓜湯	1	冬瓜25g枸杞0.25g	260c.c.湯杯	6.3	1.3	0.3		0.5	
晚餐	糙米飯	1	糙米80g		280.0	60.0	8.0		1.9	
	京醬肉絲	1	肉絲52.5g蔥段25g甜麵醬5g	紙製便當盒	163.8	1.3	10.8	12.5		
	柴魚燒蘿蔔	1	白蘿蔔50g紅蘿蔔25g柴魚片1g		45.8	5.0	1.0	3.0	1.5	
	蒜香皇宮菜	1	皇宮菜75g蒜末		41.3	5.0	1.0	2.5	1.5	
	青菜	1	生重100g		47.5	5.0	1.0	2.5	2.0	
	薑絲紫菜湯	1	紫菜2.5g薑絲	260c.c.湯杯	6.3	1.3	0.3		0.5	
	水果	1			60.0	15.0			1.0	
	紅豆粉粿	1	紅豆20g粉粿100g糖5g		158.0	37.0	2.0		2.5	
合計					2123.3	307.3	71.8	65.0	24.2	

洗腎飲食菜單(19)

餐別	餐盒供應內容	樣式	成品供應標準（食材以生重表示）	包裝餐盒或容器之規格材質	熱量（大卡）	醣類（公克）	蛋白質（公克）	脂肪（公克）	膳食纖維（公克）	功能表設計及供應原則
早餐	滷豆輪	1	豆輪20g	紙製便當盒	73.0		7.0	5.0		
	蒜香皇帝豆	1	皇帝豆65g絞肉7g蒜末		107.5	15.0	3.4	3.5	3.3	
	青菜	1	生重100g		43.0	5.0	1.0	2.0	2.0	
	小米稀飯	1	白米40g小米40g	520c.c湯杯	280.0	60.0	8.0		1.1	
	綠豆沙牛奶	1	低脂奶粉25g綠豆仁20g		190.0	27.0	10.0	4.0	0.2	少辛辣、刺激勿太硬、生食物。
	水果	1			60.0	15.0			1.0	
午餐	五穀飯	1	五穀米80g	紙製便當盒	280.0	60.0	8.0		1.9	
	椒鹽剝皮魚	1	剝皮魚（可食生重）70g		155.0		14.0	11.0		
	小瓜花生	1	小黃瓜丁40g熟花生20g		122.5	2.0	0.4	12.5	2.2	
	焗烤地瓜	1	地瓜55g起司10g		125.8	17.7	3.8	4.3	2.0	
	青菜	1	生重100g		43.0	5.0	1.0	2.0	2.0	
	香菜蘿蔔湯	1	蘿蔔小丁25g香菜1g	260c.c湯杯	6.3	1.3	0.3		0.5	
	酸辣湯餃	1	豬肉水餃10顆（140g）豬血絲20g豆腐絲20g雞蛋6.5g筍絲10g紅蘿蔔絲10g木耳絲10g大白粉10g	850c.c碗	379.1	37.1	14.3	17.8	0.6	
晚餐	青菜	1	生重100g		52.0	5.0	1.0	3.0	2.0	
	水果	1			60.0	15.0			1.0	
	檸香拌粉皮	1	粉皮40g糖15g檸檬汁少許		200.0	45.0				
			合計		2177	310.1	72.2	65.1	20	

洗腎飲食菜單(20)

餐別	餐盒供應內容	樣式	成品供應標準（食材以生重表示）	包裝餐盒或容器之規格材質	供應營養素					功能表設計及供應原則
					熱量(大卡)	醣類(公克)	蛋白質(公克)	脂肪(公克)	膳食纖維(公克)	
早餐	蛋皮肉鬆手捲	1	蛋皮肉鬆手捲*1	紙製便當盒	295.0	45.0	13.0	7.0		少辛辣、刺激勿太硬、生食物。
	薏仁漿	1	薏仁粉20g糖5g		90.0	20.0	2.0		0.5	
	芝麻牛奶	1	低脂奶粉25g黑芝麻粉10g		165.0	12.0	8.0	9.0		
	水果	1			60.0	15.0			1.0	
午餐	燕麥飯	1	燕麥80g		280.0	60.0	8.0		1.9	
	蔥油雞	1	光雞（切）67.5g蔥絲3g		150.0		10.5	12.0		
	豆芽炒培根	1	豆芽菜65g木耳絲10g培根碎片12.5g	紙製便當盒	79.5	3.8	2.5	5.5	1.5	
	青椒素雞片	1	青椒片50g素雞片12.5g		58.3	2.5	2.3	4.3	1.0	
	青菜	1	生重100g		43.0	5.0	1.0	2.0	2.0	
	大黃瓜湯	1	大黃瓜25g大骨	260c.c.湯杯	6.3	1.3	0.3		0.5	
晚餐	胚芽飯	1	胚芽米80g		280.0	60.0	8.0		1.9	
	橙汁豬柳	1	豬柳52.5g洋蔥絲20g橙汁10g		167.5	2.2	10.7	12.5	0.4	
	薯丁三色	1	豆薯小丁52.5g豌豆仁11g素蝦仁10g	紙製便當盒	69.0	8.0	1.1	3.5	2.6	
	醋拌海芽	1	濕海芽75g白芝麻1g醋		36.8	5.0	1.0	2.0	3.0	
	青菜	1	生重100g		43.0	5.0	1.0	2.0	2.0	
	榨菜肉絲湯	1	榨菜12.5g肉絲8.75g	260c.c.湯杯	28.1	0.6	1.9	1.3	0.3	
	水果	1			60.0	15.0			1.0	
	粉圓甜湯	1	粉圓40g糖15g		200.0	45.0				
合計					2111	305	71	61.0	20	

洗腎飲食菜單(2)

餐別	餐盒供應內容	樣式	成品供應標準（食材以生重表示）	包裝餐盒或容器之規格材質	供應營養素					功能表設計及供應原則
					熱量(大卡)	醣類(公克)	蛋白質(公克)	脂肪(公克)	膳食纖維(公克)	
早餐	起司蛋吐司	1	全麥吐司50g小黃瓜絲20g紅蘿蔔絲10g荷包蛋1顆低脂脂起司1片沙拉醬10g	紙製便當盒	401.1	36.5	15.9	17.3	2.2	少辛辣、刺激勿太硬、生食物。
	麥片牛奶	1	低脂脂奶粉25g即溶麥片20g	390c.c.湯杯	190.0	27.0	2.0	4.0	0.9	
	水果	1			60.0	15.0			1.0	
午餐	紫米飯	1	紫米90g		315.0	67.5	9.0		2.2	
	椒鹽魚丁	1	旗魚70g麵粉10g	紙製便當盒	190.0	7.5	15.0	11.0		
	樹子炒龍鬚	1	龍鬚菜75g樹子1g		45.8	3.8	0.8	3.5	1.5	
	滷筍乾	1	筍乾75g		45.8	3.8	0.8	3.5	1.5	
	青菜	1	生重100g		56.5	5.0	1.0	3.5	2.0	
	番茄海芽湯	1	番茄25g乾海帶芽1g	260c.c.湯杯	6.3	1.3	0.3		0.5	
晚餐	三寶燕麥飯	1	三寶燕麥80g		280.0	60.0	8.0		1.9	
	三杯雞丁	1	雞腿丁67.5g九層塔1g薑片1g	紙製便當盒	127.5		10.5	9.5		
	蒼蠅頭	1	韭菜花（末）50g絞肉17.5g烏豆豉1g		81.5	2.5	4.5	6.0	1.3	
	醋拌蓮藕	1	蓮藕片75g白芝麻1g醋1g		32.3	11.3	1.5	3.5	2.0	
	青菜	1	生重100g		56.5	5.0	1.0	3.5	2.0	
	青木瓜湯	1	青木瓜25g大骨	260c.c.湯杯	6.3	1.3	0.3		0.5	
	水果	1			60.0	15.0			1.0	
	花豆米苔目	1	米苔目60g花豆20g糖15g		200.0	45.0	2.0		0.8	
				合計	2154.4	307.3	72.4	65.3	21.3	

洗腎飲食菜單(22)

餐別	餐盒供應內容	樣式	成品供應標準（食材以生重表示）	包裝餐盒容器之規格材質	供應營養素					功能表設計及供應原則
					熱量(大卡)	醣類(公克)	蛋白質(公克)	脂肪(公克)	膳食纖維(公克)	
早餐	蘿蔔肉燥	1	白蘿蔔丁50g絞肉35g	紙製便當盒	132.5	2.5	8.0	10.0	1.0	
	草菇炒白花菜	1	白花菜55g草菇20g		59.3	3.8	1.5	4.5	1.5	
	青菜	1	生重100g		61.0	5.0	1.0	4.0	2.0	
	地瓜粥	1	白米40g地瓜110g	520c.c湯杯	280.0	60.0	8.0		1.4	
	耦囊牛奶	1	低脂奶粉25g蓮耦粉20g		190.0	27.0	10.0	4.0		
	水果	1			60.0	15.0			1.0	少辛辣、刺激勿太硬、生食物。
午餐	肉燥意麵	1	意麵75g絞肉35g豆干丁20g豆芽菜50g韭菜10g紅蘿蔔絲10g	850c.c碗	418.5	48.5	18.7	16.5	2.6	
	青菜	1	生重100g		47.5	5.0	1.0	2.5	2.0	
	筍絲湯	1	筍絲25g雞骨頭	260c.c湯杯	6.3	1.3	0.3		0.5	
	糙米飯	1	糙米90g		315.0	67.5	9.0		2.2	
	照燒豬排	1	去骨肉排35g	紙製便當盒	120.0		7.0	10.0		
午餐	玉筍炒長豆	1	長豆55g玉筍斜片20g蒜末		59.3	3.8	1.5	4.5	1.5	
	枸杞美生菜	1	美生菜75g枸杞1g		59.3	3.8	1.5	4.5	1.5	
	青菜	1	生重100g		61.0	5.0	1.0	4.0	2.0	
	金針湯	1	乾金針3g	260c.c湯杯						
	水果	1			60.0	15.0			1.0	
	紅豆小湯圓	1	紅豆20g小湯圓30g糖15g		200.0	45.0	4.0		2.5	
	合計				2130	308	72	65	23	

洗腎飲食菜單(23)

餐別	餐盒供應內容	樣式	成品供應標準（食材以生重表示）	包裝餐盒之或容器之規格材質	供應營養素					功能表設計及供應原則
					熱量(大卡)	醣類(公克)	蛋白質(公克)	脂肪(公克)	膳食纖維(公克)	
早餐	丹麥葡萄捲	1	丹麥葡萄捲*1	紙製便當盒	335.7	43.8	7.5	14.5		少辛辣、刺激勿大硬、生食物。
	豆米漿	1	豆漿130ml米漿120ml	260c.c.湯杯	116.7	15.6	5.1	3.8		
	芋香牛奶	1	芋頭55g低脂奶粉25g		190.0	27.0	10.0	4.0		
	水果	1			60.0	15.0			1.0	
午餐	五穀飯	1	五穀米80g		280.0	60.0	8.0		1.9	
	清蒸鱈魚	1	鱈魚（可食生重）52.5g薑絲2.5g	紙製便當盒	180.0		10.5	15.0		
	海茸炒肉絲	1	海茸50g肉絲17.5g		72.5	2.5	4.0	5.0	1.5	
	炒茭白筍	1	茭白筍70g紅蘿蔔片5g		36.8	3.8	1.5	2.0	1.5	
	青菜	1	生重100g		47.5	5.0	1.0	2.5	2.0	
	薑絲苦瓜湯	1	苦瓜25g薑絲	260c.c.湯杯	6.3	1.3	0.3		0.5	
晚餐	燕麥飯	1	燕麥80g		280.0	60.0	8.0		1.9	
	紫蘇梅燒雞	1	雞腿丁67.5g紫蘇梅15g	紙製便當盒	119.8	3.7	10.5	7.0	0.3	
	彩椒干片	1	紅椒片25g黃椒片25g黑干片20g		58.0	2.5	4.0	5.0	1.0	
	吻魚莧菜	1	莧菜75g吻魚1g薑絲		45.8	3.8	1.5	3.0	1.5	
	青菜	1	生重100g		52.0	5.0	1.0	3.0	2.0	
	高麗菜乾湯	1	高麗菜乾3g	260c.c.湯杯						
	水果	1			60.0	15.0			1.0	
	燒仙草	1	粉圓20g脆圓20g市售仙草包*1	260c.c.湯杯	199.2	44.8				
				合計	2140	309	73	65	16	

營養膳食設計

洗腎飲食菜單(24)

餐別	餐盒供應內容	樣式	成品供應標準（食材以生重表示）	包裝餐盒或容器之規格材質	熱量(大卡)	醣類(公克)	蛋白質(公克)	脂肪(公克)	膳食纖維(公克)	功能表設計及供應原則
早餐	菜包	1	市售菜菜包1個	紙製便當盒	205.4	38.6	7.8	2.2	1.0	少辛辣、刺激勿太硬、生食物。
	青菜	1	生重100g		47.5	5.0	1.0	2.5	2.0	
	薏仁牛奶	1	薏仁粉20g低脂奶粉25g		190.0	27.0	10.0	4.0		
	水果	1			60.0	15.0			1.0	
午餐	胚芽飯	1	胚芽米80g	紙製便當盒	280.0	60.0	8.0		1.9	
	蒜泥白肉	1	後腿肉70g蒜泥5g		262.5		14.0	22.5		
	芹香干絲	1	芹菜50g白干絲17.5g		62.5	2.5	4.0	4.0	1.0	
	黑白雙耳	1	濕白木耳35g黑木耳45g		41.3	3.8	0.8	2.5	2.0	
	青菜	1	生重100g		47.5	5.0	1.0	2.5	2.0	
	枸杞瓠瓜湯	1	瓠瓜絲30g枸杞1g	260c.c湯杯	6.3	1.3	0.3		0.5	
晚餐	紫米飯	1	紫米80g	紙製便當盒	280.0	60.0	8.0		1.9	
	黃金柳葉魚	1	黃金柳葉魚80g		316.6	26.0	14.0	17.4		
	朴菜燒苦瓜	1	苦瓜70g梅干菜5g	紙製便當盒	41.3	3.8	0.8	2.5	2.0	
	金菇龍鬚菜	1	龍鬚菜65g金針菇10g		41.3	3.8	0.8	2.5	2.0	
	青菜	1	生重100g		47.5	5.0	1.0	2.5	2.0	
	薑絲紫菜湯	1	紫菜2.5g薑絲	260c.c湯杯	6.3	1.3	0.3		0.5	
	水果	1			60.0	15.0			1.0	
	脆圓粉粿甜湯	1	脆圓20g粉粿100g糖5g		198.0	37.0				
	合計				2193.8	309.9	71.6	65.1	20.8	

洗腎飲食菜單(25)

餐別	餐盒供應內容	樣式	成品供應標準（食材以生重表示）	包裝餐盒或容器之規格材質	熱量（大卡）	醣類（公克）	蛋白質（公克）	脂肪（公克）	膳食纖維（公克）	功能表設計及供應原則
早餐	玉米炒蛋	1	玉米粒35g雞蛋50g	紙製便當盒	155.0	7.5	8.0	10.0	1.1	
	袖珍菇炒大瓜	1	大黃瓜55g袖珍菇20g		41.3	3.8	0.8	2.5	2.0	
	青菜	1	生重100g		47.5	5.0	1.0	2.5	2.0	
	糙米稀飯	1	糙米80g	520c.c湯杯	280.0	60.0	8.0		1.9	
	光泉鮮奶	1	光泉鮮奶		191.8	13.6	9.6	11		
	水果	1			60.0	15.0			1.0	
午餐	三寶燕麥飯	1	三寶燕麥80g	紙製便當盒	280.0	60.0	8.0		1.9	
	孜然烤雞排	1	雞排67.5g孜然粉1g		157.5		10.5	12.5		少辛辣、刺激勿太硬、生食物。
	米豆醬燒冬瓜	1	冬瓜塊75g米豆醬5g		41.3	3.8	0.8	2.5	1.5	
	粉蒸芋頭	1	芋頭55g蒸肉粉5g		109.9	18.7	2.5	2.6	1.3	
	青菜	1	生重100g		47.5	5.0	1.0	2.5	2.0	
	金針湯	1	乾金針3g	260c.c湯杯	6.0	1.3	0.3			
晚餐	蝦仁蛋炒飯	1	白米飯150g玉米粒18g豌豆仁12g蝦仁30g雞蛋50g	紙製便當盒	447.0	52.5	21.0	16.0	3.1	
	青菜	1	生重100g		47.5	5.0	1.0	2.5	2.0	
	蘿蔔絲湯	1	蘿蔔絲25g薑絲	260c.c湯杯	6.3	1.3	0.3		0.5	
	水果	1			60.0	15.0			1.0	
	香蕉飴	1	市售香蕉飴50g		168.4	41.3	0.8			
	合計				2147	309	73	65	21	

洗腎飲食菜單(26)

餐別	餐盒供應內容	樣式	成品供應標準（食材以生重表示）	包裝餐盒或容器之規格材質	供應營養素					功能表設計及供應原則
					熱量（大卡）	醣類（公克）	蛋白質（公克）	脂肪（公克）	膳食纖維（公克）	
早餐	培根蛋漢堡	1	漢堡75g培根半片荷包蛋1顆 大番茄20g小黃瓜10g洋蔥10g 沙拉醬10g	紙製便當盒	418.8	57.0	15.2	17.5	1.1	
	燕麥粥	1	即食燕麥片20g糖5g		90.0	20.0	2.0		0.5	
	市售保久乳	1	保久乳200ml		96.4	11	6.8	2.8		
	水果	1			60.0	15.0			1.0	
午餐	糙米飯	1	糙米90g	紙製便當盒	315.0	67.5	9.0		2.2	少辛辣、刺激勿太硬、生食勿物。
	紅燒肉角	1	肉角35g滷包八角		120.0		7.0	10.0		
	沙茶洋蔥炒素肚	1	洋蔥50g素肚條20g沙茶5g		85.0	2.5	4.0	6.5	1.0	
	清炒小豆苗	1	小豆苗75g		45.8	5.0	1.0	3.0	2.0	
	青菜	1	生重100g		52.0	5.0	1.0	3.0	2.0	
	薑絲大瓜湯	1	大黃瓜25g薑絲	260c.c.湯杯	6.3	1.3	0.3		0.5	
	五穀飯	1	五穀米80g		280.0	60.0	8.0		1.9	
晚餐	塔香中卷	1	中卷85g九層塔1g薑片1g	紙製便當盒	114.0		10.5	8.0		
	螞蟻上樹	1	乾冬粉10g高麗菜絲25g絞肉17.5g		110.3	8.8	4.8	6.0	0.5	
	薑絲皇宮菜	1	皇宮菜75g薑絲		50.3	5.0	1.0	3.5	2.0	
	青菜	1	生重100g		52.0	5.0	1.0	3.0	2.0	
	榨菜肉絲湯	1	榨菜12.5g肉絲8.75g	260c.c.湯杯	21.9	0.6	1.9	1.3	0.3	
	水果	1			60.0	15.0			1.0	
	芋圓湯	1	芋頭芋圓30g糖15g		130.0	30.0			1.0	
				合計	2108	309	73	65	18	

洗腎飲食菜單(2)

餐別	餐盒供應內容	樣式	成品供應標準（食材以生重表示）	包裝餐盒或容器之規格材質	供應營養素					功能表設計及供應原則
					熱量（大卡）	醣類（公克）	蛋白質（公克）	脂肪（公克）	膳食纖維（公克）	
早餐	肉燥米粉	1	乾米粉60g絞肉35g高麗菜絲15g紅蘿蔔絲5g乾香菇絲1g蝦米1g紅蔥頭1g	一體大	380.0	46.0	13.2	15.0	0.4	少辛辣、刺激勿大硬、生食物。
	青菜	1	生重100g		52.0	5.0	1.0	3.0	2.0	
	番茄味噌湯	1	番茄30g洋蔥絲10g味噌	520c.c湯杯	10.0	2.0	0.4		0.8	
	紅豆牛奶	1	低脂奶粉25g紅豆15g		172.5	23.3	9.5	4.0	1.2	
	水果	1			60.0	15.0			1.0	
午餐	燕麥飯	1	燕麥85g		297.5	63.8	8.5		2.0	
	瓜仔雞	1	雞腿丁45g花瓜條10g	紙製便當盒	130.0	0.5	7.1	8.0	0.2	
	高麗炒臘肉	1	高麗菜75g臘肉10g		79.5	3.8	2.5	5.5	1.4	
	木須金茸	1	木耳絲45g金針菇30g		45.8	3.8	0.8	3.0	2.0	
	青菜	1	生重100g		52.0	5.0	1.0	3.0	2.0	
	薑絲海芽湯	1	海帶芽1g薑絲	260c.c湯杯						
晚餐	胚芽飯	1	胚芽米80g		280.0	60.0	8.0		1.9	
	芋頭燒肉	1	肉角52.5g芋頭27.5g	紙製便當盒	170.0	7.5	11.5	10.0	0.6	
	絲瓜炒蛋	1	絲瓜50g雞蛋32.5g		61.0	2.5	4.0	7.5	1.0	
	蒜香四季豆	1	四季豆75g蒜末		45.8	3.8	0.8	3.0	2.0	
	青菜	1	生重100g		52.0	5.0	1.0	3.0	2.0	
	時蔬湯	1	大白菜絲25g紅蘿蔔絲5g	260c.c湯杯	7.5	1.5	0.3		0.6	
	水果	1			60.0	15.0			1.0	
	地瓜粉圓湯	1	熟地瓜55g粉圓20g糖15g		200.0	45.0	2.0		1.3	
				合計	2155.5	308.3	71.5	65.0	23.5	

洗腎飲食菜單(28)

餐別	餐盒供應內容	樣式	成品供應標準（食材以生重表示）	包裝餐盒或裝盛器之規格材質	熱量（大卡）	醣類（公克）	蛋白質（公克）	脂肪（公克）	膳食纖維（公克）	功能表設計及供應原則
早餐	全麥饅頭夾蛋	1	全麥饅頭60g	紙製便當盒	210.0	45.0	6.0		2.7	少辛辣、刺激勿大、便硬、生食物。
	荷包蛋	1	荷包蛋1顆		97.5		7.0	7.5		
	美生菜	1	美生菜20g		5.0	1.0	0.2		0.4	
	米漿	1	米漿250ml	260c.c湯杯	185.8	32.5	3.3	4.8	1.0	
	麵茶牛奶	1	低脂奶粉25g麵茶20g		190.0	27.0	10.0	4.0	1.1	
午餐	牛肉麵	1	拉麵180g牛腩45g番茄25g洋蔥25g	850c.c湯碗	515.0	47.5	13.5	15.0	1.3	
	滷豆干海帶	1	豆干40g濕海帶50g	一體小	105.5	2.5	7.5	7.0	2.8	
	青菜	1	生重100g		52.0	5.0	1.0	3.0	2.0	
	紫米飯	1	紫米80g		280.0	60.0	8.0		1.9	
	鹽烤秋刀魚	1	秋刀魚（可食生重）52.5g		180.0		10.5	15.0		
晚餐	韓式黃芽絲	1	黃豆芽70g紅蘿蔔絲5g韓式辣椒醬5g	紙製便當盒	45.8	3.8	0.8	3.0	2.0	
	咖哩洋芋	1	馬鈴薯中丁50g紅蘿蔔中丁25g咖哩粉		63.8	8.8	1.3	3.0	2.0	
	青菜	1	生重100g		47.5	5.0	1.0	2.5	2.0	
	冬瓜蛤蜊湯	1	冬瓜25g蛤蜊10g	260c.c湯杯	15.4	1.3	1.4	0.5	0.5	
水果		1			60.0	15.0				
	綠豆米苔目甜湯	1	綠豆20g米苔目60g糖15g		200.0	45.0	2.0		1.0	
				合計	2253	299	73	65	21	

第五節　腎衰竭之飲食

分爲急性腎衰竭與慢性腎衰竭：

一、急性腎衰竭

可能因腎臟受到細菌感染、藥物中毒、泌尿道阻塞，使腎臟突然失去功能，急性腎衰竭病症發燒、噁心、嘔吐、食慾不振、水腫、高血壓、頭痛、痙攣、昏睡的現象。

急性腎衰竭飲食治療如下：

㈠依病情需求給予藥物治療，控制血壓在正常範圍。

㈡採用高熱量低蛋白的飲食減少代謝物產生。

㈢限制鈉及鉀的攝取。

二、慢性腎衰竭

常因腎絲球腎炎、糖尿病、高血壓引起腎功能受損，其飲食治療如下：

㈠攝取足夠的熱量：每日每公斤的熱量在25大卡至35大卡之間。

㈡蛋白質攝取量：腎絲球過濾率大於59毫升／分鐘時，蛋白質的建議量每日每公斤體重0.8公克，其中60%來自高生理價的蛋白質，當腎絲球過濾率在15毫升／分鐘與59毫升／分鐘之間時，每公斤體重蛋白質建議量爲0.6公克，其中50-60%來自高生理價蛋白質。

㈢控制鉀：鉀的攝取量每日1500-2300毫克。

㈣控制磷：每日800-1200毫克，不適合高磷的食物如內臟、魚、蝦、巧克力、可可、全穀類（糙米、胚芽米）。酵母粉、一般奶類（含濃縮奶及養樂多等發酵乳）、堅果類、香腸、火腿、毛

豆、綠豆、蠶豆、豆仁、瓜子、核桃、花生、腰果、杏仁、

㈤控制鈉：鈉的攝取量在2400毫克以下。

㈥可增加低蛋白高熱量的食物：如澄粉、粉皮、粉條、粉圓、藕粉、西谷米、玉米粉、太白粉、番薯粉、仙草、愛玉、蜂蜜、冰糖、低蛋白麵粉、商業性的糖飴、粉飴、三多低蛋白配方、易能充

飲食設計原則：

㈠熱量：30大卡／公斤×60公斤（理想體重）＝1800大卡

㈡蛋白質：0.6～0.7公克／公斤×60（理想體重）＝36～42公克，其中50-60%來自高品質蛋白質

㈢脂肪：與熱量30～35%，1800×35%÷9＝70公克

㈣醣類：(1800－40公克×4－70公克×9)÷4＝252公克

食物	份數	蛋白質（公克）	脂肪（公克）	醣（公克）
牛奶	0	0	0	0
肉、魚、豆、蛋	3	21	15	+
五穀根莖類	4	8	+	60
低蛋白澱粉	8	8		150
蔬菜	3	3	+	15
水果	2	+	+	30
油脂	11	0	55	0
總合		40	70	255

㈤三餐分配

食物	早餐	午餐	晚餐	點心
五穀根莖類	2X	2X	2X	
低蛋白澱粉	2X	2X	2X	2X
蔬菜類	1X	1X	1X	
水果類		1X		1X
蛋豆魚肉類	0.5X	0.75X	0.75X	
油脂類	2X	3X	3X	1X

腎衰竭飲食菜單(1)

餐別	餐盒供應內容	樣式	成品供應標準（食材以生重表示）	包裝餐盒或容器之規格材質	供應營養素					功能表設計及供應原則
					熱量(大卡)	醣類(公克)	蛋白質(公克)	脂肪(公克)	膳食纖維(公克)	
早餐	油腐米粉湯	1	米粉80g三角油腐25g杏鮑菇80g芹菜末1g	850c.c湯碗	427.5	60.0	4.3	12.5	1.6	少辛辣、刺激勿太硬、生食物。
	水果	1	水果1包		78.7	12	0.7	3.1	0.3	
午餐	白米飯	1	白米60g	紙製便當盒	210.0	45.0	6.0			
	紅糖肉	1	後腿肉26.25g地瓜粉5g紅糖5g		152.5	3.8	5.8	12.5	1.5	
	青花玉筍	1	青花菜50g玉米筍25g		63.8	3.8	0.8	5.0	2.0	
	蝦皮羅蔔絲	1	白羅蔔90g紅羅蔔絲10g蝦皮1g		70.0	5.0	1.0	5.0	2.0	
	青菜	1	生重100g		61.0	5.0	1.0	4.0		
	竹筍絲湯	1	筍絲25g雞骨頭	260c.c湯杯	6.3	3.8	0.3		1.1	
	水果				60.0	15.0			1.0	
晚餐	白米飯	1	白米60g	紙製便當盒	210.0	45.0	6.0		0.3	
	味噌燒魚	1	白北魚（可食生重）26.25g味噌5g		97.3		5.3	7.3		
	綠蘆筍炒肉絲	1	綠蘆筍75g肉絲17.5g		101.3	3.8	4.3	7.5	1.2	
	炒三菇	1	生香菇35g洋菇35g柳松菇30g		70.0	5.0	1.0	5.0	2.0	
	青菜	1	生重100g		56.5	5.0	1.0	3.5	2.0	
	枸杞瓠瓜湯	1	瓠瓜絲25g枸杞1g	260c.c湯杯	6.3	1.3	0.3		0.5	
	水果	1			60.0	15.0			1.0	
	地瓜煎餅	1	地瓜絲55g太白粉15g油5g		167.5	26.25	2	5	1.32	
				合計	1898.5	254.5	39.5	70.4	17.8	

菜單設計

腎衰竭飲食菜單(2)

餐別	餐盒供應內容	樣式	成品供應標準（食材以生重表示）	包裝餐盒或容器之規格材質	熱量(大卡)	醣類(公克)	蛋白質(公克)	脂肪(公克)	膳食纖維(公克)	功能表設計及供應原則
早餐	鐵板烤肉飯糰		鐵板烤肉飯糰*1		222.8	30	3.3	5	0.1	
	凝態活性發酵乳		凝態活性發酵乳*1		178.0	29.2	6.2	4.2		
	蒟蒻糙米捲	1	蒟蒻糙米捲3條		180.7	14.7	1	13.1		
午餐	白米飯	1	白米60g	紙製便當盒	210.0	45.0	6.0		0.3	
	白斬雞	1	光雞（帶骨1ex45g）33.75g		63.8		5.3	4.8		
	炒玉米番茄	1	玉米粒35g番茄50g		83.5	10.0	1.5	4.0	2.1	
	拌海帶絲	1	海帶絲75g嫩薑絲1g		54.8	3.8	0.8	4.0	2.3	
	青菜	1	生重100g		61.0	5.0	1.0	4.0	2.0	
	梅干苦瓜湯	1	苦瓜25g梅干菜1g	260c.c湯杯	6.3	1.3	0.3		0.5	少辛辣、刺激勿太硬、生食物。
	水果	1			60.0	15.0			1.0	
晚餐	白米飯	1	白米60g	紙製便當盒	210.0	45.0	6.0		0.3	
	滷肉角	1	肉角26.25g滷包		101.3		5.3	8.8		
	炒彩椒	1	青椒45g紅椒15g黃椒15g		54.8	3.8	0.8	4.0	1.5	
	糖醋山藥丁	1	山藥中丁35g筍丁25g紅蘿蔔丁10g		52.3	9.3	1.4	4.0	1.1	
	青菜	1	生重100g		61.0	5.0	1.0	4.0	2.0	
	高麗菜乾湯	1	高麗菜乾3g	260c.c湯杯	61.0	5.0	1.0	4.0		
	水果	1			60.0	15.0			1.0	
	蔥油拌粉皮	1	粉皮30g紅蔥頭1g油10g		195.0	22.5		10.0		
				合計	1855.0	254.4	39.6	69.8	14.0	

腎衰竭飲食菜單(3)

餐別	餐盒供應內容	樣式	成品供應標準（食材以生重表示）	包裝餐盒或容器之規格材質	熱量(大卡)	醣類(公克)	蛋白質(公克)	脂肪(公克)	膳食纖維(公克)	功能表設計及供應原則
早餐	鮪魚三明治	1	白吐司75g/小黃瓜絲20g紅蘿蔔絲5g鮪魚(罐頭)30g沙拉醬5g	吐司盒	336.3	46.3	13.3	8.0	2.1	少辛辣、刺激、勿太硬、生食物。
	地瓜酥	1	地瓜酥1條		103.4	17.9	0.3	3.4		
午餐	肉燥炒米苔目	1	米苔目180g絞肉30g豆干丁20g芹菜段30g紅蘿蔔絲10g紅蔥頭1g	一體大	467.5	45.0	10.9	22.5	1.1	
	青菜	1	生重100g		79.0	5.0	1.0	6.0	2.0	
	金針湯	1	乾金針3g	260c.c湯杯						
	水果	1			60.0	15.0			1.0	
晚餐	白米飯	1	白米60g		210.0	45.0	6.0		0.3	
	三杯雞	1	雞腿丁33.75g九層塔1g薑片1g	紙製便當盒	131.3		5.3	12.3		
	紅棗高麗	1	高麗菜100g紅棗3g		79.0	5.0	1.0	6.0	2.0	
	薑絲南瓜	1	南瓜90g薑絲3g		100.9	10.1	1.3	6.0	1.8	
	青菜	1	生重100g		79.0	5.0	1.0	6.0	2.0	
	薑絲紫菜湯	1	紫菜2.5g薑絲	260c.c湯杯	6.3	1.3	0.3		0.5	
	水果	1			60.0	15.0			1.0	
	西米露藕羹	1	西谷米20g蓮藕粉15g糖15g		182.5	41.3			0.1	
				合計	1895.1	251.7	40.3	70.2	13.8	

菜單設計

腎衰竭飲食菜單(4)

餐別	餐盒供應內容	樣式	成品供應標準（食材以生重表示）	包裝餐盒或容器之規格材質	熱量(大卡)	醣類(公克)	蛋白質(公克)	脂肪(公克)	膳食纖維(公克)	功能表設計及供應原則
早餐	芝麻涼拌皮蛋	1	白芝麻1g皮蛋1個		84.0		7.0	6.0		少辛辣、刺激勿大硬、生食物。
	黃瓜木耳	1	大黃瓜90g木耳10g	紙製便當盒	70.0	5.0	1.0	5.0	2.0	
	青菜	1	生重100g		70.0	5.0	1.0	5.0	2.0	
	小米粥	1	白米40g/小米20g	520c.c.湯杯	210.0	45.0	6.0		0.7	
	愛玉	1	市售愛玉1盒		85.2	21.3				
午餐	客家粄條	1	粄條105g絞肉26.25g豆芽菜30g韭菜10g紅蘿蔔絲10g蝦米1g	紙製便當盒	359.6	49.9	6.4	15.0	1.2	
	青菜	1	生重100g		70.0	5.0	1.0	5.0	2.0	
	白菜鮮菇湯	1	大白菜20g鮮菇10g	260c.c.湯杯	7.5	1.5	0.3		0.6	
	水果	1			60.0	15.0			1.0	
晚餐	白米飯	1	白米60g	紙製便當盒	210.0	45.0	6.0		0.3	
	日式炸豬排	1	豬肉排26.25g麵包粉5g		164.9	3.9	5.9	13.8	0.1	
	蒜味茄子	1	茄子75g蒜末		63.8	3.8	0.8	5.0	1.5	
	薑絲紅鳳菜	1	紅鳳菜100g薑絲		70.0	5.0	1.0	5.0	2.0	
	青菜	1	生重100g		70.0	5.0	1.0	5.0	2.0	
	冬瓜蛤蜊湯	1	冬瓜25g蛤蜊10g	260c.c.湯杯	15.4	1.3	1.4	0.5	0.5	
	水果	1			60.0	15.0			1.0	
	綠豆煎餅	1	綠豆20g太白粉15g油5g		167.5	26.3	2.0	5.0	2.3	
				合計	1837.8	252.8	40.7	70.3	19.1	

餐別	餐盒供應內容	樣式	成品供應標準（食材以生重表示）	包裝餐盒或容器之規格材質	熱量（大卡）	醣類（公克）	蛋白質（公克）	脂肪（公克）	膳食纖維（公克）	功能表設計及供應原則
早餐	湯種紅豆麵包	1	湯種紅豆麵包		237.2	45.3	6.8	3.2		少辛辣、刺激勿食大、硬、生食物。
	炒冬粉	1	冬粉20g苦茶油10g		160.0	15	1.5	10		
午餐	白米飯	1	白米60g	紙製便當盒	210.0	45.0	6.0		0.3	
	香炸鮭魚	1	鮭魚（可食生重）26.25g		146.3		5.3	13.8		
	黃瓜炒丸片	1	大黃瓜片80g紅蘿蔔片10g貢丸片10g		97.5	4.5	2.7	7.5	1.8	
	滷筍絲	1	筍絲75g		63.8	3.8	0.8	5.0	1.5	
	青菜	1	生重100g		65.5	5.0	1.0	4.5	2.0	
	香菜蘿蔔湯	1	白蘿蔔小丁25g香菜1g	260c.c湯杯	6.3	1.3	0.3		0.5	
	水果	1			60.0	15.0			1.0	
晚餐	白米飯	1	白米60g	紙製便當盒	210.0	45.0	6.0		0.3	
	麻油雞	1	雞腿丁33.75g薑5g麻油10g		131.3		5.3	12.3		
	雙花炒肉片	1	青花菜25g花椰菜50g		63.8	3.8	0.8	5.0	1.5	
	枸杞皇宮菜	1	皇宮菜75g		59.3	3.8	0.8	4.5	1.5	
	青菜	1	生重100g		65.5	5.0	1.0	4.5	2.0	
	時蔬湯	1	高麗菜絲25g	260c.c湯杯	6.3	1.3	0.3		0.5	
	水果	1			60.0	15.0			1.0	
	紅豆芋圓湯	1	紅豆20g芋圓30g糖15g		200.0	45.0	2.0		1.0	
				合計	1842.5	253.6	40.2	70.2	18.8	

菜單設計一

腎衰竭飲食菜單(6)

餐別	餐盒供應內容	樣式	成品供應標準（食材以生重表示）	包裝餐盒或盛器之規格材質	供應營養素					功能表設計及供應原則
					熱量(大卡)	醣類(公克)	蛋白質(公克)	脂肪(公克)	膳食纖維(公克)	
早餐	碗粿	1	市售碗粿1個（233g）	520c.c湯杯	233.4	41.2	6.8	4.6		
	青菜	1	生重100g		70.0	5.0	1.0	5.0	2.0	
	洋芋煎餅	1	馬鈴薯50g太白粉20g油5g		150	22.5	2	5		
午餐	白米飯	1	白米60g	紙製便當盒	210.0	45.0	6.0		0.3	
	糖醋肉片	1	肉片26.25g洋蔥20g蔥5g紅蘿蔔片5g		152.5	1.3	5.5	13.8	0.5	
	芹香甜不辣	1	芹菜段50g甜不辣條20g		84.5	12.8	1.9	5.0	1.0	少辛辣、刺激勿大便、生食硬、勿生食物。
	香菇炒豆苗	1	豆苗75g乾香菇絲1g		63.8	3.8	0.8	5.0	2.0	
	青菜	1	生重100g		70.0	5.0	1.0	5.0	2.0	
	榨菜肉絲湯	1	榨菜12.5g肉絲5g	260c.c湯杯	13.8	0.6	1.1	0.7	0.3	
	水果	1			60.0	15.0			1.0	
晚餐	白米飯	1	白米60g	紙製便當盒	210.0	45.0	6.0		0.3	
	清蒸鱈魚	1	鱈魚（可食生重）26.25g		121.5		7.0	11.0		
	芝香番茄	1	番茄中丁75g白芝麻1g		63.8	3.8	0.8	5.0	1.5	
	薑絲紅鳳菜	1	紅鳳菜75g薑絲		63.8	3.8	0.8	5.0	2.0	
	青菜	1	生重100g		70.0	5.0	1.0	5.0	2.0	
	味噌海芽湯	1	乾海帶芽1g味噌5g	260c.c湯杯	60.0	15.0	6.0			
	水果	1			60.0	15.0			1.0	
	藕羹	1	蓮藕粉20g糖15g		130	30				
				合計	1827.0	254.6	41.6	70.1	15.8	

腎衰竭飲食菜單(7)

餐別	餐盒供應內容	樣式	成品供應標準（食材以生重表示）	包裝餐盒之容器及規格材質	供應營養素					功能表設計及供應原則
					熱量(大卡)	醣類(公克)	蛋白質(公克)	脂肪(公克)	膳食纖維(公克)	
早餐	豆薯炒寬粉條	1	濕寬粉條160g豆薯絲53g干絲35g紅羅蔔絲10g蝦皮1g	一體大	298.0	34.3	7.6	12.0	1.3	
	青菜	1	生重100g		70.0	5.0	1.0	5.0	2.0	
	芝麻西米露	1	芝麻粉20g西谷米30g		195	22.5		10		
	白米飯	1	白米60g	紙製便當盒	210.0	45.0	6.0		0.3	
	鳳梨雞	1	雞腿丁33.75g鳳梨段65g紅羅豆醬2.5g		86.3		5.3	7.3		
午餐	韭黃雙色	1	韭黃段65g紅羅蔔絲10g		63.8	3.8	0.8	5.0	1.5	少辛辣、刺激、勿太硬、生食物。
	薑絲紅棗蒸南瓜	1	南瓜100g紅棗3g薑絲		75.0	11.3	1.5	2.5	2.3	
	青菜	1	生重100g		47.5	5.0	1.0	2.5	2.0	
	青木瓜湯	1	青木瓜25g大骨	260c.c湯杯	6.3	1.3	0.3		0.5	
	水果	1			60.0	15.0			1.0	
晚餐	瘦肉粥	1	加鈣米60g絞肉35g芹菜末1g	850c.c湯杯	330.0	45.0	13.0	10.0	0.3	
	花生米	1	花生米18粒		45.0	5.0		5.0	0.7	
	青菜	1	生重100g		47.5	5.0	1.0	2.5	2.0	
	水果	1			60.0	15.0			1.0	
	麵茶+易能充	1	麵茶20g市售易能充1包		270.0	45.6	2.8	8.2	1.0	
	合計				1864.3	253.6	40.2	70.0	14.8	

腎衰竭飲食菜單(8)

餐別	餐盒供應內容	樣式	成品供應標準（食材以生重表示）	包裝餐盒或容器之規格材質	供應營養素					功能表設計及供應原則
					熱量(大卡)	醣類(公克)	蛋白質(公克)	脂肪(公克)	膳食纖維(公克)	
早餐	蝦仁炒米苔目	1	米苔目180g蝦仁30g紅蘿蔔絲10g高麗菜絲30g	一體大	365.0	45.0	7.4	15.0	1.1	
	青菜	1	生重100g		70.0	5.0	1.0	5.0	2.0	
	粉粿甜湯	1	粉粿90g糖15g		130.0	30.0				
	白米飯	1	白米60g		210.0	45.0	6.0		0.3	
	烤肉丸	1	絞肉26.25g豆薯10g紅蘿蔔末10g洋蔥末10g		127.8	1.8	5.6	10.8	0.6	
午餐	小瓜玉筍	1	小黃瓜55g紅蘿蔔片10g玉米筍10g	紙製便當盒	63.8	3.8	0.8	5.0	1.5	少辛辣、刺激勿太硬、生食物。
	豆豉苦瓜	1	苦瓜75g烏豆豉1g		63.8	3.8	0.8	5.0	2.0	
	青菜	1	生重100g		70.0	5.0	1.0	5.0	2.0	
	玉米大骨湯	1	玉米粒17.5g大骨	260c.c湯杯	17.5	3.8	0.5		0.8	
	水果	1			60.0	15.0			1.0	
晚餐	白米飯	1	白米65g	紙製便當盒	227.5	48.8	6.5		0.3	
	當歸枸杞子蒸魚	1	旗魚26.25g枸杞子1g當歸1g		104.3		5.3	9.3		
	甜豆炒蒟蒻片	1	甜豆50g蒟蒻片25g		63.8	3.8	0.8	5.0	1.5	
	絲瓜粉絲	1	絲瓜75g濕粉絲20g		58.8	7.5	1.3	5.0	1.5	
	青菜	1	生重100g		70.0	5.0	1.0	5.0	2.0	
	筍絲湯	1	筍絲25g雞骨頭	260c.c湯杯	6.3	1.3	0.3		0.5	
	水果	1			60.0	15.0				
	果凍	1	市售果凍2個		52.4	13.1			1.0	
				合計	1820.7	252.4	38.0	70.0	18.0	

菜單設計

腎衰竭飲食菜單(9)

餐別	餐盒供應內容	樣式	成品供應標準（食材以生重表示）	包裝餐盒之容器或規格材質	熱量(大卡)	醣類(公克)	蛋白質(公克)	脂肪(公克)	膳食纖維(公克)	功能表設計及供應原則
早餐	蔬菜蛋餅	1	蛋餅皮1張美生菜50g雞蛋1顆	耐熱紙袋	317.5	32.5	11.5	15.0	1.0	少辛辣、刺激勿太硬、生食物。
	無糖紅茶		紅茶240ml	390c.c湯杯						
	地瓜脆片	1	市售地瓜脆片24g		128.4	15.1	0.8	7.2		
午餐	白米飯	1	白米60g	紙製便當盒	210.0	45.0	6.0		0.3	
	蔥爆雞柳	1	清雞柳26.25g蔥25g		92.5	1.3	5.5	7.3	0.4	
	塔香海苔	1	海苔75g九層塔1g		63.8	3.8	0.8	5.0	1.5	
	洋蔥炒鮮菇	1	洋蔥片40g鮮香菇35g		63.8	3.8	0.8	5.0	1.5	
	青菜	1	生重100g		70.0	5.0	1.0	5.0	2.0	
	金針湯	1	乾金針3g	260c.c湯杯						
	水果	1			60.0	15.0			1.0	
晚餐	白米飯	1	白米65g	紙製便當盒	227.5	48.8	6.5		0.3	
	洋蔥番茄燉肉	1	肉角26.25g洋蔥10g番茄15g		125.5	1.3	5.5	10.8	0.5	
	小瓜拌粉皮	1	小黃瓜50g濕粉皮20g		75.0	6.3	1.0	5.0	1.0	
	燙大頭菜	1	大頭菜75g香菜1g		63.8	3.8	0.8	5.0	1.5	
	青菜	1	生重100g		70.0	5.0	1.0	5.0	2.0	
	白木耳甜湯	1	白木耳2.5g二砂糖5g	260c.c湯杯	20.0	5.0				
	水果	1			60.0	15.0			1.0	
	燒仙草	1	粉圓20g脆圓20g市售仙草包*1		199.2	44.8				
	合計				1846.9	251.2	41.1	70.2	14.0	

教保設備

腎衰竭飲食菜單(10)

餐別	餐盒供應內容	樣式	成品供應標準（食材以生重表示）	包裝餐盒之容器或規格材質	熱量(大卡)	醣類(公克)	蛋白質(公克)	脂肪(公克)	膳食纖維(公克)	功能表設計及供應原則
早餐	台式炒米粉	1	米粉60g絞肉35g高麗菜絲30g紅蘿蔔絲10g乾香菇絲1g	紙製便當盒	385.0	47.0	7.4	17.0		少辛辣、刺激勿大硬、生食物。
	青菜	1	生重100g		56.5	5.0	1.0	3.5	2.0	
	金針湯	1	乾金針3g							
	茶凍	1	市售茶凍1個		97.6	24.1	0.3			
午餐	肉粽*1	1	肉粽180g		420.0	54.0	15.0	16.0	1.1	
	青菜	1	生重100g		61.0	5.0	1.0	4.0	2.0	
	高麗菜乾湯	1	高麗菜乾3g	260c.c.湯杯					1.0	
	水果	1			60.0	15.0				
	白米飯	1	白米80g		280.0	60.0	8.0		0.4	
	破布子魚	1	鱈斑魚26.25g破布子5g	紙製便當盒	86.3		5.3	7.3		
	清炒四季豆	1	四季豆75g木耳絲10g		65.0	4.0	0.8	5.0	1.6	
晚餐	菇絲彩椒	1	青椒30g紅椒20g黃椒25g生香菇25g		61.0	5.0	1.0	4.0	2.0	
	青菜	1	生重100g		56.5	5.0	1.0	3.5	2.0	
	薑絲瓠瓜湯	1	瓠瓜絲25g薑絲	260c.c.湯杯	6.3	1.3	0.3		0.5	
	水果	1			60.0	15.0			1.0	
	蔥拌米苔目	1	米苔目60g蔥油10g		160.0	15.0		10.0		
	合計				1855.1	255.4	41.0	70.3	13.6	

腎衰竭飲食菜單(1)

餐別	餐盒供應內容	樣式	成品供應標準（食材以生重表示）	包裝餐盒或容器之規格材質	供應營養素					功能表設計及供應原則
					熱量（大卡）	醣類（公克）	蛋白質（公克）	脂肪（公克）	膳食纖維（公克）	
早餐	綜合壽司	1	綜合壽司1盒		355.0	58.2	13.0	7.8		
	無糖紅茶		紅茶包	260.c.c湯杯	60.0					
	花生煎餅	1	花生粉10g太白粉20g油5g		160	15		10		
午餐	菇絲雞片炒河粉	1	河粉105g雞片42g金針菇10g柚珍菇10g鮑菇片10g鮮菇片10g紅蘿蔔絲10g	紙製便當盒	403.2	49.9	9.5	18.4	1.0	少辛辣、刺激勿太硬、生食物。
	青菜	1	生重100g		70.0	5.0	1.0	5.0	2.0	
	紫菜湯	1	紫菜2.5g蔥花1g	260.c.c湯杯	6.0	1.3	0.3		0.3	
	水果	1			60.0	15.0			1.0	
晚餐	白米飯	1	白米60g		210.0	45.0	6.0		0.3	
	咖哩豬肉	1	肉角26.25g胡蘿蔔10g洋蔥10g	紙製便當盒	151.3	1.0	5.5	13.8	0.4	
	豆芽炒木耳	1	豆芽菜55g木耳絲20g		63.8	3.8	0.8	5.0	1.5	
	洋菇青花菜	1	青花菜50g洋菇25g		63.8	3.8	0.8	5.0	1.5	
	青菜	1	生重100g		70.0	5.0	1.0	5.0	2.0	
	冬瓜湯	1	冬瓜25g薑絲	260.c.c湯杯	6.3	1.3	0.3		0.5	
	水果	1			60.0	15.0			1.0	
	芋香西米露	1	芋頭18.3g西谷米10g糖15g		153.3	35.0	2.0		0.4	
			合計		1892.5	254.1	40.0	70.0	11.9	

菜單設計

腎衰竭飲食菜單(12)

餐別	餐盒供應內容	樣式	成品供應標準（食材以生重表示）	包裝餐盒或容器之規格材質	供應營養素					功能表設計及供應原則
					熱量（大卡）	醣類（公克）	蛋白質（公克）	脂肪（公克）	膳食纖維（公克）	
早餐	菠蘿麵包	1	菠蘿麵包60g	透明塑膠袋	294.0	45.0	6.0	10.0		
	豆漿	1	豆漿208ml	透明塑膠袋	44.0	10	5.6	2.4		
	洋菜凍	1	洋菜條1.5g糖10g		40				0.3	
午餐	白米飯	1	白米60g	紙製便當盒	210.0	45.0	6.0			
	香煎金目鱸	1	金目鱸（可食生重）26.25g		95.3		5.3	8.3		
	醬爆小瓜黑輪片	1	小瓜斜片70g黑輪斜片10g		76.0	8.7	1.4	5.0	1.4	
	蒜香白花菜	1	鮮白花菜75g蒜末		63.8	3.8	0.8	5.0	1.5	
	青菜	1	生重100g		70.0	5.0	1.0	5.0	2.0	
	蝦米蘿蔔絲湯	1	蘿蔔絲25g蝦米0.25g	260c.c湯杯	6.3	1.3	0.3		0.5	
	水果	1			60.0	15.0	15.0		1.0	少辛辣、刺激勿太硬、生食物。
晚餐	白米飯	1	白米60g	紙製便當盒	210.0	45.0	6.0		0.3	
	卡啦雞腿	1	雞腿26.25g地瓜粉10g		166.3	7.5	5.3	12.3		
	筍片燒蒟蒻花枝	1	筍片40g蒟蒻花枝35g		63.8	3.8	0.8	5.0	1.5	
	洋菇炒甜豆	1	甜豆50g洋菇片25g		63.8	3.8	0.8	5.0	1.5	
	青菜	1	生重100g		70.0	5.0	1.0	5.0	2.0	
	薑絲大黃瓜湯	1	大黃瓜25g薑絲	260c.c湯杯	6.3	1.3	0.3		0.5	
	水果	1			60.0	15.0			1.0	
	地瓜酥	1	地瓜酥*2		223.7	38.9	0.6	7.3		
			合計		1823	253.8	40.9	70.2	13	

腎衰竭飲食菜單(13)

餐別	餐盒供應內容	樣式	成品供應標準（食材以生重表示）	包裝餐盒或容器之規格材質	熱量(大卡)	醣類(公克)	蛋白質(公克)	脂肪(公克)	膳食纖維(公克)	功能表設計及供應原則
早餐	碗粿	1	市售碗粿1個（233g）	520c.c.湯杯	233.4	41.2	6.8	4.6		
	青菜	1	生重100g		61.0	5.0	1.0	4.0	2.0	
	炒冬粉	1	冬粉20g苦茶油10g		150.0	15		10		
	白米飯	1	白米60g	紙製便當盒	210.0	45.0	6.0		0.3	
	蒸肉餅	1	絞肉26.25g紅蘿蔔末10g洋蔥末10g		106.3	1.0	5.5	8.8	0.4	
午餐	菜豆炒玉筍	1	菜豆50g玉米筍25g		63.8	3.8	0.8	5.0	2.0	少辛辣、刺激勿太硬、生食物。
	甘藍炒木耳	1	結頭菜片65g木耳片片10g		63.8	3.8	0.8	5.0	2.0	
	青菜	1	生重100g	260c.c.湯杯	61.0	5.0	1.0	4.0	2.0	
	大白菜番茄湯	1	大白菜25g大番茄10g		8.8	1.8	0.4		0.7	
	水果	1			60.0	15.0			1.0	
晚餐	豬肉水餃	1	豬肉水餃14顆（200g）	一體大	388.6	40.2	14.2	19.0	1.2	
	青菜	1	生重100g		61.0	5.0	1.0	4.0	2.0	
	玉米濃湯	1	玉米粒35g洋芋小丁25g大白粉5g火腿丁12g雞蛋10g黑胡椒粗粒1g奶油5g	260c.c.湯杯	140.3	16.3	3.8	5.8	1.5	
	水果	1			60.0	15.0			1.0	
	粉粿甜湯	1	粉粿170g糖5g		155.6	38.9				
	合計				1823.4	251.8	41.1	70.1	16.0	

腎袋喝飲食菜單(14)

餐別	餐盒供應內容	樣式	成品供應標準（食材以生重表示）	包裝餐盒或容器之規格材質	供應營養素					功能表設計及供應原則
					熱量(大卡)	醣類(公克)	蛋白質(公克)	脂肪(公克)	膳食纖維(公克)	
早餐	蔬菜起司吐司	1	白吐司2片苜蓿芽20g美生菜20g起司1片沙拉醬5g番茄醬	耐熱紙袋	275.0	49.0	8.4	9.0	2.3	
	米漿	1	米漿100ml	260c.c湯杯	74.3	13.0	1.3	1.9		
	地瓜煎餅	1	地瓜絲55g大白粉10g油5g		143	22.5	2	5	1.32	
午餐	白米飯	1	白米60g		210.0	45.0	6.0		0.3	少辛辣、刺激勿大硬、生食物。
	炸肉魚	1	肉魚（可食生重）26.35g		131.3		5.3	12.3		
	咖哩洋芋	1	洋芋30g紅蘿蔔丁30g洋蔥片15g咖哩粉	紙製便當盒	77.3	6.8	1.1	5.0	1.4	
	麻香茄子	1	茄子75g芝麻醬10g		108.8	3.8	0.8	10.0	1.5	
	青菜	1	生重100g		65.5	5.0	1.0	4.5	2.0	
	薑絲海芽湯	1	海帶芽1g薑絲	260c.c湯杯					1.0	
	水果	1			60.0	15.0				
晚餐	白米飯	1	白米60g		210.0	45.0	6.0		0.3	
	照燒雞丁	1	雞腿丁33.75g		86.3	3.8	5.3	7.3		
	豆茭雙菇	1	豌豆茭30g洋菇20g鴻喜菇25g	紙製便當盒	63.8	3.8	0.8	5.0	1.5	
	薑燒大白菜	1	大白菜75g薑絲		63.8	5.0	0.8	5.0	2.0	
	青菜	1	生重100g		61.0	1.3	1.0	4.0	2.0	
	青木瓜湯	1	青木瓜絲25g	260c.c湯杯	6.3		0.3		0.5	
	水果	1			60.0	15.0				
	市售麻糬	1	日式麻糬1顆		101.1	21.2	0.7	1.5	1.0	
				合計	1797.2	255.0	40.5	70.4	17.0	

腎衰竭飲食菜單(15)

餐別	餐盒供應內容	樣式	成品供應標準（食材以生重表示）	包裝餐盒或容器之規格材質	熱量(大卡)	醣類(公克)	蛋白質(公克)	脂肪(公克)	膳食纖維(公克)	功能表設計及供應原則
早餐	蘿蔔糕	1	蘿蔔糕180g	吐司盒	255.0	45.0	6.0	5.0		
	豆漿	1	豆漿130ml	260c.c.湯杯	27.5		3.5	3.0		
	蒟蒻糙米捲	1	蒟蒻糙米捲3條		180.7	14.7	1	13.1	0.3	
午餐	白米飯	1	白米60g	紙製便當盒	210.0	45.0	6.0		0.3	
	荷葉蒸肉角	1	肉角26.25g荷葉		123.8		5.3	11.3		
	吻魚莧菜羹	1	莧菜75g吻魚1g太白粉5g		72.3	7.5	1.3	5.0	1.5	
	菇燒白花	1	鮮白花菜75g乾香菇絲1g		63.8	3.8	0.8	5.0	1.5	
	青菜	1	生重100g		70.0	5.0	1.0	5.0	2.0	
	味噌蔬菜湯	1	高麗菜絲25g味噌5g	260c.c.湯杯	6.3	1.3	0.3		0.5	少辛辣、刺激勿太硬、生食物。
	水果	1			60.0	15.0			1.0	
晚餐	白米飯	1	白米60g	紙製便當盒	210.0	45.0	6.0		0.3	
	破布子蒸魚	1	鱈斑魚（可食生重）26.25g破布子5g		95.3		5.3	8.3		
	柴魚秋葵	1	秋葵75g柴魚片1g		63.8	3.8	0.8	5.0	1.5	
	大黃瓜燒粉肝	1	大黃瓜55g蒟蒻粉肝20g		63.8	3.8	0.8	5.0	1.5	
	青菜	1	生重100g		70.0	5.0	1.0	5.0	2.0	
	筍絲湯	1	筍絲25g	260c.c.湯杯	6.3	1.3	0.3		0.5	
	水果	1			60.0	15.0			1.0	
	香蕉飴	1	市售香蕉飴60g		202.0	49.5	1.0			
				合計	1840.2	260.5	40.0	70.6	13.5	

腎衰竭飲食菜單(16)

餐別	餐盒供應內容	樣式	成品供應應標準（食材以生重表示）	包裝餐盒或容器之規格材質	供應營養素 熱量（大卡）	醣類（公克）	蛋白質（公克）	脂肪（公克）	膳食纖維（公克）	功能表設計及供應原則
早餐	蔥花蛋	1	蛋25g蔥花50g		117.5	2.5	4.0	10.0	0.6	
	開陽燒冬瓜	1	冬瓜100g蝦米1g	紙製便當盒	70.0	5.0	1.0	5.0	2.0	
	青菜	1	生重100g		70.0	5.0	1.0	5.0	2.0	
	白稀飯	1	白米60g	520c.c湯杯	210.0	45.0	6.0		0.3	
	粉角甜湯	1	粉角10g糖15g		90.0	22.5				
午餐	金瓜米粉	1	乾米粉40g南瓜絲35g肉絲28g紅蘿蔔絲10g蝦米1g	紙製便當盒	310.0	33.8	10.1	14.0	0.7	少辛辣、刺激勿太硬、生食物。
	青菜	1	生重100g		70.0	5.0	1.0	5.0	2.0	
	金針湯	1	乾金針3g	260c.c湯杯					1.0	
	水果	1			60.0	15.0				
晚餐	白米飯	1	白米60g		210.0	45.0	6.0		0.3	
	香滷雞腿	1	雞腿33.75g		108.8	3.8	5.3	9.8		
	金菇高麗菜	1	高麗菜50g金針菇20g紅蘿蔔絲5g	紙製便當盒	68.3	3.3	0.8	5.5	2.0	
	黃芽炒干絲	1	黃豆芽55g木耳絲10g白干絲8.75g		57.0	3.3	2.4	5.5	1.3	
	青菜	1	生重100g		70.0	5.0	1.0	5.0	2.0	
	綠豆湯	1	綠豆10g糖15g	260c.c湯杯	95.0	22.5	1.0		1.4	
	水果	1			60.0	15.0				
	芝麻五穀漿	1	芝麻粉10g五穀粉10g糖15g		139.0	22.5	1.0	5.0	1.0	
	合計				1805.5	250.8	40.5	69.8	16.5	

腎衰竭飲食菜單(17)

餐別	餐盒供應內容	樣式	成品供應標準（食材以生重表示）	包裝餐盒或食器之規格材質	熱量（大卡）	醣類（公克）	蛋白質（公克）	脂肪（公克）	膳食纖維（公克）	功能表設計及供應原則
早餐	嘉義雞肉飯糰	1	嘉義雞肉飯糰*1	紙製便當盒	141.9	30.0	2.1	1.5		少辛辣、刺激勿太硬、生食物。
	市售糙米漿	1	市售糙米漿*1		339.0	58.0	6.2	9.1		
	綠豆煎餅	1	綠豆10g太白粉10g油5g		115.0	15.0	1.0	5.0	2.3	
	白米飯	1	白米60g		210.0	45.0	6.0		0.3	
	梅干燒肉	1	肉角26.25g濕梅干菜2.5g		146.9	0.1	5.3	13.8	0.1	
	青椒素脆腸	1	青椒50g素脆腸20g木耳絲5g	紙製便當盒	63.8	3.8	0.8	5.0	1.5	
	金菇白菜	1	大白菜35g金針菇15g紅蘿蔔絲10g		60.0	3.0	0.6	5.0	1.2	
午餐	青菜	1	生重100g		70.0	5.0	1.0	5.0	2.0	
	番茄洋蔥湯	1	大番茄25g洋蔥5g	260c.c.湯杯	7.5	1.5	0.3		0.6	
	水果	1			60.0	15.0			1.0	
	白米飯	1	白米60g		210.0	45.0	6.0		0.3	
	煎鯖魚	1	鯖魚片（可食重量）26.25g	紙製便當盒	86.3		5.3	7.3		
	甜豆炒洋菇	1	甜豆70g洋菇片30g		70.0	5.0	1.0	5.0	2.0	
晚餐	紅燒桂筍肉末	1	桂筍75g絞肉17.5g		83.3	3.8	4.3	5.5	1.5	
	青菜	1	生重100g		52.0	5.0	1.0	3.0	2.0	
	高麗菜乾湯	1	高麗菜乾3g	260c.c.湯杯						
	水果	1			60.0	15.0			1.0	
	蔥油拌冬粉	1	濕冬粉20g紅蔥頭1g油5g		62.5	3.8		5.0	1.0	
				合計	1838.1	253.9	40.7	70.1	15.7	

餐盒膳飲食菜單(18)

餐別	餐盒供應內容	樣式	成品供應標準（食材以生重表示）	包裝餐盒或容器之規格材質	熱量(大卡)	醣類(公克)	蛋白質(公克)	脂肪(公克)	膳食纖維(公克)	功能表設計及供應原則
早餐	肉絲炒麵	1	油麵180g肉絲7g高麗菜絲30g紅蘿蔔絲10g	一體大	325.0	47.0	7.4	11.0	0.8	
	青菜	1	生重100g		70.0	5.0	1.0	5.0	2.0	
	金針湯	1	乾金針3g	260c.c.湯杯						
	洋芋煎餅	1	馬鈴薯50g太白粉10g油5g		109	15	1	5	0.3	
午餐	白米飯	1	白米60g	紙製便當盒	210.0	45.0	6.0			
	炸雞排	1	雞排33.75g		146.3		5.3	13.8		
	米豆醬燒海根	1	海帶根75g米豆醬5g		63.8	5.0	1.0	5.0	2.4	少辛辣、
	泰式青木瓜	1	青木瓜絲65g番茄10g乾花生5g檸檬汁5g泰式辣椒醬3g		86.3	3.8	0.8	5.0	1.5	刺激勿太
	青菜	1	生重100g		70.0	5.0	1.0	5.0	2.0	硬、生食
	枸杞冬瓜湯	1	冬瓜25g枸杞0.25g	260c.c.湯杯	6.3	1.3	0.3		0.5	物。
	水果	1			60.0	15.0			1.0	
晚餐	白米飯	1	白米60g	紙製便當盒	210.0	45.0	6.0			
	京醬肉絲	1	肉絲26.25g蔥段25g甜麵醬5g		107.5	1.3	5.5	8.8	0.3	
	柴魚燒蘿蔔	1	白蘿蔔50g紅蘿蔔25g柴魚片1g		54.8	5.0	1.0	4.0	1.5	
	蒜香皇宮菜	1	皇宮菜75g蒜末		54.8	5.0	1.0	4.0	1.5	
	青菜	1	生重100g		61.0	5.0	1.0	4.0	2.0	
	薑絲紫菜湯	1	紫菜2.5g薑絲	260c.c.湯杯	6.3	1.3	0.3		0.5	
	水果	1			60.0	15.0			1.0	
	紅豆粉粿	1	紅豆20g粉粿90g糖5g		160.0	35.0	2.0		2.5	
	合計				1860.8	254.5	40.4	70.5	19.7	

胃衰竭飲食菜單(19)

餐別	餐盒供應內容	樣式	成品供應標準（食材以生重表示）	包裝餐盒之容器或規格材質	供應營養素					功能表設計及供應原則
					熱量(大卡)	醣類(公克)	蛋白質(公克)	脂肪(公克)	膳食纖維(公克)	
早餐	油腐米苔目湯	1	米苔目180g三角油豆腐55g杏鮑菇80g芹菜末1g	850c.c.湯碗	395.0	45.0	7.8	15.0		少辛辣、刺激勿太硬、生食物。
	綠豆沙藕羹	1	綠豆仁10g蓮藕粉10g糖8g		110.0	23.0	1.0		0.3	
午餐	白米飯	1	白米60g	紙製便當盒	210.0	45.0	6.0			
	椒鹽剝皮魚	1	剝皮魚（可食生重）26.25g		68.3		5.3	5.3		
	小瓜花生	1	小黃瓜丁40g熟花生20g		145.0	2.0	0.4	15.0	2.2	
	焗烤地瓜	1	地瓜55g起司10g		148.3	17.7	3.8	6.8	2.0	
	青菜	1	生重100g		70.0	5.0	1.0	5.0	2.0	
	香菜蘿蔔湯	1	蘿蔔小丁25g香菜1g	260c.c.湯杯	6.3	1.3	0.3		0.5	
	水果	1			60.0	15.0			1.0	
晚餐	酸辣湯餃	1	豬肉水餃10顆（140g）豬血絲20g豆腐絲20g雞蛋6.5g筍絲10g紅蘿蔔絲10g木耳絲10g太白粉10g	850c.c.碗	379.1	37.1	14.3	17.8	0.6	
	青菜	1	生重100g		70.0	5.0	1.0	5.0	2.0	
	水果	1			60.0	15.0			1.0	
	檸香拌粉皮	1	粉皮36g糖15g檸檬汁少許		186.0	42.0			1.0	
				合計	1908	253.1	40.8	69.9	12	

腎衰竭飲食菜單(20)

餐別	餐盒供應內容	樣式	成品供應標準（食材以生重表示）	包裝餐盒或容器之規格材質	供應營養素					功能表設計及供應原則
					熱量（大卡）	醣類（公克）	蛋白質（公克）	脂肪（公克）	膳食纖維（公克）	
早餐	蛋皮肉鬆手捲	1	蛋皮肉鬆手捲*1	紙製便當盒	295.0	45.0	13.0	7.0		少辛辣、刺激勿大硬、生食物。
	薏仁漿	1	薏仁粉20g糖5g		90.0	20.0	2.0		0.5	
	芝麻洋菜凍	1	洋菜條1.5g芝麻粉20g糖15g		150.0	15.0		10.0		
午餐	雞片炒粄條	1	粄條105g清雞片23g豆芽菜30g韭菜10g紅蘿蔔絲10g蝦米1g	紙製便當盒	359.6	49.9	6.4	15.0	1.2	
	青菜	1	生重100g		79.0	5.0	1.0	6.0	2.0	
	大黃瓜湯	1	大黃瓜25g大骨	260c.c.湯杯	6.3	1.3	0.3		0.5	
	水果	1			60.0	15.0			1.0	
晚餐	白米飯	1	白米60g		210.0	45.0	6.0		0.3	
	醬燒豬柳	1	豬柳26.25g洋蔥絲20g		151.3	1.0	5.5	13.8	0.4	
	薯丁三色	1	豆薯小丁52.5g豌豆仁11g素蝦仁10g	紙製便當盒	82.5	8.0	1.1	6.0	2.6	
	醋拌海芽	1	濕海芽75g白芝麻1g醋		72.8	5.0	1.0	6.0	3.0	
	青菜	1	生重100g		70.0	5.0	1.0	5.0	2.0	
	榨菜肉絲湯	1	榨菜12.5g肉絲8.75g	260c.c.湯杯	28.1	0.6	1.9	1.3	0.3	
	水果	1			60.0	15.0			1.0	
	粉圓甜湯	1	粉圓10g糖15g		90.0	22.5				
				合計	1804	253	39	70.0	15	

腎衰竭飲食菜單(21)

餐別	餐盒供應內容	樣式	成品供應標準（食材以生重表示）	包裝餐盒之容器或規格材質	熱量(大卡)	醣類(公克)	蛋白質(公克)	脂肪(公克)	膳食纖維(公克)	功能表設計及供應原則
早餐	吐司夾蛋	1	白吐司75g/小黃瓜20g紅蘿蔔絲10g/荷包蛋1顆沙拉醬10g	紙製便當盒	382.5	46.5	13.3	15.0		少辛辣、刺激，勿太硬、生食物。
	市售麻糬	1	日式麻糬1顆		101.1	21.2	0.7	1.5	0.3	
午餐	白米飯	1	白米60g	紙製便當盒	210.0	45.0	6.0			
	炸魚丁	1	旗魚26.25g地瓜粉10g		166.3	7.5	5.3	12.3	1.5	
	樹子炒龍鬚	1	龍鬚菜75g樹子1g		63.8	3.8	0.8	5.0	1.5	
	滷筍乾	1	筍乾75g		63.8	3.8	0.8	5.0	2.0	
	青菜	1	生重100g		70.0	5.0	1.0	5.0	0.5	
	番茄海芽湯	1	番茄25g乾海帶芽1g	260c.c.湯杯	6.3	1.3	0.3		1.0	
	水果	1			60.0	15.0			0.3	
晚餐	白米飯	1	白米60g	紙製便當盒	210.0	45.0	6.0			
	三杯雞丁	1	雞腿丁22.5g九層塔1g薑片1g		117.5		3.5	11.5	1.5	
	蒼蠅頭	1	韭菜花（末）75g烏豆豉1g		63.8	3.8	0.8	5.0	2.0	
	醋拌蓮藕	1	蓮藕片75g白芝麻1g醋		50.3	11.3	1.5	5.0	2.0	
	青菜	1	生重100g		70.0	5.0	1.0	5.0	0.5	
	青木瓜湯	1	青木瓜25g大骨	260c.c.湯杯	6.3	1.3	0.3		1.0	
	水果	1			60.0	15.0				
	花豆米苔目	1	米苔目30g花豆10g糖8g		102.0	23.0	1.0		0.4	
				合計	1803.4	253.2	42.0	70.3	14.4	

腎衰竭飲食菜單(22)

餐別	餐盒供應內容	樣式	成品供應標準（食材以生重表示）	包裝餐盒或容器之規格材質	熱量（大卡）	醣類（公克）	蛋白質（公克）	脂肪（公克）	膳食纖維（公克）	功能表設計及供應原則
早餐	蘿蔔肉燥	1	白蘿蔔丁50g絞肉17.5g	紙製便當盒	104.0	2.5	4.5	8.5	1.0	
	草菇炒白花菜	1	白花菜55g草菇20g		63.8	3.8	1.5	5.0	1.5	
	青菜	1	生重100g		70.0	5.0	1.0	5.0	2.0	
	地瓜粥	1	白米40g地瓜55g	520c.c湯杯	210.0	45.0	6.0		0.7	
	胚芽藕羹	1	小麥胚芽粉10g蓮藕粉10g糖15g		128.0	30.0	2.0			
午餐	肉燥冬粉	1	濕冬粉160g絞肉17.5g豆干丁20g豆芽菜50g韭菜10g紅蘿蔔絲10g	850c.c碗	342.5	48.5	7.7	17.5	1.4	少辛辣、刺激勿太硬、生食物。
	青菜	1	生重100g		70.0	5.0	1.0	5.0	2.0	
	筍絲湯	1	筍絲25g雞骨頭	260c.c湯杯	6.3	1.3	0.3		0.5	
	水果	1			60.0	15.0			1.0	
午餐	白米飯	1	白米60g	紙製便當盒	210.0	45.0	6.0		0.3	
	照燒豬排	1	去骨肉排26.25g		146.3	5.3	5.3	13.8		
	玉筍炒長豆	1	長豆55g玉筍斜片20g蒜末		63.8	3.8	1.5	5.0	1.5	
	枸杞美生菜	1	美生菜75g枸杞1g		63.8	3.8	1.5	5.0	1.5	
	青菜	1	生重100g		70.0	5.0	1.0	5.0	2.0	
	金針湯	1	乾金針3g	260c.c湯杯						
	水果	1			60.0	15.0	1.0		1.0	
	紅豆小湯圓	1	紅豆10g/小湯圓15g糖8g		102.0	23.0	1.0		2.5	
合計					1770	252	40	70	19	

腎衰竭飲食菜單(23)

餐別	餐盒供應內容	樣式	成品供應標準（食材以生重表示）	包裝餐盒容器之規格材質	熱量（大卡）	醣類（公克）	蛋白質（公克）	脂肪（公克）	膳食纖維（公克）	功能表設計及供應原則
早餐	丹麥葡萄捲	1	丹麥葡萄捲*1	紙製便當盒	335.7	43.8	7.5	14.5		少辛辣、刺激勿太硬、生食物。
	米漿	1	米漿120ml	260c.c湯杯	86.7	15.0	1.5	2.3		
	芋香煎餅	1	芋頭28g太白粉10g油10g		154.0	15.0	1.0	10.0		
午餐	白米飯	1	白米60g	紙製便當盒	210.0	45.0	6.0		0.3	
	清蒸鱈魚	1	鱈魚（可食生重）26.25g薑絲2.5g		90.0		5.3	7.5		
	薑燒海苔	1	海苔75g薑絲		54.8	3.8	1.5	4.0	1.5	
	炒茭白筍	1	茭白筍70g紅蘿蔔片5g		54.8	3.8	1.5	4.0	1.5	
	青菜	1	生重100g		61.0	5.0	1.0	4.0	2.0	
	薑絲苦瓜湯	1	苦瓜25g薑絲	260c.c湯杯	6.3	1.3	0.3		0.5	
	水果	1			60.0	15.0			1.0	
晚餐	白米飯	1	白米60g	紙製便當盒	210.0	45.0	6.0		0.3	
	紫蘇梅燒雞	1	雞腿丁33.75g紫蘇梅15g		101.1	3.7	5.3	9.5	0.3	
	炒彩椒	1	紅椒片25g黃椒片25g青椒片25g		63.8	3.8	1.5	5.0	1.5	
	吻魚莧菜	1	莧菜75g吻魚1g薑絲		63.8	3.8	1.5	5.0	1.5	
	青菜	1	生重100g		61.0	5.0	1.0	4.0	2.0	
	高麗菜乾湯	1	高麗菜乾3g	260c.c湯杯	60.0	15.0			1.0	
	水果	1								
	燒仙草	1	粉圓10g脆圓10g市售仙草包*1		129.2	29.8				
				合計	1802	254	41	70	13	

腎衰竭飲食菜單(24)

餐別	餐盒供應內容	樣式	成品供應標準（食材以生重表示）	包裝餐盒或容器之規格材質	供應營養素					功能表設計及供應原則
					熱量(大卡)	醣類(公克)	蛋白質(公克)	脂肪(公克)	膳食纖維(公克)	
早餐	菜包	1	市售素菜包1個	紙製便當盒	205.4	38.6	7.8	2.2	1.0	少辛辣、刺激勿大便、生食硬、物。
	青菜	1	生重100g		70.0	5.0	1.0	5.0	2.0	
	地瓜脆片	1	市售地瓜脆片24g		128.4	15.1	0.8	7.2		
午餐	白米飯	1	白米60g	紙製便當盒	210.0	45.0	6.0		0.3	
	蒜泥白肉	1	後腿肉26.25g蒜泥5g		153.0		5.3	14.5		
	芹香蒟蒻絲	1	芹菜50g蒟蒻絲25g		63.8	3.8	0.8	5.0	1.5	
	黑白雙耳	1	濕白木耳35g黑木耳45g		41.3	3.8	0.8	5.0	2.0	
	青菜	1	生重100g		70.0	5.0	1.0	5.0	2.0	
	枸杞瓠瓜湯	1	瓠瓜30g枸杞1g	260c.c.湯杯	6.3	1.3	0.3		0.5	
	水果	1			60.0	15.0			1.0	
晚餐	白米飯	1	白米60g	紙製便當盒	210.0	45.0	6.0		0.3	
	黃金柳葉魚	1	黃金柳葉魚40g		180.8	13.0	7.0	11.2		
	朴菜燒苦瓜	1	苦瓜70g梅干菜5g		63.8	3.8	0.8	5.0	2.0	
	金菇龍鬚菜	1	龍鬚菜65g金針菇10g		63.8	3.8	0.8	5.0	2.0	
	青菜	1	生重100g		70.0	5.0	1.0	5.0	2.0	
	薑絲紫菜湯	1	紫菜2.5g薑絲	260c.c.湯杯	6.3	1.3	0.3		0.5	
	水果	1			60.0	15.0			1.0	
	脆圓粉粿甜湯	1	脆圓20g粉粿45g糖10g		145.0	32.5				
合計					1807.6	251.7	39.4	70.1	18.0	

腎衰竭飲食菜單(25)

餐別	餐盒供應內容	樣式	成品供應標準（食材以生重表示）	包裝餐盒或容器之規格材質	熱量（大卡）	醣類（公克）	蛋白質（公克）	脂肪（公克）	膳食纖維（公克）	功能表設計及供應原則
早餐	玉米炒蛋	1	玉米粒35g雞蛋65g		164.0	7.5	8.0	11.0	1.1	
	柚珍菇炒大瓜	1	大黃瓜55g柚珍菇20g	紙製便當盒	63.8	3.8	0.8	5.0	2.0	
	青菜	1	生重100g		70.0	5.0	1.0	5.0	2.0	
	白稀飯	1	白米60g	520c.c湯杯	210.0	45.0	6.0		0.3	
	愛玉	1	市售愛玉1盒		85.2	21.3				
午餐	白米飯	1	白米60g		210.0	45.0	6.0		0.3	少辛辣、刺激勿太硬、生食、勿太硬物。
	孜然烤雞排	1	雞排33.75g孜然粉1g		101.3		5.3	8.8		
	米豆醬燒冬瓜	1	冬瓜塊75g米豆醬5g	紙製便當盒	63.8	3.8	0.8	5.0	1.5	
	粉蒸芋頭	1	芋頭55g蒸肉粉5g		132.4	18.7	2.5	5.0	1.3	
	青菜	1	生重100g		70.0	5.0	1.0	5.0	2.0	
	金針湯	1	乾金針3g	260c.c湯杯	6.0	1.3	0.3			
	水果	1			60.0	15.0			1.0	
晚餐	蝦仁炒寬粉條	1	濕寬粉條160g蝦仁30g高麗菜絲30g紅蘿蔔絲10g木耳絲10g	一體大	340.0	32.5	7.5	20.0	1.0	
	青菜	1	生重100g		70.0	5.0	1.0	5.0	2.0	
	蘿蔔蘿絲湯	1	蘿蔔絲25g薑絲	260c.c湯杯	6.3	1.3	0.3		0.5	
	水果	1			60.0	15.0			1.0	
	香蕉飴	1	市售香蕉飴32.5g		106.1	26.0	0.5			
合計					1819	251	41	70	16	

菜單設計

腎衰竭飲食菜單(26)

餐別	餐盒供應內容	樣式	成品供應標準（食材以生重表示）	包裝餐盒或容器之規格材質	供應營養素					功能表設計及供應原則
					熱量（大卡）	醣類（公克）	蛋白質（公克）	脂肪（公克）	膳食纖維（公克）	
早餐	碗粿	1	市售碗粿1個（233g）	520c.c湯杯	233.4	41.2	6.8	4.6		少辛辣、刺激、生食。勿太硬、生食物。
	燕麥粥	1	即食燕麥片20g糖5g	520c.c湯杯	90.0	20.0	2.0		0.5	
	西米露藕羹	1	西谷米10g蓮藕粉10g糖8g		102.0	23.0				
午餐	白米飯	1	白米60g	紙製便當盒	210.0	45.0	6.0		0.3	
	紅燒肉角	1	肉角26.25g滷包八角		155.3		5.3	14.8		
	金菇炒洋蔥	1	洋蔥45g金針菇30g		72.8	5.0	1.0	6.0	2.0	
	清炒小豆苗	1	小豆苗75g		72.8	5.0	1.0	6.0	2.0	
	青菜	1	生重100g		79.0	5.0	1.0	6.0	2.0	
	薑絲大黃瓜湯	1	大黃瓜25g薑絲	260c.c湯杯	6.3	1.3	0.3		0.5	
	水果	1			60.0	15.0			1.0	
晚餐	白米飯	1	白米60g	紙製便當盒	210.0	45.0	6.0		0.3	
	塔香中卷	1	中卷41g九層塔1g薑片1g		131.3		5.3	12.3		
	木須大白菜	1	大白菜70g木耳絲5g		72.8	5.0	1.0	6.0	2.0	
	薑絲皇宮菜	1	皇宮菜75g薑絲		72.8	5.0	1.0	6.0	2.0	
	青菜	1	生重100g		79.0	5.0	1.0	6.0	2.0	
	榨菜肉絲湯	1	榨菜12.5g肉絲8.75g	260c.c湯杯	21.9	0.6	1.9	2.3	0.3	
	水果	1			60.0	15.0			1.0	
	芋圓湯	1	芋頭芋圓15g糖8g		22.5	15.5	0.2	0.3		
				合計	1752	252	40	70	16	

腎衰竭飲食菜單(27)

餐別	餐盒供應內容	樣式	成品供應標準（食材以生重表示）	包裝餐盒之容器或規格材質	供應營養素					功能表設計及供應原則
					熱量(大卡)	醣類(公克)	蛋白質(公克)	脂肪(公克)	膳食纖維(公克)	
早餐	肉燥米粉	1	乾米粉60g絞肉10.5g高麗菜絲15g紅蘿蔔絲5g乾香菇絲1g蝦米1g紅蔥頭1g	一體大	350.0	46.0	8.3	14.0	0.4	少辛辣、刺激勿大便、生食物。
	青菜	1	生重100g		70.0	5.0	1.0	5.0	2.0	
	番茄味噌湯	1	番茄30g洋蔥絲10g味噌	520c.c湯杯	10.0	2.0	0.4		0.8	
	紅豆粉粿	1	紅豆10g粉粿45g糖5g		20.5	20.0	1.0		1.2	
午餐	白米飯	1	白米60g	紙製便當盒	210.0	45.0	6.0		0.3	
	瓜仔雞	1	雞腿丁33.75g花瓜條2.5g		131.9	0.1	5.4	12.3	0.1	
	香菇高麗	1	高麗菜65g鮮菇10g		63.8	3.8	0.8	5.0	2.0	
	木須金菇	1	木耳絲45g金針菇30g		63.8	3.8	0.8	5.0	2.0	
	青菜	1	生重100g		70.0	5.0	1.0	5.0	2.0	
	薑絲海芽湯	1	海帶芽1g薑絲	260c.c湯杯						
	水果	1			60.0	15.0			1.0	
晚餐	白米飯	1	白米60g	紙製便當盒	210.0	45.0	6.0		0.3	
	芋頭燒肉	1	肉角26.25g芋頭27.5g		136.3	7.5	6.3	8.8	0.6	
	枸杞絲瓜	1	絲瓜75g枸杞1g		63.8	3.8	0.8	5.0	1.5	
	蒜香四季豆	1	四季豆75g蒜末		63.8	3.8	0.8	5.0	1.5	
	青菜	1	生重100g		70.0	5.0	1.0	5.0	2.0	
	時疏湯	1	大白菜絲25g紅蘿蔔絲5g	260c.c湯杯	7.5	1.5	0.3		0.6	
	水果	1			60.0	15.0			1.0	
	地瓜甜湯	1	地瓜55g糖8g		102.0	23.0	2.0		1.3	
				合計	1763.1	250.1	41.6	70.0	20.5	

腎衰竭飲食菜單(28)

餐別	餐盒供應內容	樣式	成品供應標準（食材以生重表示）	包裝餐盒之容器或規格材質	熱量（大卡）	醣類（公克）	蛋白質（公克）	脂肪（公克）	膳食纖維（公克）	功能表設計及供應原則
早餐	全麥饅頭夾蛋	1	全麥饅頭60g		210.0	45.0	6.0		2.7	
	荷包蛋	1	荷包蛋1顆	紙製便當盒	120.0	1.0	7.0	10.0		
	美生菜	1	美生菜20g		5.0	1.0	0.2		0.4	
	米漿	1	米漿250ml	260c.c湯杯	185.8	32.5	3.3	4.8	1.0	
	洋芋煎餅	1	馬鈴薯25g大白粉10g油5g		92.2	11.3	0.5	5		
午餐	牛肉湯河粉	1	河粉180g牛腩33.75g番茄25g洋蔥25g	850c.c湯碗	323.8	47.5	6.3	17.5	1.3	少辛辣、刺激勿大硬、生食物。
	青菜	1	生重100g		70.0	5.0	1.0	5.0	2.0	
	水果	1			60.0	15.0			1.0	
晚餐	白米飯	1	白米60g		210.0	45.0	6.0		0.3	
	鹽烤秋刀魚	1	秋刀魚（可食生重）26.25g	紙製便當盒	135.0		5.3	12.5		
	韓式黃芽絲	1	黃豆芽70g紅蘿蔔絲5g韓式辣椒醬5g		63.8	3.8	0.8	5.0	1.5	
	絞白筍雙色	1	絞白筍65g紅蘿蔔絲10g		63.8	3.8	0.8	5.0	1.5	
	青菜	1	生重100g		70.0	5.0	1.0	5.0	2.0	
	冬瓜蛤蜊湯	1	冬瓜25g蛤蜊10g	260c.c湯杯	15.4	1.3	1.4	0.5	0.5	
	水果	1			60.0	15.0			1.0	
	綠豆米苔目甜湯	1	綠豆10g米苔目30g糖8g		102.0	23.0	1.0			
				合計	1787	254	40	70	15	

第六節　高蛋白質高熱量飲食

　　適用於營養不良、手術前後、灼傷、甲狀腺亢進、惡性貧血、癌症的人，其飲食設計原則如下：

1. 每日每公斤體重蛋白質至少1.5公克，熱量應攝取至少35大卡熱量。
2. 每人每天攝取一杯牛奶、一個蛋、3-4兩肉或豆製品。三份蔬菜、二份水果之外；另須增加2-4份蛋白質例：奶類、蛋類、肉類、豆類，其中高生理價的蛋白質應占每日蛋白質的一半以上。
3. 避免攝取過多膽固醇高及鈉鹽高的食物

飲食建議：

1. 熱量：2500大卡
2. 蛋白質：1.5-2.0公克／公斤體重，1.5-2公克×60公斤＝90–120公克
3. 脂肪：2500×30%÷9＝83.3公克
4. 醣類：(2500–110×4–83×9)÷4＝328公克

食物	份數	蛋白質（公克）	脂肪（公克）	醣（公克）
牛奶	2x	16	12	24
肉、魚、豆、蛋	8x	56	40	+
五穀根莖類	15x	30	+	225
蔬菜	5x	5	+	25
水果	4x	+	+	60
油脂	6t	0	30	0
總合		107	82	334

5. 餐食分配

食物	早餐	午餐	晚餐	點心
牛奶	1x低脂			1x
肉、魚、豆、蛋	2x	3x	3x	
五穀根莖類	4x	5x	5x	1x
蔬菜	1x	2x	2x	
水果	1x	1.5x	1.5x	
油脂	2x	2x	2x	

餐別	餐盒供應內容	樣式	成品供應標準（食材以生重表示）	包裝餐盒或容器之規格材質	熱量(大卡)	醣類(公克)	蛋白質(公克)	脂肪(公克)	膳食纖維(公克)	功能表設計及供應原則
早餐	魚鬆	1	魚鬆25g	紙製便當盒	118.3	11.0	7.1	5.1		少辛辣、刺激勿大便、生食物。
	秋葵燒肉末	1	秋葵50g絞肉35g		168.5	2.5	7.5	9.0	1.0	
	青菜	1	生重100g		61.0	5.0	1.0	4.0	2.0	
	地瓜稀飯	1	白米40g地瓜110g	520c.c湯杯	280.0	60.0	8.0		2.6	
	水果	1			60.0	15.0			1.0	
	市售保久乳	1	保久乳200ml		96.4	11	6.8	2.8		
午餐	糙米飯	1	糙米100g	紙製便當盒	350.0	75.0	10.0		2.4	
	紅糖燒肉	1	肉角70g紅糖5g		172.5		14.0	12.5		
	三色雞丁	1	玉米粒35g雞胸35g紅蘿蔔小丁5g		127.3	7.5	8.0	7.0	3.0	
	蝦皮羅蔔絲干絲	1	白羅蔔30g紅羅蔔絲10g白干絲35g蝦皮1g		101.0	2.0	7.4	7.0	0.8	
	青菜	1	生重100g		52.0	5.0	1.0	3.0	2.0	
	竹筍絲湯	1	筍絲25g雞骨頭	260c.c湯杯	6.3	3.8	0.3		1.1	
	水果	1.5			90.0	22.5	2*4		1.5	
晚餐	五穀飯	1	五穀米80g	紙製便當盒	280.0	60.0	14.0	11.0	1.9	
	味噌燒魚	1	白北魚70g味噌5g		155.0		14.0			
	綠蘆筍炒肉絲	1	綠蘆筍50g肉絲35g		123.5	2.5	7.8	9.0	0.9	
	炒三菇蝦仁	1	洋菇20g柳松菇25g蝦仁30g		102.3	2.3	7.5	7.0	0.9	
	青菜	1	生重100g		52.0	5.0	1.0	3.0	2.0	
	枸杞瓠瓜湯	1	瓠瓜絲25g枸杞1g	260c.c湯杯	6.3	1.3	0.3		0.5	
	水果	1.5			90.0	22.5			1.5	
	市售保久乳	1	保久乳200ml		96.4	11	6.8	2.8		
合計					2588.6	324.8	108.3	83.2	25.2	

高熱量高蛋白飲食菜單(2)

餐別	餐盒供應內容	樣式	成品供應標準（食材以生重表示）	包裝餐盒之容器或規格材質	熱量(大卡)	醣類(公克)	蛋白質(公克)	脂肪(公克)	膳食纖維(公克)	功能表設計及供應原則
早餐	鐵板烤肉飯糰		鐵板烤肉飯糰*1		222.8	30	3.3	5	0.1	少辛辣、刺激勿太硬、生食物。
	凝能活性發酵乳		凝能活性發酵乳*1		178.0	29.2	6.2	4.2		
	茶葉蛋		茶葉蛋*1		75.0		7	5		
	水果	1			60.0	15.0			1.0	
午餐	燕麥飯	1	燕麥100g	紙製便當盒	350.0	75.0	10.0		2.4	
	白斬雞	1	光雞(帶骨1ex45g)90g		128.0		14.0	8.0		
	番茄豆腐	1	豆腐80g番茄10g		104.5	0.1	7.1	8.0	0.4	
	拌海帶絲	1	海帶絲75g嫩薑絲1g		63.8	3.8	0.8	5.0	2.3	
	青菜	1	生重100g		70.0	5.0	1.0	5.0	2.0	
	梅干苦瓜湯	1	苦瓜25g梅干菜1g	260c.c.湯杯	6.3	1.3	0.3		0.5	
	水果	1.5			90.0	22.5			1.5	
晚餐	胚芽飯	1	胚芽米100g	紙製便當盒	350.0	75.0	10.0		2.4	
	滷肉角	1	肉角70g滷包		168.0		14.0	12.0		
	彩椒魚片	1	魚肉70g黃椒5g紅椒5g		160.0	1.0	14.2	11.0	0.4	
	牛蒡雞絲	1	牛蒡20g雞絲70g		167.5	2.5	14.5	11.0	1.0	
	青菜	1	生重100g		70.0	5.0	1.0	5.0	2.0	
	高麗菜乾湯	1	高麗菜乾3g	260c.c.湯杯						
	水果	1.5			90.0	22.5			1.5	
	麥片牛奶	1	低脂奶粉25g即時燕麥片36g		190.0	39.0	8.0	4.0	1.8	
合計					2543.8	326.8	111.3	83.2	19.3	

菜單設計

高熱量高蛋白飲食菜單(3)

餐別	餐盒供應內容	樣式	成品供應標準（食材以生重表示）	包裝餐盒或容器之規格材質	供應營養素					功能表設計及供應原則
					熱量（大卡）	醣類（公克）	蛋白質（公克）	脂肪（公克）	膳食纖維（公克）	
早餐	鮪魚三明治	1	全麥吐司75g小黃瓜絲20g紅蘿蔔絲5g鮪魚（罐頭）30g沙拉醬10g	吐司盒	381.3	48.8	13.3	13.0	2.1	少辛辣、刺激、勿供太硬、生食物。
	豆漿	1	豆漿260ml		75.0	5.0	7.0	3.0		
	水果	1			60.0	15.0			1.0	
	市售保久乳	1	保久乳200ml		96.4	11	6.8	2.8		
午餐	紫米飯	1	紫米100g	紙製便當盒	350.0	75.0	10.0		2.4	
	烤秋刀魚	1	秋刀魚（可食生重）70g		240.0		14.0	20.0	1.0	
	洋蔥炒肉絲	1	洋蔥50g肉絲42g		120.5	2.5	8.9	8.0	2.0	
	清炒茭白筍	1	茭白筍90g紅蘿蔔絲10g		47.5	5.0	1.0	2.5	2.0	
	青菜	1	生重100g		43.0	5.0	1.0	2.0		
	金針湯	1	乾金針3g	260c.c.湯杯					1.5	
	水果	1.5			90.0	22.5			2.4	
晚餐	三寶燕麥飯	1	三寶燕麥100g	紙製便當盒	350.0	75.0	10.0		0.5	
	三杯雞	1	雞腿丁90g九層塔1g薑片1g		155.0		14.0	11.0	1.6	
	紅棗高麗肉片	1	高麗菜25g紅棗3g肉片52.5g		163.8	1.3	10.8	12.5	2.0	
	木須瓠瓜絲	1	瓠瓜絲90g木耳絲10g		47.5	5.0	1.0	2.5	0.5	
	青菜	1	生重100g		43.0	5.0	1.0	2.0	1.5	
	薑絲紫菜湯	1	紫菜2.5g薑絲	260c.c.湯杯	6.3	1.3	0.3		0.1	
	水果	1.5			90.0	22.5				
	藕羹牛奶	1	低脂奶粉25g蓮藕粉20g		190.0	27.0	10.0	4.0		
				合計	2549.2	326.8	109.0	83.3	20.6	

高熱量高蛋白飲食菜單(4)

餐別	餐盒供應內容	樣式	成品供應標準（食材以生重表示）	包裝餐盒或容器之規格材質	供應營養素					功能表設計及供應原則
					熱量（大卡）	醣類（公克）	蛋白質（公克）	脂肪（公克）	膳食纖維（公克）	
早餐	芝麻涼拌皮蛋	1	白芝麻1g皮蛋1個		75.0		7.0	5.0		
	黃瓜木耳雜片	1	黃瓜40g木耳10g雜片35g	紙製便當盒	81.0	2.5	7.5	4.5	1.0	
	青菜	1	生重100g		38.5	5.0	1.0	1.5	2.0	
	小米粥	1	白米40g/小米30g	520c.c湯杯	245.0	52.5	7.0		0.9	
	水果	1			60.0	15.0			1.0	
	市售保久乳	1	保久乳200ml		96.4	11	6.8	2.8		
午餐	客家粄條	1	粄條160g絞肉35g豆干丁40g豆芽菜30g韭菜10g紅蘿蔔絲10g蝦米1g	紙製便當盒	546.5	73.6	15.4	21.8	1.0	少辛辣、刺激勿大硬、生食物。
	滷三角油豆腐	1	三角油腐55g		75.0		7.0	5.0		
	滷蛋半顆	1	滷蛋半顆		37.5		3.5	2.5		
	青菜	1	生重100g		52.0	5.0	1.0	3.0	2.0	
	四神肉片湯	1	乾四神料5g肉片35g	260c.c湯杯	101.5	3.8	7.5	6.0	0.3	
	水果	1.5			90.0	22.5			1.5	
晚餐	糙米飯	1	糙米100g	紙製便當盒	350.0	75.0	10.0		2.4	
	紅燒豬排	1	豬肉排70g		195.0		14.0	15.0	0.1	
	肉末燒茄子	1	茄子50g絞肉42g		120.5	2.5	8.9	8.0	1.0	
	薑絲紅鳳菜	1	紅鳳菜100g薑絲		43.0	5.0	1.0	2.0	2.0	
	青菜	1	生重100g		43.0	5.0	1.0	2.0	2.0	
	冬瓜蛤蜊湯	1	冬瓜25g蛤蜊10g	260c.c湯杯	15.4	1.3	1.4	0.5	0.5	
	水果	1.5			90.0	22.5			1.5	
	糙米粉牛奶	1	低脂奶粉25g糙米粉20g		190.0	27.0	10.0	4.0	0.3	
	合計				2545.3	329.1	110.0	83.6	19.5	

菜單設計

高熱量高蛋白飲食菜單(5)

餐別	餐盒供應內容	樣式	成品供應標準（食材以生重表示）	包裝餐盒或容器之規格材質	供應營養素					功能表設計及供應原則
					熱量（大卡）	醣類（公克）	蛋白質（公克）	脂肪（公克）	膳食纖維（公克）	
早餐	湯種紅豆麵包	1	湯種紅豆麵包		237.2	45.3	6.8	3.2		
	茶葉蛋	1	茶葉蛋*1		75.0		7	5		
	光泉鮮奶	1	光泉鮮奶		192.0	13.6	9.6	11		
	炒冬粉	1	冬粉10g苦茶油10g		125.0	7.5		10		
	五穀飯	1	五穀米100g		350.0	75.0	10.0		2.4	
午餐	香煎鮭魚	1	鮭魚（可食生重）70g	紙製便當盒	172.5		14.0	12.5		少辛辣、刺激勿太硬、生食物。
	黃瓜炒雞片	1	大黃瓜40g紅蘿蔔片10g雞片35g		94.5	2.5	7.5	6.0	1.0	
	筍絲拌干絲	1	筍絲40g白干絲35g		110.0	2.0	7.4	8.0	0.8	
	青菜	1	生重100g		38.5	5.0	1.0	1.5	2.0	
	香菜蘿蔔湯	1	白蘿蔔小丁25g香菜1g	260c.c湯杯	6.3	1.3	0.3		0.5	
	水果	1.5			90.0	22.5			1.5	
晚餐	燕麥飯	1	燕麥100g		350.0	75.0	10.0		2.4	
	麻油雞	1	雞腿丁90g薑5g麻油10g	紙製便當盒	200.0		14.0	16.0		
	雙花炒肉片	1	花椰菜50g肉片35g		105.5	2.5	7.5	7.0	1.0	
	枸杞皇宮菜	1	皇宮菜100g		38.5	5.0	1.0	1.5	2.0	
	青菜	1	生重100g		38.5	5.0	1.0	1.5	2.0	
	時蔬湯	1	高麗菜絲25g	260c.c湯杯	6.3	1.3	0.3		0.5	
	水果	1.5			90.0	22.5			1.5	
	紅豆芋圓牛奶	1	低脂奶粉25g紅豆20g芋圓30g		260.0	42.0	10.0		2.5	
				合計	2579.7	327.9	107.3	83.2	20.1	

高熱量高蛋白飲食菜單(6)

餐別	餐盒供應內容	樣式	成品供應標準（食材以生重表示）	包裝餐盒或容器之規格材質	熱量(大卡)	醣類(公克)	蛋白質(公克)	脂肪(公克)	膳食纖維(公克)	功能表設計及供應原則
早餐	全麥饅頭里肌蛋	1	全麥饅頭60g	耐熱紙袋	210.0	45.0	6.0		2.2	
	里肌肉片	1	里肌肉片35g		88.5		7.0	6.5		
	荷包蛋	1	荷包蛋1顆		88.5		7.0	6.5		
	青菜	1	生重100g		52.0	5.0	1.0	3.0	2.0	
	水果	1			60.0	15.0			1.0	
	市售保久乳	1	保久乳200ml		96.4	11	6.8	2.8		
午餐	胚芽飯	1	胚芽米100g	紙製便當盒	350.0	75.0	10.0		2.4	少辛辣、刺激勿大硬、生食物。
	糖醋肉片	1	肉片70g洋蔥20g紅蘿蔔片5g		169.8	1.3	14.3	11.5	0.5	
	芹香雞柳	1	芹菜段50g清雞柳35g		94.5	2.5	7.5	9.0	1.0	
	香菇炒豆苗	1	豆苗75g乾香菇絲1g		41.3	3.8	0.8	2.5	2.0	
	青菜	1	生重100g		43.0	5.0	1.0	2.0	2.0	
	榨菜肉絲湯	1	榨菜12.5g肉絲5g	260c.c.湯杯	13.8	0.6	1.1	0.7	0.3	
	水果	1.5			90.0	22.5			1.5	
晚餐	紫米飯	1	紫米100g	紙製便當盒	350.0	75.0	10.0		2.4	
	清蒸鱈魚	1	鱈魚（可食生重）70g		240.0		14.0	20.0		
	番茄炒蛋	1	番茄中丁30g雞蛋65g		109.5	1.5	7.3	8.0	1.0	
	薑絲紅鳳菜	1	紅鳳菜75g薑絲		41.3	3.8	0.8	2.5	2.0	
	青菜	1	生重100g		43.0	5.0	1.0	2.0	2.0	
	味噌海芽湯	1	乾海帶芽1g味噌5g	260c.c.湯杯						
	水果	1.5			90.0	22.5			1.5	
	高纖蘇打餅乾	1	高纖蘇打餅乾*1包		67.3	9.6	1.6	2.5		
	藕藥牛奶	1	低脂奶粉25g蓮藕粉16g		155	24	8	4	0.7	
				合計	2493.8	328.0	105.1	83.5	24.4	

高熱量高蛋白飲食菜單(7)

餐別	餐盒供應內容	樣式	成品供應標準（食材以生重表示）	包裝餐盒或裝器之規格材質	供應營養素					功能表設計及供應原則
					熱量(大卡)	醣類(公克)	蛋白質(公克)	脂肪(公克)	膳食纖維(公克)	
早餐	滷豆腐	1	豆腐80g		88.5		7.0	6.5	0.4	
	豆薯炒肉絲	1	豆薯絲52.5g肉絲35g蝦皮1g	紙製便當盒	128.0	3.8	7.5	7.0	0.6	
	梅干苦瓜	1	苦瓜100g梅干菜2.5g		61.0	5.0	1.0	4.0	2.0	
	蕎麥稀飯	1	白米40g蕎麥40g	520c.c湯杯	280.0	60.0	8.0		1.1	
	水果	1			60.0	15.0			1.0	
	芝麻牛奶	1	低脂奶粉25g芝麻粉10g		165	12	8	9		
午餐	三寶燕麥飯	1	三寶燕麥100g		350.0	75.0	10.0		2.4	
	鳳梨雞	1	雞腿丁90g鳳梨豆醬10g	紙製便當盒	132.5		14.0	8.5		少辛辣、刺激勿太大食硬、生食、物。
	韭黃肉絲	1	韭黃段50g肉絲35g		101.0	2.5	7.5	6.5	1.5	
	薑絲紅棗蒸南瓜	1	南瓜100g紅棗3g薑絲		66.0	11.3	1.5	4.5	2.3	
	青菜	1	生重100g		61.0	5.0	1.0	4.0	2.0	
	青木瓜湯	1	青木瓜25g大骨	260c.c湯杯	6.3	1.3	0.3		0.5	
	水果	1.5			90.0	22.5			1.5	
晚餐	皮蛋瘦肉粥	1	加鈣米70g玉米粒35g絞肉17.5g皮蛋0.5個芹菜末1g	850c.c湯杯	400.0	60.0	15.0	10.0	0.6	
	醬爆麵腸	1	麵腸80g甜麵醬		155.0		14.0	11.0		
	花生米	1	花生米18粒		40.5	5.0	1.0	4.5	0.7	
	青菜	1	生重100g		61.0	5.0	1.0	4.0	2.0	
	水果	1.5			90.0	22.5			1.5	
	麵茶牛奶	1	麵茶20g低脂奶粉25g		190.0	27.0	10.0	4.0	1.5	
				合計	2525.8	327.8	105.8	83.5	20.1	

高熱量高蛋白飲食菜單(8)

餐別	餐盒供應內容	樣式	成品供應標準（食材以生重表示）	包裝餐盒或容器之規格材質	熱量(大卡)	醣類(公克)	蛋白質(公克)	脂肪(公克)	膳食纖維(公克)	功能表設計及供應原則
早餐	火腿燻雞手捲	1	火腿燻雞手捲		291.4	54	5.8	5.8		
	豆漿	1	豆漿260ml	260c.c.湯杯	75.0	5	7	3		
	茶葉蛋	1	茶葉蛋*1		75.0		7	5		
	水果	1			60.0	15.0			1.0	
	粉粿牛奶	1	粉粿45g低脂奶粉25g		155	19.5	8	4		
午餐	糙米飯	1	糙米飯100g		350.0	75.0	10.0		2.4	
	烤肉丸	1	絞肉70g豆薯10g紅蘿蔔末10g洋蔥末10g		190.0	1.8	14.3	13.5	0.6	少辛辣、刺激勿大便、生食物。
	小瓜雞片	1	小黃瓜40g紅蘿蔔片10g青雞片35g	紙製便當盒	77.8	2.5	7.5	6.5	1.0	
	豆豉苦瓜	1	苦瓜75g烏豆豉1g		50.3	3.8	0.8	3.5	2.0	
	青菜	1	生重100g		56.5	5.0	1.0	3.5	2.0	
	玉米大骨湯	1	玉米粒17.5g大骨	260c.c.湯杯	17.5	3.8	0.5		0.8	
	水果	1.5			90.0	22.5			1.5	
晚餐	五穀飯	1	五穀米100g		350.0	75.0	10.0		2.4	
	當歸枸杞子蒸魚	1	旗魚70g枸杞子1g當歸1g	紙製便當盒	141.5		14.0	9.5		
	甜豆炒肉片	1	甜豆50g肉片35g		119.0	2.5	7.5	8.5	1.0	
	絲瓜雞茸	1	絲瓜50g雞茸35g		99.0	2.5	7.5	6.5	1.0	
	青菜	1	生重100g		70.0	5.0	1.0	5.0	2.0	
	筍絲湯	1	筍絲25g雞骨頭	260c.c.湯杯	6.3	1.3	0.3		0.5	
	水果	1.5			90.0	22.5			1.5	
	杏仁牛奶	1	低脂奶粉25g杏仁粉10g		165.0	12.0	8.0	9.0	0.1	
	合計				2529.2	328.5	110.1	83.3	19.8	

高熱量高蛋白飲食菜單(9)

餐別	餐盒供應內容	樣式	成品供應標準（食材以生重表示）	包裝餐盒或容器之規格材質	供應營養素 熱量（大卡）	醣類（公克）	蛋白質（公克）	脂肪（公克）	膳食纖維（公克）	功能表設計及供應原則
早餐	蔬菜蛋餅	1	蛋餅皮1張美生菜50g雞蛋1顆	耐熱紙袋	272.5	32.5	11.5	10.0	1.0	
	芝麻豆漿	1	豆漿260ml黑芝麻粉10g	390c.c.湯杯	120.0	5.0	7.0	8.0		
	水果	1			60.0	15.0			1.0	
	粉圓牛奶	1	低脂奶粉25g粉圓10g		155	19.5	8	4		
午餐	燕麥飯	1	燕麥100g	紙製便當盒	350.0	75.0	10.0		2.4	
	蔥爆雞柳	1	清雞柳70g蔥25g		161.3	1.3	14.3	11.0	0.4	
	塔香海苔	1	海苔40g九層塔1g絞肉35g		130.0	2.0	7.4	10.0	0.8	
	鮮菇炒山藥	1	山藥52.5g鮮香菇25g		85.8	12.5	1.8	3.0	1.3	少辛辣、刺激勿太硬、生食物。
	青菜	1	生重100g		52.0	5.0	1.0	3.0	2.0	
	金針湯	1	乾金針3g	260c.c.湯杯						
	水果	1.5			90.0	22.5			1.5	
晚餐	胚芽飯	1	胚芽米100g	紙製便當盒	350.0	75.0	10.0		2.4	
	洋蔥番茄燉肉	1	肉角70g洋蔥10g番茄15g		169.8	1.3	14.3	11.5	0.5	
	小瓜蝦仁	1	小黃瓜50g蝦仁30g		94.5	2.5	7.5	6.0	1.0	
	燒大頭菜	1	大頭菜75g香菜1g		36.8	3.8	0.8	2.0	1.5	
	青菜	1	生重100g		43.0	5.0	1.0	2.0	2.0	
	芹香貢丸湯	1	貢丸40g芹菜末1g	260c.c.湯杯	120.0		7.0	10.0		
	水果	1.5			90.0	22.5			1.5	
	全麥吐司	1	全麥吐司*1片		70.0	15.0	2.0		0.8	
	市售保久乳	1	保久乳200ml		96.4	11	6.8	2.8		
	合計				2546.9	326.3	110.2	83.3	20.1	

高熱量高蛋白飲食菜單(10)

餐別	餐盒供應內容	樣式	成品供應標準（食材以生重表示）	包裝餐盒或容器之規格材質	供應營養素					功能表設計及供應原則
					熱量（大卡）	醣類（公克）	蛋白質（公克）	脂肪（公克）	膳食纖維（公克）	
早餐	荷包蛋	1	荷包蛋1顆	紙製便當盒	102.0		7.0	8.0		
	大白菜燒豆包	1	大白菜40g紅蘿蔔片10g生豆包30g		81.0	2.5	7.5	4.5	1.0	
	青菜	1	生重100g		65.5	5.0	1.0	4.5	2.0	
	燕麥加鈣米稀飯	1	加鈣米40g即溶燕麥片40g	520c.c.湯杯	280.0	60.0	8.0		1.1	
	水果	1			60.0	15.0	1.0		1.0	
	紅豆牛奶	1	低脂奶粉25g紅豆20g		190	27	10	4	2.46	
午餐	肉粽*1	1	肉粽180g		420.0	54.0	15.0	16.0	1.1	少辛辣、刺激勿太硬、生食物。
	滷豆腐	1	四角油腐*1		75.0		7.0	5.0		
	青菜	1	生重100g		70.0	5.0	1.0	5.0	2.0	
	高麗菜乾湯	1	高麗菜乾3g	260c.c.湯杯						
	水果	1.5			90.0	22.5			1.5	
晚餐	紫米飯	1	紫米100g	紙製便當盒	350.0	75.0	10.0		2.4	
	破布子魚	1	鱈斑魚70g破布子5g		123.5		14.0	7.5		
	豆瓣菜雞	1	菜雞片75g豆瓣醬		157.5		10.5	12.5		
	彩椒海蜇皮	1	青椒20g紅椒10g黃椒10g海蜇皮35g		110.0	2.0	7.4	8.0	0.8	
	青菜	1	生重100g		65.5	5.0	1.0	4.5	2.0	
	蕾絲瓠瓜湯	1	瓠瓜25g蕾絲	260c.c.湯杯	6.3	1.3	0.3		0.5	
	水果	1.5			90.0	22.5			1.5	
	五穀粉牛奶	1	低脂奶粉25g五穀粉25g		207.5	30.8	10.5	4.0		
				合計	2543.8	327.5	110.2	83.5	19.4	

菜單設計

高熱量高蛋白飲食菜單(11)

餐別	餐盒供應內容	樣式	成品供應標準（食材以生重表示）	包裝餐盒之容器或規格材質	供應營養素 熱量(大卡)	醣類(公克)	蛋白質(公克)	脂肪(公克)	膳食纖維(公克)	功能表設計及供應原則
早餐	綜合壽司	1	綜合壽司1盒		355.0	58.2	13.0	7.8		
	鮮奶茶	1	低脂奶粉25g糖5g紅茶包	260c.c湯杯	140.0	5.0	8.0	4.0		
	茶葉蛋	1	茶葉蛋*1		75.0		7.0	5.0		
	水果	1			60.0	15.0			1.0	
	花生煎餅	1	花生粉10g太白粉10g油5g		125	7.5		10		
午餐	三寶燕麥飯	1	三寶燕麥100g	紙製便當盒	350.0	75.0	10.0		2.4	
	香菇燴雞	1	雞腿90g乾香菇絲1g		123.5		14.0	7.5		
	韭菜炒豆干	1	韭菜花50g豆干片35g		114.5	2.5	7.5	8.0	2.0	
	開陽高麗菜肉片	1	高麗菜35g紅蘿蔔絲10g蝦米1g肉片35g		113.3	2.3	7.5	8.0	0.9	少辛辣、刺激勿大便硬、生食物。
	青菜	1	生重100g		47.5	5.0	1.0	2.5	2.0	
	紫菜湯	1	紫菜2.5g蔥花1g	260c.c湯杯	6.0	1.3	0.3		0.3	
	水果	1.5			90.0	22.5			1.5	
晚餐	糙米飯	1	糙米100g	紙製便當盒	350.0	75.0	10.0		2.4	
	咖哩豬肉	1	肉角70g胡蘿蔔10g洋蔥10g		200.0	1.0	14.2	15.0	0.4	
	豆芽炒雞絲	1	豆芽菜40g雞絲35g		92.0	2.0	7.4	6.0	0.8	
	洋菇青花菜	1	青花菜50g洋菇25g		45.8	3.8	0.8	3.0	1.5	
	青菜	1	生重100g		52.0	5.0	1.0	3.0	2.0	
	冬瓜湯	1	冬瓜25g薑絲	260c.c湯杯	6.3	1.3	0.3		0.5	
	水果	1.5			90.0	22.5			1.5	
	薏仁牛奶	1	低脂奶粉25g薏仁粉10g		155.0	19.5	9.0	4.0	0.4	
合計					2590.8	324.2	110.8	83.8	19.7	

高熱量高蛋白飲食菜單(12)

餐別	餐盒供應內容	樣式	成品供應標準（食材以生重表示）	包裝餐盒或容器之規格材質	熱量（大卡）	醣類（公克）	蛋白質（公克）	脂肪（公克）	膳食纖維（公克）	功能表設計及供應原則
早餐	波蘿麵包	1	波蘿麵包60g	透明塑膠袋	294.0	45.0	6.0	10.0		
	茶葉蛋	1	茶葉蛋1個	透明塑膠袋	75.0		7.0	5.0		
	綠豆沙牛奶	1	低脂奶粉25g綠豆仁10g		155.0	19.5	9.0	4.0	0.6	
午餐	五穀飯	1	五穀米100g	紙製便當盒	350.0	75.0	10.0		2.4	
	香煎金目鱸	1	金目鱸（可食生重）70g		155.0		14.0	11.0		
	小瓜肉片	1	小瓜斜片60g肉片35g		135.0	3.0	7.6	10.0	1.2	
	蒜香白花菜	1	鮮白花菜75g蒜末		50.3	3.8	0.8	3.5	1.5	
	青菜	1	生重100g		52.0	5.0	1.0	3.0	2.0	
	蝦米蘿蔔絲湯	1	蘿蔔絲25g蝦米0.25g	260c.c.湯杯	6.3	1.3	0.3		0.5	
	水果	1.5			90.0	22.5			1.5	
晚餐	燕麥飯	1	燕麥100g	紙製便當盒	350.0	75.0	10.0		2.4	少辛辣、刺激勿太硬、生食物。
	滷雞腿	1	雞腿70g滷包		155.0		14.0	11.0		
	家常豆腐	1	豆腐40g絞肉35g豆瓣醬1g		139.5		10.5	10.5		
	洋菇炒甜豆培根	1	甜豆25g洋菇片25g培根25g	紙製便當盒	111.5	2.5	4.0	8.5	1.5	
	青菜	1	生重100g		52.0	5.0	1.0	3.0	2.0	
	薑絲大黃瓜湯	1	大黃瓜25g薑絲	260c.c.湯杯	6.3	1.3	0.3		0.5	
	水果	1.5			90.0	22.5			1.5	
	雜糧吐司	1	雜糧吐司*2片		136.0	30.0	4.0		1.6	
	南瓜牛奶	1	低脂奶粉25g南瓜33.75g		137.5	15.8	8.5	4.0	0.6	
				合計	2540	327.0	107.9	83.5	20	

高熱量高蛋白飲食菜單(13)

餐別	餐盒供應內容	樣式	成品供應標準（食材以生重表示）	包裝餐盒或容器之規格材質	供應營養素					功能表設計及供應原則
					熱量（大卡）	醣類（公克）	蛋白質（公克）	脂肪（公克）	膳食纖維（公克）	
早餐	香菇麵腸	1	麵腸80g乾香菇絲1g	紙製便當盒	155.0		14.0	11.0		
	蔥花蛋	1	雞蛋55g蔥花20g		89.0	1.0	7.2	6.0	0.4	
	青菜	1	生重100g		34.0	5.0	1.0	1.0	2.0	
	雜糧粥	1	雜糧米80g	520c.c湯杯	280.0	60.0	8.0		1.9	
	水果	1			60.0	15.0			1.0	
	西米露牛奶	1	低脂奶粉25g西谷米20g		190	27	8	4		少辛辣、刺激勿太硬、生食物。
午餐	胚芽飯	1	胚芽米100g	紙製便當盒	350.0	75.0	10.0		2.4	
	蒸肉餅	1	絞肉70g紅蘿蔔末10g洋蔥末10g		155.0	1.0	14.2	10.0	0.4	
	菜豆炒干片	1	菜豆50g豆干片35g		132.5	2.5	7.5	10.0	1.0	
	甘藍炒木耳	1	結頭菜片65g木耳片10g		45.8	3.8	0.8	3.0	2.0	
	青菜	1	生重100g		47.5	5.0	1.0	2.5	2.0	
	榨菜肉絲湯	1	榨菜12.5g肉絲17.5g	260c.c湯杯	28.1	0.6	3.6	2.5	0.3	
	水果	1.5			90.0	22.5			1.5	
晚餐	豬肉水餃	1	豬肉水餃14顆（200g）	一體大	388.6	40.2	14.2	19.0	1.2	
	青菜	1	生重100g		52.0	5.0	1.0	3.0	2.0	
	玉米濃湯	1	玉米粒35g洋芋小丁25g太白粉5g火腿丁22.5g雞蛋25g黑胡椒粗粒1g奶油5g	260c.c湯杯	180.0	16.3	9.0	9.0	1.5	
	水果	1.5			90.0	22.5			1.5	
	小麥胚芽吐司	1	小麥胚芽吐司*1片		70.0	15.0	2.0		0.8	
	市售保久乳	1	保久乳200ml		96.4	11	6.8	2.8		
				合計	2533.9	328.3	108.3	83.8	21.8	

高熱量高蛋白飲食菜單(14)

餐別	餐盒供應內容	樣式	成品供應標準（食材以生重表示）	包裝餐盒之容器或器具規格材質	供應營養素 熱量（大卡）	糖類（公克）	蛋白質（公克）	脂肪（公克）	膳食纖維（公克）	功能表設計及供應原則
早餐	厚切雞排三明治	1	厚切雞排三明治*1		276.0	25.6	14.6	12.8	0.2	少辛辣、刺激勿太硬、生食物。
	米漿	1	米漿200ml	260.c.c湯杯	148.6	26.0	2.6	3.8	1.0	
	水果	1.5			90.0	22.5			1.5	
	地瓜牛奶	1	低脂奶粉25g熟地瓜44g		155	24	9.6	4		
午餐	紫米飯	1	紫米100g		350.0	75.0	10.0		2.4	
	煎肉魚	1	肉魚（可食生重）70g		137.0		14.0	9.0		
	咖哩凍豆腐	1	凍豆腐80g乾素絞肉1.75g咖哩粉	紙製便當盒	116.3		5.3	8.8		
	麻香茄子	1	茄子75g芝麻醬5g		63.8	3.8	0.8	5.0	2.0	
	青菜	1	生重100g		47.5	5.0	1.0	2.5	2.0	
	薑絲海芽湯	1	海帶芽1g薑絲	260.c.c湯杯	60.0	15.0			1.0	
晚餐	三寶燕麥飯	1	三寶燕麥100g		350.0	75.0	10.0		2.4	
	照燒雞丁	1	雞腿丁90g		141.5		14.0	9.5		
	雙菇鮮魚	1	洋菇20g鴻喜菇20g鮮鯛魚35g	紙製便當盒	96.5	2.0	7.4	6.5	0.8	
	大白菜燒麵筋	1	大白菜60g麵筋20g		180.0	3.0	7.6	15.0	1.2	
	青菜	1	生重100g		47.5	5.0	1.0	2.5	2.0	
	青木瓜湯	1	青木瓜絲25g	260.c.c湯杯	6.3	1.3	0.3		0.5	
	水果	1.5			90.0	22.5			1.5	
	藕羹牛奶	1	低脂奶粉25g蓮藕粉10g		155.0	19.5	9.0	4.0	0.0	
	合計				2510.9	325.1	107.1	83.4	18.5	

菜單設計

高熱量高蛋白飲食菜單(15)

餐別	餐盒供應內容	樣式	成品供應標準（食材以生重表示）	包裝餐盒或容器之規格材質	熱量(大卡)	醣類(公克)	蛋白質(公克)	脂肪(公克)	膳食纖維(公克)	功能表設計及供應原則
早餐	蘿蔔糕	1	蘿蔔糕180g	吐司盒	255.0	45.0	6.0	5.0		
	荷包蛋*1	1	荷包蛋1顆		120.0		7.0	10.0		
	豆漿		豆漿260ml	390c.c.湯杯	75.0	5.0	7.0	3.0		
	糙米粉牛奶	1	低脂奶粉25g糙米粉20g		190.0	27.0	10.0	4.0	0.1	
午餐	糙米飯	1	糙米100g		350.0	75.0	10.0		2.4	
	荷葉蒸肉角	1	肉角70g荷葉	紙製便當盒	195.0		14.0	15.0	1.0	
	莧菜燒豆包	1	莧菜50g生豆包30g		112.5	2.5	7.5	8.0	1.0	
	菇絲白花	1	鮮白花菜75g乾香菇絲1g		41.3	3.8	0.8	2.5	1.5	
	青菜	1	生重100g		47.5	5.0	1.0	2.5	2.0	少辛辣、刺激、生硬、勿食大物。
	味噌魚丸湯	1	魚丸30g味噌	260c.c.湯杯	45.5	5.0	3.5	3.5		
	水果	1.5			90.0	22.5			1.5	
晚餐	五穀飯	1	五穀米100g		350.0	75.0	10.0		2.4	
	破布子蒸魚	1	鱈斑魚（可食生重）70g破布子5g	紙製便當盒	155.0		14.0	11.0		
	豌豆莢炒肉片	1	豌豆莢40g肉片35g		130.0	2.0	7.4	10.0	1.2	
	大黃瓜燒粉肝	1	大黃瓜55g豬腦粉肝20g		47.5	5.0	1.0	2.5	2.0	
	青菜	1	生重100g		47.5	5.0	1.0	2.5	2.0	
	筍絲湯	1	筍絲25g	260c.c.湯杯	6.3	1.3	0.3		0.5	
	水果	1.5			90.0	22.5			1.5	
	紅豆牛奶	1	低脂奶粉25g紅豆20g		190.0	27.0	10.0	4.0	2.5	
				合計	2538.0	323.5	110.4	83.5	20.6	

高熱量高蛋白飲食菜單(16)

餐別	餐盒供應內容	樣式	成品供應標準（食材以生重表示）	包裝餐盒或容器之規格材質	供應營養素					功能表設計及供應原則
					熱量（大卡）	醣類（公克）	蛋白質（公克）	脂肪（公克）	膳食纖維（公克）	
早餐	蔥花蛋	1	蛋55g蔥花30g		127.5	1.5	7.3	10.0	0.6	
	肉末冬瓜	1	冬瓜75g絞肉35g	紙製便當盒	120.8	3.8	7.8	8.0	1.5	
	青菜	1	生重100g		52.0	5.0	1.0	3.0	2.0	
	糙米稀飯	1	糙米80g		280.0	60.0	8.0		1.9	
	水果	1		520c.c湯杯	60.0	15.0			1.0	
	粉角牛奶	1	低脂奶粉25粉角10g		155.0	19.5	8.0	4.0	0.2	
午餐	金瓜米粉	1	乾米粉60g南瓜35g肉絲52.5紅蘿蔔絲10g蝦米1g	紙製便當盒	432.5	48.8	17.1	17.5	0.7	少辛辣、刺激勿太硬、生食物。
	滷油腐	1	四角油腐（1個）薑絲		75.0		7.0	5.0	0.4	
	青菜	1	生重100g		52.0	5.0	1.0	3.0	2.0	
	金針湯	1	乾金針3g	260c.c湯杯		5.0	1.0			
	水果	1.5			90.0	22.5			1.5	
晚餐	燕麥飯	1	燕麥100g	紙製便當盒	350.0	75.0	10.0		2.4	
	香滷雞腿	1	雞腿90g		155.0		14.0	11.0		
	高麗炒花枝	1	花枝條65g高麗菜片20g		91.5	1.0	7.2	6.5	0.4	
	黃芽炒干絲	1	黃豆芽40g白干絲35g		110.0	2.0	7.4	8.0	0.8	
	青菜	1	生重100g		52.0	5.0	1.0	3.0	2.0	
	綠豆湯	1	綠豆10g糖15g	260c.c湯杯	95.0	22.5	1.0		1.4	
	水果	1.5			90.0	22.5			1.5	
	藕粉牛奶	1	低脂奶粉25g運藕粉10g		155.0	19.5	9.0	4.0	0.2	
	合計				2543.3	328.5	106.8	83.0	20.5	

菜單設計

高熱量高蛋白飲食菜單(17)

餐別	餐盒供應內容	樣式	成品供應標準（食材以生重表示）	包裝餐盒或容器之規格材質	供應營養素					功能表設計及供應原則
					熱量（大卡）	醣類（公克）	蛋白質（公克）	脂肪（公克）	膳食纖維（公克）	
早餐	嘉義雞肉飯糰	1	嘉義雞肉飯糰*1		141.9	30.0	2.1	1.5		少辛辣、刺激勿太硬、生食物。
	五穀豆漿	1	豆漿260ml五穀粉10g	紙製便當盒	110.0	12.5	8.0	3.0		
	茶葉蛋	1	茶葉蛋*1		75.0	15.0	7.0	5.0		
	水果	1			60.0	15.0			1.0	
	麥片牛奶	1	低脂奶粉25g即時燕麥片10g		155.0	27.0	9.0	4.0	0.9	
午餐	胚芽飯	1	胚芽米100g		350.0	75.0	10.0		2.4	
	梅干燒肉	1	肉角70g濕梅干菜5g		196.3	0.3	14.1	15.0	0.1	
	青椒素脆腸炒蝦仁	1	青椒20g素脆腸20g木耳絲5g蝦仁30g	紙製便當盒	111.3	2.3	7.5	8.0	0.9	
	金菇白菜燒豆包	1	大白菜20g金針菇15g紅蘿蔔絲10g生豆包30g		111.3	2.3	7.5	8.0	0.9	
	青菜	1	生重100g		70.0	5.0	1.0	5.0	2.0	
	番茄洋蔥湯	1	大番茄25g洋蔥5g	260c.c湯杯	7.5	1.5	0.3		0.6	
	水果	1.5			90.0	22.5			1.5	
晚餐	紫米飯	1	紫米飯100g		350.0	75.0	10.0		2.4	
	煎鯖魚	1	鯖魚片（可食重量）70g	紙製便當盒	155.0		14.0	11.0		
	甜豆炒洋菇	1	甜豆70g洋菇片30g		70.0	5.0	1.0	5.0	2.0	
	紅燒桂筍肉末	1	桂筍50g絞肉35g		132.5	2.5	7.5	10.0	1.0	
	青菜	1	生重100g		70.0	5.0	1.0	5.0	2.0	
	高麗菜乾湯	1	高麗菜乾3g	260c.c湯杯						
	水果	1.5			90.0	22.5			1.5	
	芋圓牛奶	1	芋圓30g低脂奶粉25g		190	27	8	4	1.5	
				合計	2535.7	330.3	107.9	84.5	19.2	

餐別	餐盒供應內容	樣式	成品供應標準（食材以生重表示）	包裝餐盒或容器之規格材質	供應營養素					功能表設計及供應原則
					熱量(大卡)	醣類(公克)	蛋白質(公克)	脂肪(公克)	膳食纖維(公克)	
早餐	肉絲炒麵	1	油麵180g肉絲52.5g高麗菜絲30g紅蘿蔔絲10g	一體大	377.5	47.0	16.9	12.5	0.8	少辛辣、刺激勿太硬、生食物。
	青菜	1	生重100g		38.5	5.0	1.0	1.5	2.0	
	味噌豆腐湯	1	豆腐40g味噌	390c.c.湯杯	37.5		3.5	2.5		
	水果	1			60.0	15.0			1.0	
	麵茶牛奶	1	低脂奶粉25g麵茶10g		155.0	19.5	9.0	4.0	0.6	
午餐	三寶燕麥飯	1	三寶燕麥100g	紙製便當盒	350.0	75.0	10.0		2.4	
	芝香烤雞排	1	雞排90g白芝麻1g		150.0		14.0	10.0		
	米豆醬燒海根	1	海帶根75g米豆醬5g		45.8	5.0	1.0	3.0	2.4	
	泰式青木瓜	1	青木瓜絲30g蕃茄10g乾花生5g檸檬汁5g泰式辣椒醬3g肉絲10.5g		82.0	2.0	2.5	7.0	0.8	
	青菜	1	生重100g		52.0	5.0	1.0	3.0	2.0	
	枸杞冬瓜湯	1	冬瓜25g枸杞0.25g	260c.c.湯杯	6.3	1.3	0.3		0.5	
	水果	1.5			90.0	22.5			1.5	
晚餐	糙米飯	1	糙米90g	紙製便當盒	315.0	67.5	9.0		2.2	
	京醬肉絲	1	肉絲60g蔥段25g甜麵醬5g		201.3	1.3	14.3	15.0		
	羅蔔燒花枝丸	1	白蘿蔔25g紅蘿蔔25g花枝丸25g		109.0	6.0	4.0	7.5	1.0	
	毛豆黑干丁	1	毛豆25g黑干丁40g		149.5	5.0	10.5	11.0	1.5	
	青菜	1	生重100g		52.0	5.0	1.0	3.0	2.0	
	薑絲紫菜湯	1	紫菜2.5g薑絲	260c.c.湯杯	6.3	1.3	0.3		0.5	
	水果	1.5			90.0	22.5			1.5	
	紅豆粉粿牛奶	1	紅豆5g粉粿22.5g低脂奶粉25g		172.5	23.3	8.5	4.0	1.2	
				合計	2540.0	329.0	106.7	84.0	23.9	

高熱量高蛋白飲食菜單(19)

餐別	餐盒供應內容	樣式	成品供應標準（食材以生重表示）	包裝餐盒或成品之容器之規格材質	熱量（大卡）	醣類（公克）	蛋白質（公克）	脂肪（公克）	膳食纖維（公克）	功能表設計及供應原則
早餐	滷豆輪	1	豆輪20g	紙製便當盒	55.0		7.0	3.0		
	皇帝豆炒肉末	1	皇帝豆65g絞肉35g		190.0	15.0	9.0	10.0	3.3	
	青菜	1	生重100g		38.5	5.0	1.0	1.5	2.0	
	小米稀飯	1	白米40g小米40g	520c.c湯杯	280.0	60.0	8.0		1.1	
	水果	1			60.0	15.0			1.0	
	杏仁藕羹牛奶	1	杏仁粉10g蓮藕粉10g低脂奶粉25g		200	19.5	8	9		少辛辣、刺激勿太硬、生食物。
午餐	五穀飯	1	五穀米100g	紙製便當盒	350.0	75.0	10.0		2.4	
	椒鹽剝皮魚	1	剝皮魚（可食生重）70g		155.0		14.0	11.0		
	雙色炒雞片	1	小黃瓜丁25g素腱片15g雞片35g		87.5	4.5	7.6	5.5	0.8	
	焗烤地瓜	1	地瓜55g火腿丁22.5g起司10g		163.3	17.7	7.3	5.8	2.0	
	青菜	1	生重100g		34.0	5.0	1.0	1.0	2.0	
	香菜蘿蔔湯	1	羅蔔小丁25g香菜1g	260c.c湯杯	6.3	1.3	0.3		0.5	
	水果	1.5			90.0	22.5			1.5	
晚餐	豬肉水餃	1	豬肉水餃11顆（150g）	一體大	314.0	30.2	10.7	16.8	0.9	
	青菜	1	生重100g		34.0	5.0	1.0	1.0	2.0	
	炸香腸	1	炸香腸*1		155.0	5.0	7.0	10.0		
	蓮藕肉片湯	1	蓮藕25g肉片35g		92.5	3.8	7.5	5.0	1.4	
	水果	1.5			90.0	22.5			1.5	
	綠豆沙牛奶	1	低脂奶粉25g綠豆仁10g		155.0	19.5	9.0	4.0	0.1	
	合計				2550	326.3	108.2	83.5	22	

高熱量高蛋白飲食菜單(20)

餐別	餐盒供應內容	樣式	成品供應標準 （食材以生重表示）	包裝餐盒 或容器之 規格材質	供應營養素						功能表設 計及供應 原則
					熱量 （大卡）	醣類 （公克）	蛋白質 （公克）	脂肪 （公克）	膳食 纖維 （公克）		
早餐	蛋皮肉鬆手捲	1	蛋皮肉鬆手捲*1	紙製便當盒	295.0	45.0	13.0	7.0			少辛辣、
	薏仁漿	1	薏仁粉20g糖5g		90.0	20.0	2.0		0.5		刺激勿太
	水果	1			60.0	15.0			1.0		硬、生食
	芝麻牛奶	1	低脂奶粉25g黑芝麻粉5g		142.5	12.0	8.0	6.5	0.7		物。
午餐	燕麥飯	1	燕麥100g	紙製便當盒	350.0	75.0	10.0		2.4		
	蔥燒雞	1	雞排90g蔥段3g		155.0		14.0	11.0			
	豆芽炒肉絲	1	豆芽菜30g木耳絲10g肉絲35g		130.0	2.0	7.4	10.0	0.8		
	青椒素雞片	1	青椒40g素雞片35g		130.0	2.0	7.4	10.0	0.8		
	青菜	1	生重100g		70.0	5.0	1.0	5.0	2.0		
	大黃瓜湯	1	大黃瓜25g大骨	260c.c湯杯	6.3	1.3	0.3		0.5		
	水果	1.5			90.0	22.5			1.5		
晚餐	胚芽飯	1	胚芽米95g	紙製便當盒	332.5	71.3	9.5		2.3		
	腐乳豬柳	1	豬柳70g洋蔥絲20g腐乳5g		182.0	1.0	14.2	13.0	0.4		
	蘆筍炒蝦仁	1	蘆筍50g蝦仁30g		81.0	2.5	7.5	5.5	1.0		
	醋拌海芽	1	濕海芽75g白芝麻1g醋		63.8	5.0	1.0	5.0	3.0		
	青菜	1	生重100g		61.0	5.0	1.0	4.0	2.0		
	榨菜肉絲湯	1	榨菜12.5g肉絲17.5g	260c.c湯杯	40.6	0.6	3.6	2.5	0.3		
	水果	1.5			90.0	22.5			1.5		
	粉角牛奶	1	低脂奶粉25g粉角10g		155.0	19.5	8.0	4.0	0.7		
				合計	2525	327	108	83.5	21		

高熱量高蛋白飲食菜單(2)

餐別	餐盒供應內容	樣式	成品供應標準（食材以生重表示）	包裝餐盒或容器之規格材質	供應營養素					功能表設計及供應原則
					熱量(大卡)	醣類(公克)	蛋白質(公克)	脂肪(公克)	膳食纖維(公克)	
早餐	起司蛋吐司	1	全麥吐司50g小黃瓜絲20g紅蘿蔔絲10g荷包蛋1顆低脂起司1片沙拉醬10g	紙製便當盒	401.1	36.5	15.9	17.3	2.2	少辛辣、刺激勿太硬、生食物。
	五穀豆漿	1	五穀粉20g豆漿208ml	390c.c.湯杯	97.5	15.0	7.6	2.4		
	水果	1			60.0	15.0			1.0	
	花豆牛奶	1	低脂奶粉25g花豆10g		155	19.5	8	4		
午餐	紫米飯	1	紫米100g	紙製便當盒	350.0	75.0	10.0		2.4	
	冬菜燒魚丁	1	旗魚70g冬菜3g		155.0		14.0	11.0		
	樹子炒龍鬚肉絲	1	龍鬚菜60g肉絲17.5g樹子1g		79.5	3.0	4.1	5.5	1.2	
	滷筍乾	1	筍乾75g		45.8	3.8	0.8	3.0	1.5	
	青菜	1	生重100g		52.0	5.0	1.0	3.0	2.0	
	番茄海芽湯	1	番茄25g乾海帶芽1g	260c.c.湯杯	6.3	1.3	0.3		0.5	
	水果	1.5			90.0	22.5			1.5	
晚餐	三寶燕麥飯	1	三寶燕麥100g	紙製便當盒	350.0	75.0	10.0		2.4	
	三杯雞丁	1	雞腿丁90g九層塔1g薑片1g		155.0		14.0	11.0		
	蒼蠅頭	1	韭菜花(末)50g絞肉35g烏豆豉1g	紙製便當盒	132.5	2.5	8.0	10.0	1.3	
	醋拌蓮藕肉片	1	蓮藕片50g肉片35g白芝麻1g醋1g		155.0	7.5	8.0	10.0	1.4	
	青菜	1	生重100g		43.0	5.0	1.0	2.0	2.0	
	青木瓜湯	1	青木瓜25g大骨	260c.c.湯杯	6.3	1.3	0.3		0.5	
	水果	1.5			90.0	22.5			1.5	
	米苔目牛奶	1	低脂奶粉25g米苔目30g		155	19.5	8	4		
	合計				2578.9	329.8	110.9	83.2	21.4	

高熱量高蛋白飲食菜單(22)

餐別	餐盒供應內容	樣式	成品供應標準（食材以生重表示）	包裝餐盒或品容器之規格材質	供應營養素					功能表設計及供應原則
					熱量（大卡）	醣類（公克）	蛋白質（公克）	脂肪（公克）	膳食纖維（公克）	
早餐	蘿蔔肉燥	1	白蘿蔔丁50g絞肉35g	紙製便當盒	123.5	2.5	8.0	9.0	1.0	
	草菇燗烤麩	1	草菇20g烤麩40g		78.0	1.0	7.2	5.0	0.4	
	青菜	1	生重100g		47.5	5.0	1.0	2.5	2.0	
	地瓜粥	1	白米40g地瓜110g	520c.c湯杯	280.0	60.0	8.0		1.1	
	水果	1			60.0	15.0			1.0	
	胚芽牛奶	1	低脂奶粉25g小麥胚芽粉10g		470.0	19.5	9.0	4.0	0.0	
午餐	肉燥意麵	1	意麵100g絞肉丁40g豆干40g芽菜50g韭菜10g紅蘿蔔絲10g	850c.c碗	526.0	63.5	24.7	19.0	2.6	少辛辣、刺激勿大便、生食物。
	滷蛋	1	滷蛋*1		75.0	5.0	7.0	3.0		
	青菜	1	生重100g		52.0	5.0	1.0	3.0	2.0	
	虱目魚丸湯	1	虱目魚丸50g芹菜末1g	260c.c湯杯	125.5	7.0	7.0	7.5		
	水果	1.5			90.0	22.5			1.5	
午餐	糙米飯	1	糙米95g	紙製便當盒	332.5	71.3	9.5		2.3	
	照燒豬排	1	去骨肉排70g		186.0		14.0	14.0		
	玉筍炒長豆	1	長豆55g玉筍斜片20g蒜末		45.8	3.8	1.5	3.0	1.5	
	枸杞美生菜	1	美生菜75g枸杞1g		45.8	3.8	1.5	3.0	1.5	
	青菜	1	生重100g		43.0	5.0	1.0	2.0	2.0	
	金針湯	1	乾金針3g	260c.c湯杯						
	水果	1.5			90.0	22.5			1.5	
	藕羹牛奶	1	低脂奶粉25g蓮藕粉10g		155.0	19.5	9.0	8.0	0.1	
				合計	2826	327	109	83	21	

高熱量高蛋白飲食菜單(23)

餐別	餐盒供應內容	樣式	成品供應標準（食材以生重表示）	包裝餐盒或容器之規格材質	供應營養素					功能表設計及供應原則
					熱量（大卡）	醣類（公克）	蛋白質（公克）	脂肪（公克）	膳食纖維（公克）	
早餐	丹麥葡萄捲	1	丹麥葡萄捲*1	紙製便當盒	335.7	43.8	7.5	14.5		
	AB優酪乳	1	AB優酪乳200ml		127.2	24.4	7.4	0.0		
	茶葉蛋		茶葉蛋*1		75.0		7	5		
	水果	1			60.0	15.0			1.0	
	低脂牛奶	1	低脂奶粉25g		120.0	12.0	8.0	4.0	0.3	
午餐	五穀飯	1	五穀米100g	紙製便當盒	350.0	75.0	10.0		2.4	少辛辣、刺激勿太硬、生食物。
	清蒸鱈魚	1	鱈魚（可食生重）70g薑絲2.5g		240.0		14.0	20.0		
	海苔炒肉絲	1	海苔40g肉絲35g		130.0	2.0	7.4	10.0	1.2	
	炒茭白筍	1	茭白筍70g紅蘿蔔片5g		36.8	3.8	1.5	2.0	1.5	
	青菜	1	生重100g		47.5	5.0	1.0	2.5	2.0	
	薑絲苦瓜湯	1	苦瓜25g薑絲	260c.c湯杯	6.3	1.3	0.3		0.5	
	水果	1.5			90.0	22.5			1.5	
晚餐	燕麥飯	1	燕麥100g	紙製便當盒	350.0	75.0	10.0		2.4	
	紫蘇梅燒雞	1	雞腿丁90g紫蘇梅7.5g		130.9	1.9	14.0	7.5	0.2	
	彩椒干片	1	紅椒片25g黃椒片10g黑干片40g		128.8	1.8	7.4	10.0	0.7	
	吻魚莧菜	1	莧菜75g吻魚1g薑絲		36.8	3.8	1.5	2.0	1.5	
	青菜	1	生重100g		47.5	5.0	1.0	2.5	2.0	
	高麗菜乾湯	1	高麗菜乾3g	260c.c湯杯						
	水果	1.5			90.0	22.5			1.5	
	低脂牛奶	1	低脂奶粉25g		120.0	12.0	8.0	4.0	0.3	
	合計				2522	327	106	84	19	

高熱量高蛋白飲食菜單(24)

餐別	餐盒供應內容	樣式	成品供應標準（食材以生重表示）	包裝餐盒之容器或規格材質	供應營養素					功能表設計及供應原則
					熱量(大卡)	醣類(公克)	蛋白質(公克)	脂肪(公克)	膳食纖維(公克)	
早餐	菜包	1	市售素菜包1個	紙製便當盒	205.4	38.6	7.8	2.2	1.0	
	青菜	1	生重100g		52.0	5.0	1.0	3.0	2.0	
	豆漿		豆漿260ml		75.0	5.0	7.0	3.0		
	水果	1			60.0	15.0			1.0	
	南瓜牛奶	1	低脂奶粉25g南瓜67.5g		155.0	19.5	9.0	4.0		
午餐	胚芽飯	1	胚芽米100g	紙製便當盒	350.0	75.0	10.0		2.4	少辛辣、刺激勿太硬、生食物。
	蒜泥白肉	1	後腿肉70g蒜泥5g		240.0		14.0	20.0		
	芹香干絲	1	芹菜40g白干絲35g		96.5	2.0	7.4	6.5	0.8	
	沙茶豬血	1	豬血110g韭菜3g沙茶5g		72.5	5.0	3.5	6.5		
	青菜	1	生重100g		52.0	5.0	1.0	3.0	2.0	
	枸杞匏瓜湯	1	匏瓜絲30g枸杞1g	260c.c湯杯	6.3	1.3	0.3		0.5	
	水果	1.5			90.0	22.5			1.5	
晚餐	紫米飯	1	紫米100g	紙製便當盒	350.0	75.0	10.0		2.4	
	迷迭香烤鱈斑魚	1	鱈斑魚70g迷迭香		137.0		14.0	9.0		
	蜜汁油腐	1	三角油腐82.5g糖5g		164.0	5.0	10.5	11.0	2.0	
	龍鬚菜炒牛肉	1	龍鬚菜50g牛肉絲35g		114.5	2.5	7.5	8.0	1.0	
	青菜	1	生重100g		52.0	5.0	1.0	3.0	2.0	
	薑絲紫菜湯	1	紫菜2.5g薑絲	260c.c湯杯	6.3	1.3	0.3		0.5	
	水果	1.5			90.0	22.5			1.5	
	薏仁牛奶	1	低脂奶粉25g薏仁粉20g		190.0	27.0	10.0	4.0		
				合計	2558.4	327.1	114.2	83.2	20.6	

高熱量高蛋白飲食菜單(25)

餐別	餐盒供應內容	樣式	成品供應標準（食材以生重表示）	包裝餐盒或容器之規格材質	供應營養素 熱量(大卡)	醣類(公克)	蛋白質(公克)	脂肪(公克)	膳食纖維(公克)	功能表設計及供應原則
早餐	紅人炒蛋	1	紅蘿蔔絲30g雞蛋65g	紙製便當盒	105.0	1.5	7.3	7.5	0.6	少辛辣、刺激勿大便、生食物。
	珍菇炒肉片	1	柚珍菇40g肉片35g		112.0	2.0	7.4	10.0	0.8	
	青菜	1	生重100g		52.0	5.0	1.0	3.0	2.0	
	糙米稀飯	1	糙米80g	520c.c湯杯	280.0	60.0	8.0		1.9	
	水果	1			60.0	15.0			1.0	
	西米露牛奶	1	低脂奶粉25g西谷米10g		155.0	19.5	9.0	4.0	0.1	
	三寶燕麥飯	1	三寶燕麥100g		350.0	75.0	10.0		2.4	
午餐	孜然烤雞排	1	雞排90g孜然粉1g	紙製便當盒	150.0		14.0	10.0		
	米豆醬燒冬瓜	1	冬瓜塊75g米豆醬5g		45.8	3.8	0.8	3.0	1.5	
	洋芹炒麵腸	1	麵腸40g洋芹片40g		92.0	2.0	7.4	6.0	0.8	
	青菜	1	生重100g		52.0	5.0	1.0	3.0	2.0	
	金針湯	1	乾金針13g	260c.c湯杯	6.0	1.3	0.3			
	水果	1.5			90.0	22.5			1.5	
晚餐	蝦仁蛋炒飯	1	白米飯150g玉米粒18g豌豆仁12g毛豆25g蝦仁30g雞蛋50g	紙製便當盒	512.5	57.5	24.5	19.5	3.1	
	滷百頁結	1	百頁結37.5g		135.0	5.0	10.5	10.0		
	青菜	1	生重100g		47.5	1.3	1.0	2.5	2.0	
	蘿蔔絲湯	1	蘿蔔絲25g薑絲	260c.c湯杯	6.3	1.3	0.3		0.5	
	水果	1.5			90.0	22.5			1.5	
	芋圓牛奶	1	低脂奶粉25g芋圓30g		190.0	27.0	8.0	4.0	0.1	
				合計	2531	326	110	83	22	

高熱量高蛋白飲食菜單(26)

餐別	餐盒供應內容	樣式	成品供應標準（食材以生重表示）	包裝餐盒或容器之規格材質	供應營養素					功能表設計及供應原則
					熱量（大卡）	醣類（公克）	蛋白質（公克）	脂肪（公克）	膳食纖維（公克）	
早餐	里肌蛋漢堡	1	漢堡75g里肌肉片35g荷包蛋1顆大番茄20g小黃瓜10g洋蔥10g沙拉醬10g	耐熱紙袋	460.0	57.0	20.4	20.0	1.1	
	水果	1			60.0	15.0			1.0	
	市售保久乳	1	保久乳200ml		96.4	11	6.8	2.8		
午餐	糙米飯	1	糙米100g	紙製便當盒	350.0	75.0	10.0		2.4	
	紅燒肉角	1	肉角70g滷包八角		195.0		14.0	15.0		
	洋蔥炒素肚	1	洋蔥40g素肚條40g		110.0	2.0	7.4	8.0	0.8	
	豆苗炒雞絲	1	小豆苗60g雞絲17.5g		87.5	3.0	4.1	6.5	2.0	
	青菜	1	生重100g		52.0	5.0	1.0	3.0	2.0	
	薑絲大瓜湯	1	大黃瓜25g薑絲	260c.c.湯杯	6.3	1.3	0.3		0.5	
	水果	1.5			90.0	22.5			1.5	少辛辣、刺激勿大食物。生食、硬、便勿大
晚餐	五穀飯	1	五穀米100g	紙製便當盒	350.0	75.0	10.0		2.4	
	塔香中卷	1	中卷110g九層塔1g薑片1g		155.0		14.0	11.0		
	瓠瓜炒肉絲	1	瓠瓜絲50g肉絲35g		114.5	2.5	7.5	8.0	1.0	
	薑絲皇宮菜	1	皇宮菜75g薑絲		45.8	5.0	1.0	3.0	2.0	
	青菜	1	生重100g		52.0	5.0	1.0	3.0	2.0	
	榨菜肉絲湯	1	榨菜12.5g肉絲17.5g	260c.c.湯杯	40.6	0.6	3.6	2.5	0.3	
	水果	1.5			90.0	22.5			1.5	
	AB優酪乳	1	AB優酪乳200ml		127.2	24.4	7.4	0.0		
				合計	2482	327	108	83	20	

菜單設計

高熱量高蛋白飲食菜單(27)

餐別	餐盒供應內容	樣式	成品供應標準（食材以生重表示）	包裝餐盒或容器之規格材質	供應營養素					功能表設計及供應原則
					熱量(大卡)	醣類(公克)	蛋白質(公克)	脂肪(公克)	膳食纖維(公克)	
早餐	肉燥米粉	1	乾米粉60g絞肉35g高麗菜絲15g紅蘿蔔絲5g乾香菇絲1g蝦米1g紅蔥頭1g滷蛋半顆	一體大	372.5	46.0	16.7	12.5	0.4	少辛辣、刺激勿大硬、生食物。
	青菜	1	生重100g		47.5	5.0	1.0	2.5	2.0	
	番茄味噌湯	1	番茄30g洋蔥絲10g味噌	520c.c湯杯	10.0	2.0	0.4		0.8	
	水果	1			60.0	15.0			1.0	
	紅豆牛奶	1	低脂奶粉25g紅豆10g		155.0	19.5	9.0	4.0	1.2	
午餐	燕麥飯	1	燕麥100g	紙製便當盒	350.0	75.0	10.0		2.4	
	瓜仔雞	1	雞腿丁90g花瓜條5g		156.3	0.3	14.1	11.0	0.1	
	高麗炒魷耳條	1	高麗菜50g魷魚條27.5g		53.5	2.5	4.0	3.0	1.0	
	木須金菇肉絲	1	木耳絲20g金菇20g肉絲35g		130.0	2.0	7.4	10.0	0.8	
	青菜	1	生重100g		47.5	5.0	1.0	2.5	2.0	
	薑絲海芽湯	1	海帶芽1g薑絲	260c.c湯杯						
	水果	1.5			90.0	22.5			1.5	
晚餐	胚芽飯	1	胚芽米100g	紙製便當盒	350.0	75.0	10.0		2.4	
	紅燒肉	1	肉角70g		195.0		14.0	15.0		
	絲瓜炒蛋	1	絲瓜25g雞蛋65g		26.8	1.3	7.3	6.5	0.5	
	四季豆炒臘肉	1	四季豆55g臘肉20g		126.3	2.8	4.1	10.0	1.1	
	青菜	1	生重100g		47.5	5.0	1.0	2.5	2.0	
	時蔬湯	1	大白菜絲25g紅蘿蔔絲5g	260c.c湯杯	7.5	1.5	0.3		0.6	
	水果	1.5			90.0	22.5			1.5	
	地瓜牛奶	1	低脂奶粉25g地瓜22.5g		155.0	19.5	9.0	4.0	1.2	
				合計	2470.3	322.3	109.2	83.5	22.6	

高熱量高蛋白飲食菜單(28)

餐別	餐盒供應內容	樣式	成品供應標準（食材以生重表示）	包裝餐盒之容器或規格材質	熱量(大卡)	醣類(公克)	蛋白質(公克)	脂肪(公克)	膳食纖維(公克)	功能表設計及供應原則
早餐	全麥饅頭夾燻雞蛋	1	全麥饅頭60g		210.0	45.0	6.0		2.7	
	荷包蛋	1	荷包蛋1顆		97.5		7.0	7.5		
	燻雞片	1	燻雞片35g	紙製便當盒	55.0	1.0	7.0	3.0		
	美生菜	1	美生菜20g		5.0	1.0	0.2		0.4	
	米漿	1	米漿200ml	260c.c.湯杯	148.6	26.0	2.6	3.8	1.0	
	水果	1			60.0	15.0			1.0	
	粉粿牛奶	1	粉粿45g低脂奶粉25g		155	19.5	8	4		
午餐	牛肉麵	1	拉麵180g牛腩90g番茄25g洋蔥25g	850c.c.湯碗	627.5	47.5	20.5	22.5	1.3	少辛辣、刺激勿太硬、生食物。
	滷豆干海帶	1	豆干40g濕海帶50g	一體小	105.5	2.5	7.5	7.0	2.8	
	青菜	1	生重100g		43.0	5.0	1.0	2.0	2.0	
	水果	1.5			90.0	22.5			1.5	
晚餐	紫米飯	1	紫米100g		350.0	75.0	10.0		2.4	
	鹽烤秋刀魚	1	秋刀魚（可食生重）70g		240.0		14.0	20.0		
	韓式黃芽絲	1	黃豆芽70g紅蘿蔔絲5g韓式辣椒醬5g	紙製便當盒	41.3	3.8	0.8	2.5	2.0	
	咖哩洋芋雞茸	1	馬鈴薯中丁50g雞茸35g咖哩粉		103.5	7.5	8.0	4.5		
	青菜	1	生重100g		47.5	5.0	1.0	2.5	2.0	
	冬瓜蛤蜊湯	1	冬瓜25g蛤蜊10g	260c.c.湯杯	15.4	1.3	1.4	0.5	0.5	
	水果	1.5			90.0	22.5			1.5	
	麵茶牛奶	1	低脂奶粉25g麵茶20g		190.0	27.0	10.0	4.0	0.6	
				合計	2675	326	105	84	22	

第七節　溫和飲食

適用於胃發炎、胃潰瘍、十二指腸潰瘍的病人，是一種沒刺激性、易於消化。低纖維的飲食，使腸胃道發炎者，有足夠的營養恢復健康，其飲食原則如下：

1. 每日熱量需求一依每個人的身高、體重、活動量、性別、年齡做設計，急性發炎者先禁食1-2天，讓胃足夠休息，再逐漸供給牛奶及流質飲食，以少量多餐給食，再增加食物的量與種類。每餐食物均須有蛋白質食物（蛋、肉、魚類、豆製品等）和脂肪的食物，不要純吃澱粉食物。脂肪會抑制胃酸分泌應減少量。

2. 消化性潰瘍分三期：

   第一期：出血至止血後2-3天；此時飲食以不加糖牛奶或將食物製成流質供應。

   第二期：止血後2-3天至恢復期；此時軟質飲食爲主。

   第三期：恢復期；與普通餐飲食相仿，除非患者感覺不適，否則應盡量選擇各類食物。

3. 各類食物宜做選擇。

溫和飲食可食與忌食之食物

食物種類	可食	忌食
五穀根莖類	精緻的五穀	粗糙的全穀，米類，忌食糯米
豆類	加工後的豆類製品，如豆花、豆干	未加工的豆類如黃豆、紅豆、綠豆
肉、魚、蛋類	嫩而無筋的瘦肉，如雞、鴨、魚、豬肉	含筋性高的肉類如牛筋、蹄筋等
蔬菜類	嫩且纖維少的蔬菜	忌纖維高的蔬菜及老葉如竹筍、酸菜等
水果類	去皮、去籽、甜度低的水果	酸度高及含籽之水果如檸檬、番石榴
調味料	鹽、醬油、味精	刺激性的調味料如胡椒、芥末、咖哩、沙茶醬

溫和飲食設計應以軟質與半流質類型設計餐食爲主

	1200大卡	1500大卡	1800大卡	2000大卡	2200大卡	2500大卡	2700大卡
全穀根莖類（碗）	1.5	2.5	3	3	3.5	4	4
全穀根莖類（未精製）（碗）	1	1	1	1	1.5	1.5	1.5
全穀根莖類（其他）（碗）	0.5	1.5	2	2	2	2.5	2.5
豆魚肉蛋類（份）	3	4	5	6	6	7	8
低脂乳品類（杯）	1.5	1.5	1.5	1.5	1.5	1.5	2
蔬菜類（碟）	3	3	3	4	4	5	5
水果類（份）	2	2	2	3	3.5	4	4
油脂與堅果種子類（份）	4	4	5	6	6	7	8

飲食建議：

1.熱量：1500大卡

份數分配：

食物	份數	醣（公克）	蛋白質（公克）	脂肪（公克）	熱量
牛奶	1.5	18	12	6	180
肉、魚、豆、蛋	4	—	28	20	300
五穀根莖類	10	150	20	—	700
蔬菜	3	15	3	—	75
水果	2	30	—	—	120
油脂	4	—	—	20	180
小計	—		—	—	—

餐次分配：

食物	早餐	早點	午餐	午點	晚餐	晚點
牛奶	—	0.5	—	—	—	11
肉、魚、豆、蛋	1	—	2	—	1	
五穀根莖類	3	—	3	—	3	1
蔬菜	1	—	1	—	1	—
水果	—	1	—	1	—	—
油脂	1		2		1	—

膳食設計

溫和飲食菜單(1)

餐別	餐盒供應內容	樣式	成品供應標準（食材以生重表示）	包裝餐盒或容器之規格材質	供應營養素					功能表設計及供應原則
					熱量(大卡)	醣類(公克)	蛋白質(公克)	脂肪(公克)	膳食纖維(公克)	
早餐	滑蛋雞肉粥	1	白米40g地瓜55g雞茸35g雞蛋65g青菜（葉/絲）100g	750c.c湯杯	410.0	50.0	21.0	13.0	3.5	少辛辣、刺激勿太硬、生食物。
早點	木瓜牛奶	1	低脂奶粉12.5g木瓜190g（EP）	390c.c湯杯	120.0	21.0	4.0	2.0	1.0	
午餐	麵線糊	1	紅麵線75g絞肉35g大白菜絲70g木耳絲10g紅蘿蔔絲10g	750c.c湯杯	377.5	50.0	14.0	12.5	2.27	
午點	水果	1			60.0	15.0			1.0	
晚餐	香菇玉米肉末粥	1	白米50g玉米35g絞肉35g青菜（葉/絲）100g	750c.c湯杯	377.5	50.0	14.0	12.5	3.37	
晚點	綠豆沙牛奶	1	低脂奶粉25g綠豆仁20g	390c.c湯杯	190.0	27.0	10.0	4.0	1.8	
				合計	1535.0	213.0	63.0	44.0	12.9	

溫和飲食菜單(2)

餐別	餐盒供應內容	樣式	成品供應標準（食材以生重表示）	包裝餐盒或容器之規格材質	供應營養素					功能表設計及供應原則
					熱量(大卡)	醣類(公克)	蛋白質(公克)	脂肪(公克)	膳食纖維(公克)	
早餐	肉末冬粉湯	1	冬粉60g絞肉35g絲瓜100g	750c.c湯杯	355.0	50.0	14.0	10.0	2	少辛辣、刺激勿太硬、生食物。

餐別	餐盒供應內容	樣式	成品供應標準（食材以生重表示）	包裝餐盒或容器之規格材質	供應營養素					功能表設計及供應原則
					熱量（大卡）	醣類（公克）	蛋白質（公克）	脂肪（公克）	膳食纖維（公克）	
早點	西瓜牛奶	1	低脂奶粉12.5g西瓜250g	390c.c湯杯	120.0	21.0	4.0	2.0	1.0	
午餐	番茄豆腐粥	1	白米65g絞肉35g嫩豆腐80g番茄（去皮）100g	750c.c湯杯	470.0	53.8	21.5	17.5	2.293	
午點	雲吞湯	1	雲吞50g		113.7	11.5	5.6	5.1	1.4	
晚餐	山藥魚片粥	1	白米50g山藥小丁35g魚片35g青菜（葉／絲）100g	750c.c湯杯	335.0	50.0	14.0	8.0	2.62	
晚點	香蕉牛奶	1	低脂奶粉25g香蕉55g		180.0	27.0	8.0	4.0	1.0	
合計					1573.7	213.2	67.1	46.6	10.3	

溫和飲食菜單(3)

餐別	餐盒供應內容	樣式	成品供應標準（食材以生重表示）	包裝餐盒或容器之規格材質	供應營養素					功能表設計及供應原則
					熱量（大卡）	醣類（公克）	蛋白質（公克）	脂肪（公克）	膳食纖維（公克）	
早餐	洋蔥鮪魚粥	1	白米60g鮪魚30g洋蔥10g青菜（葉／絲）90g	750c.c湯杯	362.0	50.0	14.0	11.0	2.27	少辛辣、刺激勿太硬、生食物。
早點	葡萄牛奶	1	低脂奶粉12.5g葡萄100g	390c.c湯杯	120.0	21.0	4.0	2.0	1.0	
午餐	芋香肉末粥	1	白米40g芋頭小丁55g絞肉35g雞蛋65g青菜（葉／絲）100g	750c.c湯杯	457.0	50.0	21.0	18.0	2.27	
午點	水果	1			60.0	15.0			1.0	
晚餐	瓠瓜雞茸粥	1	白米60g雞茸35g瓠瓜絲100g	750c.c湯杯	362.0	50.0	14.0	11.0	2.27	

餐別	餐盒供應內容	樣式	成品供應標準（食材以生重表示）	包裝餐盒或容器之規格材質	供應營養素					功能表設計及供應原則
					熱量（大卡）	醣類（公克）	蛋白質（公克）	脂肪（公克）	膳食纖維（公克）	
晚點	藕糞牛奶	1	低脂奶粉25g蓮藕粉20g	390c.c湯杯	190.0	27.0	10.0	4.0	1.8	
	合計				1551.0	213.0	63.0	46.0	10.6	

溫和飲食菜單(4)

餐別	餐盒供應內容	樣式	成品供應標準（食材以生重表示）	包裝餐盒或容器之規格材質	供應營養素					功能表設計及供應原則
					熱量（大卡）	醣類（公克）	蛋白質（公克）	脂肪（公克）	膳食纖維（公克）	
早餐	皮蛋豆腐粥	1	白米60g皮蛋半顆豆腐80g青菜（葉／絲）100g	750c.c湯杯	335.0	50.0	14.0	8.0	2.27	
早點	草莓牛奶	1	低脂奶粉12.5g草莓160g	390c.c湯杯	120.0	21.0	4.0	2.0	1.0	少辛辣、刺激勿食大硬、生食物。
午餐	湯板條	1	板條160g肉絲52.5g豆芽菜90g紅蘿蔔絲10g	750c.c湯杯	415.0	50.0	11.5	15.0	2.27	
午點	花生豆花	1	市售花生豆花150g/個		95.7	18.0	2.6	1.5	2.27	
晚餐	冬瓜蚵仔粥	1	白米60g蚵仔65g生豆包30g冬瓜100g小丁	750c.c湯杯	412.5	50.0	21.0	13.5	2.27	
晚點	香瓜牛奶	1	低脂奶粉25g香瓜130g	390c.c湯杯	180.0	27.0	8.0	4.0	1.0	
	合計				1558.2	216.0	61.1	44.0	8.8	

溫和飲食菜單(5)

餐別	餐盒供應內容	樣式	成品供應標準（食材以生重表示）	包裝餐盒或容器之規格材質	供應營養素					功能表設計及供應原則
					熱量（大卡）	醣類（公克）	蛋白質（公克）	脂肪（公克）	膳食纖維（公克）	
早餐	洋芋肉蛋粥	1	白米40g馬鈴薯25g絞肉35g雞蛋65g青菜（葉／絲）100g	750c.c湯杯	395.0	42.5	20.0	15.0	2.93	少辛辣、刺激勿太硬、生食物。
早點	酪梨牛奶	1	低脂奶粉12.5g酪梨135g	390c.c湯杯	120.0	21.0	4.0	2.0	1.0	
午餐	黃瓜魚末粥	1	白米60g鮭魚（碎）35g青菜（葉／絲）100g	750c.c湯杯	355.0	50.0	14.0	10.0	2.27	
午點	統一布丁	1	統一布丁180g/個		202.0	32.2	4.5	6.1		
晚餐	地瓜雞肉粥	1	白米40g地瓜22.5g雞茸35g青菜（葉／絲）100g	750c.c湯杯	300.0	42.5	13.0	10.0	3.5	
晚點	美濃瓜牛奶	1	低脂奶粉25g美濃瓜165g	390c.c湯杯	180.0	27.0	8.0	4.0	1.0	
合計					1552.0	215.2	63.5	47.1	10.7	

溫和飲食菜單(6)

餐別	餐盒供應內容	樣式	成品供應標準（食材以生重表示）	包裝餐盒或容器之規格材質	供應營養素					功能表設計及供應原則
					熱量（大卡）	醣類（公克）	蛋白質（公克）	脂肪（公克）	膳食纖維（公克）	
早餐	當歸枸杞麵線	1	白麵線75g絞肉35g青菜（葉／絲）100g當歸1g枸杞1g	750c.c湯杯	346.0	50.0	14.0	9.0	2	少辛辣、刺激勿太硬、生食物。

餐別	餐盒供應內容	樣式	成品供應標準（食材以生重表示）	包裝餐盒或容器之規格材質	供應營養素					功能表設計及供應原則
					熱量（大卡）	醣類（公克）	蛋白質（公克）	脂肪（公克）	膳食纖維（公克）	
早點	哈蜜瓜牛奶	1	低脂奶粉12.5g哈蜜瓜225g（EP）	390c.c.湯杯	120.0	21.0	4.0	2.0	1.0	
午餐	胚芽雞茸粥	1	白米40g小麥胚芽粉20g雞茸35g嫩豆腐40g青菜（葉／絲）100g	750c.c.湯杯	372.5	50.0	17.5	10.5	2.293	
午點	豬肉水餃	1	豬肉水餃6顆		209.0	17.0	6.0	13.0		
晚餐	南瓜魚片粥	1	白米50g南瓜小丁67.5g鱈斑魚35g青菜（葉／絲）100g	750c.c.湯杯	330.5	50.0	14.0	7.5	2.62	
晚點	蘋果牛奶	1	低脂奶粉25g蘋果110g		180.0	27.0	8.0	4.0	1.0	
				合計	1558.0	215.0	63.5	46.0	8.9	

溫和飲食菜單(7)

餐別	餐盒供應內容	樣式	成品供應標準（食材以生重表示）	包裝餐盒或容器之規格材質	供應營養素					功能表設計及供應原則
					熱量（大卡）	醣類（公克）	蛋白質（公克）	脂肪（公克）	膳食纖維（公克）	
早餐	豆薯肉末粥	1	白米55g豆薯絲52.5g絞肉35g青菜（葉／絲）100g	750c.c.湯杯	377.5	50.0	14.0	12.5	3.5	少辛辣、刺激勿太硬、生食物。

餐別	餐盒供應內容	樣式	成品供應標準 （食材以生重表示）	包裝餐盒 或容器之 規格器材質	供應營養素					功能表設 計及供應 原則
					熱量 （大卡）	醣類 （公克）	蛋白質 （公克）	脂肪 （公克）	膳食 纖維 （公克）	
早點	奇異果牛奶	1	低脂奶粉12.5g奇異果110g	390c.c.湯杯	120.0	21.0	4.0	2.0	1.0	
午餐	青木瓜豆腐粥	1	白米60g嫩豆腐80g雞蛋50g青木瓜絲100g	750c.c.湯杯	452.5	50.0	21.0	17.5	2.27	
午點	水果	1			60.0	15.0			1.0	
晚餐	番茄鮪魚粥	1	白米60g鮪魚30g番茄50g青菜（葉／絲）50g	750c.c.湯杯	357.5	50.0	14.0	10.5	3.37	
晚點	麵茶牛奶	1	低脂奶粉25g麵茶20g	390c.c.湯杯	190.0	27.0	10.0	4.0	1.8	
				合計	1557.5	213.0	63.0	46.5	12.9	

第六章

不同國家菜單設計

第一節　亞洲

一、中國

中國面積為世界大國，人口占全世界20%，由於面積大，氣候由東南的熱帶氣候到北部的寒冷氣候，地形有北方的沙漠至南方的農地，由五十多個民族組成，飲食多元化。

(一)中國的飲食型態

中國的飲食型態分為飲與食，飲包括酒精性與非酒精性飲料，食包括吃飯與吃點心，飯包括宴客菜與家常菜，點心包括甜、鹹點心及特色小吃。

(二)中國湯及調味汁之分類

中國湯品分為三大類：葷湯、素湯及調味料。葷湯分為以單一材料如豬肉、雞肉、牛肉熬煮的清湯或用二種或二種以上材料熬煮的奶湯；另以魚蝦為原料的鮮味湯。素湯分為素湯、醬汁湯及鮮味湯，素湯以筍、香菇、黃豆芽為材料熬煮；醬汁湯以醬油、酒、紅麴熬煮；鮮味湯以冬菇、醬油、水熬煮。

調味汁可分為炒湯汁、炒油汁、糖醋汁、麻辣汁、甘露汁、玫瑰汁、檸檬汁、沙拉汁，其中炒湯汁是將菜餚撈出留湯汁，再澆在菜餚上；炒油汁將菜餚撈出留湯加糖炒再淋在菜餚上；糖醋汁以糖、醋、醬油為調味料與主料拌勻；麻辣汁以花椒、香油、糖、豆豉做成調味料；甘露汁以雞湯、番茄、芹菜末、果汁做成調味料；玫瑰汁以玫瑰醬、白糖製作出來調味料；檸檬汁以白糖、檸檬汁、白醋、高湯做出的調味料；沙拉醬汁以蛋黃、芥末、白糖、白醋製作出來的調味料。

中式調味醬汁分類		
葷湯	清湯	豬肉
		雞肉
		牛肉
	奶湯	混合二種或二種以上肉類熬煮出來
	魚蝦湯	魚、蝦熬煮出來
素湯	純素湯	筍、香菇、黃豆芽熬煮成
	醬汁湯	醬油、酒、紅麴熬煮成
	鮮味湯	冬菇、醬油、水熬煮成
調味汁	炒湯汁	菜餚撈出，將湯汁澆在菜上面
	炒油汁	菜餚撈出湯汁加糖再淋在菜上面
	糖醋汁	糖、醋、醬油做出調味汁
	麻辣汁	花椒、酒、糖、豆豉調出之汁
	甘露汁	番茄、芹菜、果汁調出之汁
	玫瑰汁	玫瑰醬、白糖調出
	檸檬汁	白糖、檸檬汁、白醋調出
	沙拉醬汁	蛋黃、芥末、白糖、白醋調出

中國調味品分類		
油脂類	動物油	豬油、牛油、雞油、羊油、鴨油、奶油、魚油
	植物油	花生油、菜籽油、茶油、橄欖油、玉米油、麻油
鹹甜類	鹹味	海鹽、岩鹽、井鹽、含碘鹽、低鈉鹽
	甜味	蔗糖、甜菜糖、蜂蜜、果糖
天然類	動物	蜂蜜、蠔油、肉湯、蝦米
	植物	香椿、鮮辣椒、香菜、蔥、薑、蒜、洋蔥
	乾貨	花椒、八角、大茴香、小茴香、胡椒、乾辣椒、豆蔻、丁香、甘草
粉末類	單一風味	花椒粉、胡椒粉、孜然粉、桂皮粉、薑粉、薑黃粉
	複合味	五香粉、咖哩粉
蔬果類	蔬果類	番茄醬、辣椒醬、芝麻醬、花生醬
	果醬類	草莓醬、蘋果醬、柑橘醬、芒果醬、藍莓醬、葡萄醬、覆盆子醬、石榴醬
	其他	調味海苔

中國調味品分類		
發酵類	固體	紅麴、豆豉
	液體	醋、醬油、酒、魚露
	其他	豆腐
花類	花草	玫瑰花、茉莉花、藏紅花、波斯花、薰衣草、洋甘菊、馬鞭草、檸檬草、薄荷、甘草根、甜菊葉、紫羅蘭
	花果	玫瑰果、草莓、檸檬果草、藍莓果茶
化工類	食品化工	人造奶油、人造沙拉醬
	有機合成	味精、糖精、甜味菊

各式主食一覽表		
稻米	飯	米飯、燜飯、撈飯、菜飯、油飯、炒飯、八寶飯
	粥	白粥、廣東粥、台式粥、番薯粥、芋頭粥
	糕點	粽子、月餅、粿類、元宵、糕類
	粉類	再來米粉、蓬萊米粉、糯米粉
	酒類	米酒、紹興酒、黃酒、紅露酒、花雕酒
麵粉	冷水麵	水餃、貓耳朵、餛飩、各式麵條
	燙水麵	鍋貼、蒸餃、蔥油餅
	麵糊	各式蛋糕、各式小西餅
	發麵	各式包子、各式麵包
	油酥麵	綠豆餅、鬆餅
豆類	飯類	豆飯
	粥類	豆粥
	糕點	各式豆沙
	豆腐	各式豆腐製品

二、日本

日本分為北海道、東北、關東、中部與東海、北陸、關係、中國、四國、九州。

(一)北海道

北海道出產各式海鮮，有四種螃蟹，如石蟹、毛蟹、多羅波蟹、開花蟹。螃蟹身體結實，味道鮮甜。鮭魚、鯡、鰈、大頭魚、花鯽

魚、章魚、蝦、鮑魚、蛤蠣、海帶十分新鮮,海帶除了做湯頭之外,也做成各式海帶糖。

1. 石狩鍋:在17-18世紀時,愛奴族將鮭魚和蔬菜放入鹽水中煮,19世紀日本人進入北海道後,將鮭魚切段與蔬菜、豆腐、芋頭加入海帶汁及豆腐調味燉煮。因鮭魚產於石狩川而以此命名。

2. 成吉思汗烤羊肉:在北海道盛行將切薄的羊肉和蔬菜上灑調味料,在特製的帽型鍋邊烤邊吃。

(二)東北

1. 竹葉魚糕:仙台是東北大都市,出產味噌,味噌有六十至七十種口味,可做各式味噌湯。

另外出產魚板片,是將白色的魚肉,拌上鹽、糖、澱粉揉成糊狀,再以蒸或燒烤而成,仙台的竹葉魚糕很有名。

2. 一口蕎麥麵:岩手縣南部製作,只供應一口大小的蕎麥麵,吃時身後站一位服務員,客人吃完一碗,服務生側入新麵條給客人至不要為止。

3. 秋田米棒:秋田縣在新米上市,米煮成米飯揉捏串在秋田杉串,在經烤後切成小份放入鍋內,再放蔥、芹菜、蘑菇等蔬菜和雞肉煮開。

(三)關東

1. 腐皮:將豆漿煮至濃稠時,形成一層皮即豆腐皮。將腐皮曬乾可做成各式小吃。

4. 參賀燒:將竹莢魚、沙丁魚、飛魚、秋刀魚、青花魚切或切碎,將味噌、蔥、薑、紫蘇放在上面,用刀輕拍黏,用火烤。

5. 夢甲燒:將白菜放在加熱鐵板翻炒,圍成圈,中央灌入麵糊,經火烤而成。

6. 淺川飯:將米飯上加以蛤蠣、蔥、味噌煮出來的料理。

(四)中部與東海

1.寶刀鍋：以麵條與南瓜、蔬菜、味噌一起燉煮而成。

2.鰻魚：蒲燒鰻以鰻魚刷醬燒烤而成。

3.豆腐炸肉排：炸豬排淋上味噌調味之醬汁。

4.醬汁烏龍麵：醬煮以味噌加鰹魚汁加糖熬煮成，味道香甜的湯汁，將烏龍麵煮熟拌入湯汁。

(五)北陸

1.螢魷：螢魷為產於富山灣的小墨斗魚，可做生魚片、拌醋醬、醃漬、烤或做成火鍋。

2.治部煮：將鴨肉切薄片，塗上麵粉，在湯汁中加入調味料，再將鴨肉、香菇、竹筍、芹菜用小火燉煮。

(六)關西

1.燙豆腐：將豆腐加入海帶汁液中燉煮。

2.鯽魚壽司：將鯽魚去魚鱗、內臟和魚鰓，灑鹽，約一個月後再灑鹽，約一個月後再與米飯和鹽為原料，醃製二至三個月後發酵而成。

3.章魚燒：將湯汁加入麵粉做成麵糊，倒入鐵板模具，放入章魚一邊攪動烤成圓球狀，配上海苔、調味料。

(七)中國

1.煎菜餅：將各種蔬菜加入雞蛋、魚類、貝類和麵粉做成各種煎菜餅，加不同調味汁。

2.蠔鍋：蠔即牡蠣，稱為海地牛奶，將牡蠣利用味噌調味放入鍋中煮。

3.蕎麥麵：帶殼的蕎麥碾磨成麵粉，將製作出蕎麥麵，加入高湯汁。

(八)四國

1.烤鰹魚：將火烤鰹魚皮，直到魚皮成金黃色。

2.鯛魚飯：鯛魚與米一起煮。

3.贊岐烏龍麵：將烏龍麵加入魚類、貝類及蔬菜做成烏龍麵。

(九)九州

1.雞肉汆鍋：將雞湯中放入雞肉、蔬菜，在放入蔥等佐料，沾橙醋進食。

2.炒麵：用粗麵條加入魚、貝、竹筍、木耳炒。

三、韓國

韓國位於亞洲大陸與太平洋之間，面積約二十二萬平方公里，山地占70%，東北、北、東及南中央均為山地，西北、西及西南為草原地區，氣候為溫帶季風。

(一)一般飲食

平日飲食有飯、湯、泡菜、熟菜、生菜、燒烤、滷菜，傳統吃飯時，吃飯的人直接坐在地上，飯碗在左，湯碗在右，配菜放在前方，右手握湯匙用來吃飯或舀湯，以筷子夾菜。春秋在白米混入麥或雜穀，夏季吃手切麵、人蔘雞湯並喝燒酒；冬天吃牛肉湯飯和麵疙瘩、泡菜並喝穀物酒。

(二)宴客

以十二層飯桌，包括飯、湯、泡菜、醋醬、醋辣椒醬、濃湯、蒸物、熟菜、燒烤、滷菜、煎餅、肉片、生魚片等。吃飯途中喝酒，吃完飯後喝鍋巴湯。

(三)點心

依季節有不同點心，如春天、夏天、秋天的點心有杏仁、梅子、李子、葡萄、香瓜、西瓜、蘋果、紅棗、柿子、栗子，冬天有糖果、

麥芽軟糖。韓國點心種類多，有用麵粉加上蜂蜜、麻油，低溫炸成汁藥果，或用糯米做成的正果，用來做祭祀的供品。

(四)韓國的節慶飲食

韓國依自然曆和太陰曆的陰陽思想為中心，即曆法、閏月、閏年、陰陽五行配合而成。

1. 初一：初一又稱歲首，這一天吃的食物為歲饌，喝的酒叫歲酒，新年子孫向長輩拜年喝茶，有茶禮之儀式。吃炒年糕、煮年糕或吃水餃、喝椒柏酒和屠蘇酒，可以祛邪，遠離怪病。

2. 元宵節：正月十五日為元宵節，一早就要咬破栗子、胡桃、松子、銀吉果及開心果，即「咬破堅果」，吃掉果仁，一邊許願著該年平安無事、萬事如意。

   元宵節早上喝一點酒，會使聽力更好，尤以喝冰酒會使聽力更好。

   當天要吃糯米、紅棗、棗子、蜂蜜、松子做成的藥食及五種穀類煮出來的五穀飯，另外將海苔包在五穀飯吃下去稱為包福，即包住福氣，將福氣吃下肚，當天吃湯麵象徵長壽。另外吃陳菜食，即將南瓜乾、菜脯、黃瓜片、山茄子、香菇、蕨菜及夏季曬乾的蔬菜一起煮，吃了陳菜食，夏天則不怕中暑。

3. 二月初一：二月初一又稱長工日，主人要拿酒和食物慰勞長工，家家戶戶吃炒黃豆，人們擔心二月開始從事農耕，體力無法負荷，因此吃黃豆來補充體力。

4. 冬食日：冬至過後第一百零五天就是寒食節，準備水果和糕點到祖先墳前舉行寒食茶禮。

5. 重三節：每年三月三日又稱重三，將杜鵑花瓣和麵粉煎著吃，此稱為「花煎」，亦有人和上綠豆粉煮熟後細切成麵條稱為「花麵」。又有黃花魚，肉質鮮嫩美味。適合喝的酒有杜鵑酒、桃花

酒、梨薑酒、竹瀝酒、瑞重酒、四馬酒，白釀放百日才開封稱為百日酒。應景的是以糯米粉為材料包入內餡，做成半月形，上灑五彩的散餅。另將艾草加豆瓣醬熬煮成艾草湯，和將綠豆涼粉、水芹菜、海苔、豬肉煮成湯，亦有人用鯉魚煮辣湯來吃。

6. 浴佛節：此季節吃花煎、魚茶、芹燴、蔥燴、煎餅。花煎是將玫瑰花瓣拌入糯米粉中，做成圓形或半圓形入油中炸。魚茶是用新鮮的魚肉拌入蔥、香菇、鮑魚、雞蛋煎成飯。蔥燴是將蔥燙一燙放入生肉中醃，沾糖、醋、辣椒醬來吃。芹燴是將芹菜燙過放入生肉中沾醬吃。

7. 端午節：五月五日端午節，家家戶戶用艾草以車輪餅模壓成車輪餅狀的米糕，舉行之端午茶禮。端午節喝益母草和艾草乾煮成的藥湯作為補藥。

8. 流頭日：六月十五日又稱為流頭日，文人雅士準備酒和肉，在溪邊吟詠稱為流頭宴，人人吃湯麵代表長壽，為了防止中暑喝人蔘雞湯，吃紅豆粥認為可抵擋怪獸。

9. 七夕：七月十五日祭亡魂，要準備酒、肉、飯、糕、水果等供品，在祠堂祭祀祖先。

10. 中秋：八月十五日為韓國大節日，在外遊子紛紛返鄉和家人相聚，當天換上新衣，並以水果、酒、松餅來祭祖，到晚上和親戚共聚一堂，分享美食。

11. 重陽節：九月九日重陽節，家家戶戶吃菊花燴，將菊花花瓣拌入糯米粉做成煎餅。

12. 開天節：十月三日為開天節，以蘿蔔、白菜、大蒜、蔥、辣椒粉、紅蘿蔔、雪茶、生薑及各式醬料又稱為「江米條」，配上艾草湯。天氣轉涼，吃牛肉、雞蛋、蔥、辣椒粉、大蒜、紅蘿蔔煎成的神仙爐。

13.冬至：冬至又稱爲小溫年，吃紅豆湯圓。以蕎麥麵加入蘿蔔泡菜、豬肉、梨子、白煮蛋做成的冷麵，並將柿餅泡入蜂蜜水或糖水，加入生薑、松子、桂皮放涼食用，將曬乾的明太魚乾做成祭祀時的供品。

14.臘季：冬至後第三天就是臘日，國家用兔子、山豬、雉雞來祭拜宗廟，家中以米糕、酒、水果來祭拜祖先。

15.除夕：每年十二月三十日爲除夕，擺設酒食來祭拜祖先，稟告祖先今年平安無事，並守歲迎接新年。

(五)韓國人常吃的食物

1.泡菜

韓國的泡菜完全符合五色和五味的原則，常以大白菜、紅蘿蔔、大蒜、辣椒，以五種顏色蔬菜來醃製，它含有鹹味、辣味、酸味、甜味、苦味等五種味道。由於韓國冬天很長，蔬菜生長季節短，所以在蔬菜盛產時用鹽將蔬菜醃漬起來，以備冬天寒冷時來食用。

2.高麗人蔘

高麗人蔘在韓國是十分有名的物產，因韓國位於北緯36-38度，氣候溫和，四季分明，土地肥沃，排水良好，十分適合人蔘生長。種植人蔘要選擇良好的土地，經消毒、施肥後才種植、經五六年栽種。

高麗人蔘分爲紅蔘與白蔘，二者均以水蔘爲原料，白蔘是以四五年根的水蔘爲主，將水蔘去皮後再乾燥；紅蔘是以六年之水蔘，蒸過後再乾燥而成。高麗人蔘具有補元氣，促進新陳代謝及血液循環，用來泡茶或做成蔘雞湯。

3.酒

韓國的酒有濁酒或燒酒：濁酒是由糯米爲原料，用發酵的方法來

製作，保存期限短。燒酒用高粱、小米、大麥爲原料，以蒸餾方法來製作，保存期限較長。

4. 湯

韓國人習慣喝湯，爲因應天災地變，湯可驅寒、易填飽肚子。常用牛肉、豆芽、菠菜、貝類爲食材，以牛肉、牛骨熬煮成牛肉湯，分爲青醬湯、黃醬湯：青醬湯是將牛肉或魚、蔬菜、海藻加入醬油煮成；黃醬湯將以大豆發酵出來的黃豆醬，放入洗米水，加入肉類或蔬菜等煮成。韓國人以湯匙舀湯出來一口一口喝。

5. 米糕

米糕是韓國人在生日、祭祀時重要的食物，有白色、紅色、五彩色的米糕：白色米糕爲象徵光明之意，紅色米糕爲驅鬼之用，五彩米糕象徵追求和諧。

6. 雜拌飯

韓國人將剩菜與剩飯拌著吃，因爲韓國爲農耕文化，爲補充熱量將米飯與菜餚拌著吃。

(六)韓國各地飲食

1. 首爾

(1) 醬湯泡飯：將牛肉和蘿蔔熬煮後切片，加入蕨菜、黃豆芽再泡入飯中。

(2) 牛雜碎湯：將牛頭、牛足、腔骨加蔥、薑、蒜熬煮去油和泡沫，上放切碎的蔥。

(3) 燉牛尾湯：牛尾加肉桂葉、芹菜、紅蘿蔔、洋蔥用小火燉煮後，加入鹽、胡椒調味。

(4) 雞湯：將雞肉熬煮成湯，加入蔬菜、木耳、雞蛋。

(5) 棗粥：將紅棗與糯米熬煮成粥。

(6) 燉年糕：將牛肉煮熟後，加入白年糕、胡蘿蔔、香菇、洋蔥、水芹菜、栗子、松子之燉食。

2.京畿道

(1) 兆朗年糕湯：將白年糕以木刀切，用牛骨熬煮成高湯，加入蔥、蒜，待肉爛撕成絲。年糕汆燙後入高湯再加入切好的蔥絲。

(2) 蔘雞湯：將雞切斷雞頭與雞腳，掏出內臟洗淨，糯米泡水後塞入雞肚，加入紅棗、人蔘，用線將雞肚縫好，放入水蒸40分鐘，吃時將線剪斷，取出。

(3) 薺菜醬湯：將淘米的水加辣醬、放入薺菜與蛤蠣熬煮的湯。

(4) 燉蘿蔔：將切塊的蘿蔔與牛肉、雞肉、栗子、紅棗、銀杏一起燉熟。

(5) 烤牛排：將牛排與調味料浸泡（醬油、白糖、蔥、蒜、芝麻、香油、胡椒粉）。

(6) 醬魷魚：將魷魚去內臟，牛肉切碎，加入辣醬、糖、醬油、水熬煮。

3.江原道

(1) 土豆飯：將馬鈴薯加入米中煮成飯。

(2) 烤明太魚乾：將明太魚洗淨，加佐料烤（醬油、辣椒醬、白糖、蔥、蒜）。

(3) 拌蕎麥麵：將蕎麥煮熟，將麵條放入碗中，加入胡蘿蔔絲，小黃瓜絲拌入調好的醬（芥末、芝麻、醬油、醋、糖）。

(4) 豆腐雜燴：將豆腐、牛肉、水芹菜、紅蘿蔔、洋蔥、香菇，加醬油、糖、蔥、蒜燜煮。

(5) 魷魚粉腸：將魷魚去內臟，將綠豆芽、洋蔥絲、紅辣椒、青椒絲及雞蛋拌成餡，放入魷魚腔內，蒸10分鐘後，取出切塊。

4.忠清道

(1) 山菜拌飯：在飯中拌入香菇絲、菠菜、黃豆芽、紅蘿蔔、白蘿蔔、牛肉絲。

(2) 牡蠣飯：將牡蠣與米煮成飯。

(3) 南瓜糊：將南瓜、豌豆煮稠，加鹽調味。

(4) 龍鳳湯：將雞湯放入雞肉、雞蛋、香菇並加入調味料。

(5) 田螺湯：田螺泡在水中吐出沙，洗淨後，加入辣醬。

(6) 烤辣醬豬肉：將豬里肌肉及五花肉醃辣醬、麻油、白糖、胡椒，加入蔥、蒜、芝麻，放在烤架上烤。

5. 慶尚道

(1) 晉州拌飯：飯上放各種蔬菜及紅燒牛肉，與鮮血湯一起吃。

(2) 統營拌飯：飯上放各種蔬菜，配上海帶湯。

(3) 蘿蔔飯：蘿蔔條放在電鍋下面，加入米飯拌著醬油吃。

(4) 牡蠣年糕湯：煮年糕時加入牡蠣。

(5) 嫩南瓜粥：將南瓜與米熬煮成粥。

(6) 玉米粥：將玉米與米煮成粥。

(7) 安東刀切麵：將麵粉與黃豆粉拌和揉成麵糰，切成麵條放在雞湯煮熟，上放蔬菜。

6. 全羅道

(1) 全州拌飯：米飯上放煮好的黃豆芽、波菜、海苔、香菇，再打個生蛋黃到飯上，與黃豆芽一起吃。

(2) 紫菜飯卷：將拌飯包在紫菜皮中。

(3) 黃豆菜湯飯：將黃豆芽加魚煮成湯，加入飯中。

(4) 泡菜飯：將飯做好，加入泡菜及牛肉炒之。

(5) 章魚粥：米洗淨放入章魚與紅棗熬煮成粥。

(6) 蛤蠣粥：將米與蛤蠣熬煮成粥。

(7) 泥鰍湯：將泥鰍、牛肉、綠豆芽、蔥熬煮。

(8) 清蒸魟魚：將魟魚加蔥、蒜、辣椒及佐料蒸軟。

7. 濟州島

(1) 眞鯛粥：眞鯛取肉，切丁後加米熬煮成粥。

(2) 裙帶粥：將泡好的海帶切片加米熬煮成粥。

(3) 蕨菜湯：蕨菜加豬肉煮成湯。

(4) 蕨菜煎餅：蕨菜汆燙切成5公分段，加入雞蛋、麵粉，放平底鍋煎。

(5) 帶魚南瓜湯：白帶魚加入南瓜煮湯。

(6) 清蒸小鮑魚：小鮑魚蒸熟，淋上調味醬（醬油、糖、蔥、蒜）。

(7) 烤小鮑魚：小鮑魚劃上刀紋，刷醬烤熟，串在竹籤上。

(8) 圓糕：將煎好的蕎麥餅放蘿蔔或豆沙餡。

(9) 黏小米糕：將黏小米蒸熟到石臼搗碎，沾豆沙食用。

(10) 蜜橘糖水：將蜜橘去皮，放入糖水煮。

四、馬來西亞

馬來西亞環海，有豐富的魚產品，其中馬來人信仰伊斯蘭教占人口62%，因此有62%不吃豬肉及自己死亡的動物和動物血液，習慣用右手抓飯，進餐前一定將手洗乾淨，用餐時十分重視餐飲衛生和禮節。

在馬來西亞的華人以來自福建最多，占華人35%；其次依序為客家人占華人24%，廣東人占18%，潮州人占11%，福州人占5%，海南人占4%，廣西人占1.5%，其他華人占1.5%。因此，到馬來西亞可以吃到不同地區華人的飲食，如：客家菜仍保有油、鹹、香的特性，客家釀豆腐，將肉餡加入魚醬、蝦米、鹹魚、紅蔥頭拌勻再塞入豆腐中，將豆腐兩面煎黃。擂茶是用茶葉、金不換、薄荷，艾草加上炒熟的芝麻、花生、鹽，放入擂砵，以擂棍將它擂至泥狀，再沖泡開水攪拌。客家人吃飯，加上蝦米、豆干、蔥、蒜、蘿蔔乾和各種熱炒蔬菜的配料，再飲用

擂茶。客家人婦女產後必吃雞酒，福建人亦吃雞湯，但所用的酒不同，客家人用黃酒，福建人用米酒。客家人的滷豬腳、釀豆腐、梅干扣肉、吃雞酒、喝擂茶為其飲食特色。

1950-1986年已存在炒福建麵，將豬油炒粗麵條，配料有蝦仁、豬肉片、豬油渣。另有廣炒亦稱為鴛鴦炒，以米粉、粄條二種食材混和，米粉以熱油快炒，粄條以熱油快炒，加入豬肉、蝦仁、油茶，以滑蛋勾芡。

早期在吉隆坡的華人多做苦力拉車，早上喝肉骨燉中藥的肉骨茶，現為吉隆坡人的早餐。

(一)主食

1. 亞參叻沙（Assam Laksa）：Assam是一種熱帶果，以紅椒、薑、香芋、蔥頭加入魚湯熬煮，配入米線或米粉，並加入小黃瓜、鳳梨、生菜、豆芽、薄荷葉。

2. 咖哩叻沙（Curry Laksa）：將咖哩湯加入椰奶，並放入肌肉、豆芽、蝦、米粉（或麵條）的一道具香辣、椰汁口味的主食。

3. 福建蝦湯麵：將蝦殼、蝦頭、豬肉、肌肉熬煮了4小時，將油麵或米粉汆燙放入碗中，加入鮮蝦、肉片、魚板、水煮蛋或空心菜、淋上高湯，配上酥炸蔥花及辣椒醬。

4. 椰漿飯：將米加椰漿蒸煮而成，配上咖哩雞、牛肉或魷魚，炒小魚乾及三巴辣椒醬、小黃瓜片、三巴辣椒醬，放在香蕉葉片上。

5. 柔佛沙拉：以魚肉、米粉和蔬菜加咖哩煮成之主食。

6. 印度炒麵（Mee goring indian）：以辣椒醬、番茄、豆腐、蝦及蛋炒成的麵食。

7. 印度煎餅（Murtabak）：以碎牛肉、雞蛋、洋蔥為食品料，佐以咖哩汁及印度餅。

8. 咖哩麵：咖哩湯中加入麵條、雞肉、蛤蠣、豆腐和豆芽。

9.酥油飯：用酥油煮成飯，加入蔬菜牛肉或雞肉

10.印度美食飯（Nasi Kandar）：此為以咖哩汁煮雞、肉、魚配上各種印度煎餅，以手抓食物來食用。

11.海南雞飯：以雞肉湯煮成飯，配上白煮雞肉來吃。

(二)肉類

1.咖哩雞：將油燒熱，放入搗碎的香料（紅辣椒、蒜頭、薑、香茅、蝦醬），加入雞塊炒熟，加入椰漿及糖、鹽及胡椒，將炸蔥頭灑上。

2.咖哩牛肉：將牛肉燉軟，加入咖哩、椰漿並調味。

3.辣味牛肉（Nasi Padang）：牛肉與椰漿、香料煮成辣味牛肉。

4.沙嗲（SATay）：沙嗲是將泡過滷汁的雞肉或牛肉、羊肉串成肉串，在炭火上燒烤，佐以花生醬，配上黃瓜、洋蔥配上馬來飯糰一起食用。

5.香辣湯肉湯：雞肉湯加咖哩，拌飯糰和蔬菜食用。

6.酸菜鴨湯：將鴨塊、酸菜、水煮成，加入酸梅、紅辣椒、紅蘿蔔、枸杞子及豆蔻粉。

7.牛尾湯：牛尾燉爛加入配料煮成。

8.炸雞塊：雞肉以醬油、蠔油、鹽、胡椒、辣椒、咖哩粉入滷汁中滷好，再沾上麵粉油炸。

(三)海鮮類

1.蕉香咖哩魚：將魚加入薑黃、胡椒、蔥、薑，包入香蕉葉，放於烤箱中烘烤。

2.咖哩椰漿魚：鯧魚切塊。鍋中燒熱油加入搗碎香料（香茅、薑黃、小蔥頭、蒜頭、紅辣椒），加入魚塊煮熟，倒入椰漿以鹽、糖、胡椒調味。

3.三峇羊角豆：鍋中炒香香料（小蔥頭、蒜頭、薑黃、香茅、辣椒

乾、蝦醬），加入蝦、羊角豆炒勻，加調味料。

4.椰子香辣椒：鍋中炒香香料（薑、蒜頭、黃薑、紅辣椒、香茅），放入蝦拌勻，加入椰漿，以糖、鹽調味。

5.香烤魚餅（Otak）：用魚肉加入調味料，外裹椰葉燒烤而成。

6.炸大頭蝦：將大頭蝦加調味料輕裹酥炸粉再入鍋炸。

(四)點心

1.炸香蕉：又稱為Banna Fritters，將香蕉去皮後裹上玉米粉糊（玉米粉加鹽、水、芝麻混成麵糊），炸呈金黃色，淋上糖霜或椰子醬。

2.椰香棕櫚糖：將煎好的煎餅，捲入棕櫚糖與椰子粉，做成可口的煎餅。

3.馬來雞蛋糕：馬來西亞人用雞蛋打發，加入糖、麵粉，做成鬆軟可口的馬來雞蛋糕。

4.豆沙餅：又稱為淡文餅或香酥餅，以小麵包入油酥做成有層次的麵皮，內餡則以綠豆沙、炸過的紅蔥頭，做成一口大小。

(五)水果

1.山竹：外皮褐色，果實圓、堅硬，去外殼後果肉甜中帶酸。

2.紅毛丹：紅色、多毛為土生土長的水果，剝除外皮即可食用。

3.椰子：馬來西亞盛產椰子，剖開喝椰子汁，椰子果肉可食用，椰子殼可做成碗具或裝飾物。

4.醃製水果：市場上將木瓜、芒果、黃瓜、豆蔻加入香料、糖、醋泡一到二天，讓水果具酸甜發酵味。

(六)醬料

1.三巴辣醬：以辣椒、蝦醬和調味料製作而成。

2.蝦膏（蝦醬）：在馬來西亞峇拉煎（Geraau），將小蝦加入胡椒及鹽，攪成膏狀，待發酵壓成塊狀。用於煮咖哩、炒飯、醃肉。

一般將蝦膏加入紅辣椒、青蔥、薑、蒜頭及少許糖，可做成有香味之佐料。

(七)藥材

　　1. 東革阿里：都革阿里（又稱 Tongkat Ali），為一種植物生長遍及馬來西亞，將它切片泡滾水可治皮膚搔癢、消化不良、腰痠等疾病，常服用可延長壽命。

　　2. 豆蔻：用來提升食物的口感，常用來做小菜，亦可蒸餾出豆蔻油作為外敷之用。

第二節　歐洲

一、義大利

　　義大利南北狹長二千三百公里，海岸線有七千六百公里，形狀似馬靴。1533年義大利凱薩琳往嫁給法國國王亨利二世，將新的佐料和烹調方法引進法國，1600年，另一位瑪利亞公主嫁給法國王儲亨利四世，兩位義大利籍的法國皇后影響了法國料理。義大利依地理位置及烹調方式分為四大菜系如下：

　　1. 北義大利菜

　　地區近法國、瑞士、奧地利，盛產玉米，適合烹調義式米飯（Risotto）及米蘭式米飯（Milanese Risotto）。

　　麵食以麵粉與雞蛋做出的寬條麵（Fettuccine）及千層麵（Lasagna）。

　　出產白松露（Tartufi bianchi）、黑松露（Tartufineri）、白蘆筍、起司、紅萵苣。

　　北義大利人多吃米飯，較少吃麵食。

2.中義大利菜

中義大利菜提供農莊食物，乾酪、臘腸、蒜味香腸、五香火腿、葡萄酒醋、起司、黑松露爲其特產。

3.南義大利菜

南義大利喜好用麵粉加水製作出各種通心麵，喜用橄欖油烹調，並喜用香草、海鮮入菜，披薩、起司爲著名菜餚。

南方食物較北方辣，多用蒜頭、番茄、橄欖油、番茄醬、乾酪。

4.小島菜

以海鮮爲主，以海鮮、蔬菜、鹽漬魚子、柑橘爲主。

㈠義大利食物

1.義大利麵

北義大利用麵粉加雞蛋揉成麵糰，麵條成淡黃色；南義大利用麵條加水揉成，外觀成白色。義大利麵加水煮熟可加醬汁、加湯或烘烤來食用。

2.義大利披薩

在18世紀拿坡里地區廚師將圓形烤餅加上各種材料，由土製烤窯烤出的產品，可依餅皮之厚薄分爲薄皮及厚皮，依添加的食材分爲海鮮、香菇、素食披薩。

3.葡萄酒

義大利生產的白葡萄品種有Trebbia no、Pinot Grigio、Verdic-chio、Vernaccia。

義大利南部生產紅葡萄品種有Sangiovese、Nebbiolo、Barbera、Aglianice，出產紅葡萄酒。

義大利葡萄酒之產量爲全世界產量30%，僅次於法國，每天均須喝酒。

4. 義大利拖鞋麵包

拖鞋麵包是由非常濕黏的麵糰做成，需要很好的揉捏技巧。由於發酵時間長，麵糰中含有大量的液體，所以麵包的結構鬆散多洞。而為了不把麵糰中珍貴的氣泡擠壓出來，發酵過後的麵糰要非常小心翼翼的對待。義大利人形容處理麵糰「就像對待嬰兒一般」，是很具體地形容它的耗時與費工了。有名的帕尼尼三明治就是用拖鞋麵包製成的。

5. 義式臘腸

義式臘腸是義大利一種豬肉香腸，用切細肥豬肉燻製，調味料包括黑胡椒、玉米粒、肉豆蔻和香菜。官方也規定它必須含有15%的脂肪，而且大部分要是來自豬脖子的肥肉。有些時候還可以吃到加了橄欖的臘腸，吃臘腸也形成了義大利人生活的一部分。

6. 白松露

白松露菌是食物的調味料，要生吃，因為白松露菌似蒜頭的香甜味，一經加熱就會變質。松露本身吃起來並無特別的味道，但因為散發著特殊的氣味，自古便有許多人為之著迷，並盛讚松露為「廚房的鑽石」。歐洲人將松露與魚子醬、鵝肝並列「世界三大珍饈」，屬於高貴食材之一，特別是法國黑松露與義大利白松露評價最高。

7. 戈爾貢佐拉乾酪

這種乳酪產自義大利北部的倫巴底，是世界三大藍黴乳酪之一。戈爾貢佐拉乾酪外形呈鼓狀，有灰紅色的外殼，表面粗糙及有粉斑，起司色由白色到淡黃色，並佈滿藍綠斑紋，味道辛辣，帶有蘑菇的氣味。先將牛乳凝固，脫水壓製成方形後將其搗碎，然後把青黴的孢子均勻地撒上，填裝至容器內，為了讓青黴得以呼吸，並以針刺成空氣通道。

8. 帕馬森乾酪

很多乳酪喜好者將帕馬森乾酪稱為乳酪之王，是一種硬質乳酪。在義大利甚至有「帕馬森乳酪局」，專門控管其製作過程，只要產地或者製造出現一點瑕疵，就不能稱帕馬森。帕馬森只使用吃草的牛乳製作，加有乳漿及牛胃內膜幫助凝結，整個製作為期大約兩年。

9. 義式蔬菜湯

義式蔬菜湯義大利湯品中最著名的料理，濃濃的番茄湯頭裡加入各式各樣的當令蔬菜，但重點就是要放洋蔥、西洋芹、胡蘿蔔和豆子，至於其他蔬菜、米飯、肉類或通心粉就可以自行斟酌。蔬菜湯的普及程度就跟義大利麵差不多，一點麵包和一碗義式蔬菜湯常常是義大利人最方便的一餐。

10. 義大利燉飯

義大利燉飯的發源地是在義大利的北邊，大約是米蘭的那一帶。燉飯的食譜千變萬化，而最基本形式的做法是將洋蔥爆香後，加入米和少量雞湯，讓米慢慢吸收雞湯的水分和香味，待湯汁收乾後再加入一次雞湯，如此反覆至米飯八分熟，最後再加上不同的配料、醬料和起司粉，製成不同風味的義大利燉飯。

11. 披薩

在西元前第3世紀，古羅馬帝國的文獻中就已經提到了披薩的製作方法，考古學家也發現了疑似是烤披薩作坊的遺址。漫長的兩千多年不斷有了新的食材被帶到義大利，現今披薩基本元素，如莫薩里拉乾酪、番茄都是後來才加上。現在全世界都可以吃到披薩，也在研發屬於自己的新口味。

12. 義大利麵

義大利麵雖然源自中國，但其在全世界受歡迎的程度卻不是傳統

中國麵食可以比擬。義大利麵條所使用的麵粉是一種高筋性的杜蘭小麥，製作過程中只加雞蛋不加水，形狀千變萬化，烹調方法更是不計其數，在網路上可以搜尋到的食譜種類就超過650種。但如果問義大利人最喜歡的口味時，回答絕對會是：「我媽媽做的最好吃！」

13.義大利馬鈴薯麵疙瘩

小巧可愛的義大利麵疙瘩是許多義大利人的最愛，一般是用馬鈴薯加上麵粉製成，然而麵粉加玉米粉也時常可以見到。調味則與一般義大利麵沒有太大不同，最大差別在「口感」。少了義大利麵的彈牙，麵疙瘩給人的感覺是如此的Q軟，義大利人喜歡吃它。

14.義大利方餃

義大利方餃的製作，就是用兩層義大利麵的麵皮，包上各種餡料，但在烹煮時會煮到全熟，再淋醬料、附上配菜上桌。方餃以熱那亞地區的最正宗，最能反映出食材的原味。內餡的方面，可以是火腿、羅勒、牛柳、菠菜、帕馬森或是各式乳酪。

15.燉牛膝

根據義大利文直譯也可稱做「米蘭式燉牛膝」。用到的材料有洋蔥、大蒜、奶油、月桂葉、西洋芹、百里香、檸檬、番茄、黑胡椒、胡蘿蔔、紅酒和雞高湯。用繩子綁上的的牛膝燉煮上兩個小時，肉質都已經被紅酒所軟化。

16.佛羅倫斯丁骨大牛排

佛羅倫斯丁骨大牛排也稱為「白色大牛排」，用的是未經冷凍的冷藏丁骨牛排。用無煙木炭燒烤，調味只有一邊烤一邊放鹽和黑胡椒。烤出來的牛排至少都有23盎司以上，原汁原味，份量十足，盤子邊有檸檬，趁熱淋上，吃起來感覺美味得好不真實。紅

酒和托斯卡尼豆則隨餐附上。

17.義大利冰淇淋

「沒吃過義大利冰淇淋你的人生根本還沒開始」，那扎實綿密的滋味是一般美式冰淇淋所無法比擬的。冰淇淋是義大利人的傳統甜點，強調一定要是手工的，而且脂肪量不能超過8%。堅持不打入任何空氣，採用新鮮食材調味，造就了這健康、美味的究極冰品。

(二)義大利飲食

1.義大利的早餐

義大利人的早餐很簡單，常一杯牛奶咖啡或一杯有熱牛奶泡沫的咖啡，加上一塊麵包與果醬。

2.義大利的中餐

以麵食或披薩爲主，並喝咖啡。

3.義大利的晚餐

大家在晚上八點時開始，晚餐爲三餐中較重視的：有餐前酒，是水果汁加蘇打水調和而成；開胃菜是燻火腿哈密瓜、海鮮沙拉做成；可同時供應米飯與披薩。接著供應魚或肉、沙拉、乳酪、甜點、冰淇淋、濃咖啡、餐後酒。

二、西班牙

西班牙位於歐洲西南部，鄰近國家有法國、阿爾及利亞、摩洛哥、葡萄牙，位於地中海西部，東部與南部多屬亞熱帶氣候，春秋爲雨季，夏季氣候令人感到舒服，北部天氣屬內陸的溫帶大陸性氣候，冬天常降雪使人感到寒冷，在加納利群島爲副熱帶氣候，全年氣溫在18-20℃之間，夏季氣候乾燥。

15世紀時，由於哥倫布抵達西印度群島，西班牙逐漸成爲世界海上

強國；面積約51萬平方公里，人口約4200萬人，大多數人民信仰天主教。

西班牙東北部庇里牛斯山脈終年積雪，西北部地區潮濕，常下雨，中部地區炎熱乾燥。不同的地形有多變化的氣候，因此也有各種不同的物產。西班牙的飲食受到外來民族、美洲殖民地、波旁王朝入主西班牙而產生了多元的飲食文化。

(一)歷史的變革使西班牙有多元飲食文化

西元前9世紀腓尼基人、希臘人來到地中海沿岸，帶來了小麥、橄欖、酒及醃魚技術，小麥製作成麵包，並將麵包加入湯中；將橄欖子壓出橄欖油，形成地中海飲食重要的食材，奠定地中海人們健康的基礎。羅馬人帶來醃魚技術，使大量捕獲的魚得以長期保存。西哥德人發展大量養豬技術，因此西班牙亦是火腿主要產區。朝鮮薊、豆類的種植亦是西哥德人的一大貢獻。在西元7世紀時西班牙為阿拉伯統治，此期中東的食材，如稻米、茄子、檸檬、柑橘、肉桂、茴香、薄荷亦引進了西班牙，此期海鮮飯的製作，將香料加入麵包或米飯中大為盛行。

哥倫布在15世紀時發現新大陸，西班牙成為當時新大陸進入歐洲的門戶，他從歐洲引進辣椒、胡椒、香料、番茄、紅椒、玉米、馬鈴薯，使得西班牙的飲食有更多的變化。18世紀時波旁王朝入主西班牙，給西班牙的飲食帶來法國風味。

(二)西班牙人常用的食材

由於靠近大西洋、地中海，盛產海鮮；畜牧業發達，因此畜產品加工亦豐富。其常用食材如下：

1. 漁產品：鰻魚、鮪魚、章魚、淡菜、扇貝、蜘蛛蟹產量豐富。

2. 畜產品：豬隻產量多，依比利半島的火腿、紅椒香腸、黑色血腸產量多。

3. 番紅花：為加入米飯的一種香料，可加入米飯中增加米飯的色澤與香味。

4. 乳酪：羊乳酪為西班牙品質極佳的乳酪。

5. 紅椒：西班牙的紅椒粉，作為灌香腸的香料，使食物增色不少。

㈢西班牙的飲食習慣

西班牙人認為午餐十分重要，因午餐可維持人下午工作體力，晚餐較清淡、簡單。但是，西班牙人的夜生活十分活躍，酒吧、歌舞廳常經營至凌晨。各地區的烹調有所差異。

1. 東北：地中海地區以海鮮為主，番紅花為配料，海鮮飯為主要菜餚，飯則煮成米心稍硬的成品。

2. 北部：以海鮮為主，如鱈魚、鰻魚、章魚為材料製作出鮮美的海鮮，各式砂鍋將番茄、洋蔥、青椒加入各種海鮮，羊肉加入蔬菜製作成羊肉砂鍋。

3. 南部：以牛尾做成燜菜，用牛尾、蔬菜和紅酒燜煮而成，或將牛尾與雪利酒燉煮成牛尾湯。

4. 中部：烤乳豬以三個月大的小豬，浸泡牛奶，再經低溫烘烤成香脆的烤乳豬。

三、德國

㈠德國香腸

德國香腸是「所有來自德國的香腸」的總稱，而德國人幾乎三餐都離不開香腸。常見的有：配酸菜、芥末一起吃的「碎肉香腸」，夾三明治吐司的「下午茶香腸」，早餐常吃的「巴伐利亞白香腸」、裡頭添加了20%肝臟的「豬肝腸」，加了咖哩粉和番茄醬調味的「咖哩腸」。

(二)椒鹽卷餅

在日耳曼地區，這種又被稱爲「蝴蝶脆餅」的椒鹽捲餅常被拿來當作麵包店、烘焙坊的招牌，而由此可知它在人們心中的地位是如此地不可撼動。它主要分爲兩類：一種是烤得小小脆脆的零嘴，另一種則是可以跟臉一樣大的麵包。

(三)德式酸泡菜

富有德國精神的德國酸菜是德國的傳統食品，用圓白菜或大頭菜醃製。廣泛用於搭配肉類產品如香腸、德國豬腳，酸泡菜不但能促進開胃與幫助消化，當它和份量不算少的德國肉類料理搭配時，更能降低菜餚的油膩感。

(四)德國豬腳

香香脆脆的德國豬腳是源自於德國的巴伐利亞地區，做法是先將豬腳用葛縷子和大蒜煎過，再放入烤箱烤至表皮金黃酥脆。一般都是配上辣根醬、芥末、醃辣椒和德國酸菜一起吃。

(五)德式刀削麵

在德國，除了常吃的義大利麵條以外，德國人還是擁有自己的傳統麵條，那就是源自德國南部的刀削麵。而隨著模型的不同，刀削麵的形狀也是千變萬化，粒狀、條狀的都有。最常見是搭配肉類吃，然而在德國南部也常有以它爲主的餐食。

(六)醋燜牛肉

醋燜牛肉這項德國國菜的緣起十分複雜，甚至連查理曼大帝、凱撒大帝和神學家大阿爾伯特都牽涉到了。傳統上是用馬肉加上醋、水、香辛調味料去燉，但近年來，多被牛肉取代，醋燜馬肉已經越來越少見。

(七)德國餛飩

德國餛飩傳說是修道士所發明的，因爲修道士爲掩飾在四旬齋期間

偷吃豬肉而設計的。德國餛飩的餡是用絞碎的豬肉、菠菜、麵包屑、洋蔥，和一些西洋芹菜做成，然後用麵皮將餡包起來。德國餛飩和義大利菜的義大利餃很相似，只是德國餛飩比較大一點，德國餛飩的大小為8-12公分，通常一人份為2-4個。

(八)年輪蛋糕

在臺灣，便利商店就能買到的年輪蛋糕，其實也是來自於德國，被視為「蛋糕之王」。年輪蛋糕的特徵性就是金色的環圈，而使之得「年輪」之名，德文直譯即為「樹木蛋糕」。年輪蛋糕也可澆上糖汁或者融化的巧克力覆蓋表面。

(九)聖誕蛋糕

聖誕蛋糕是一種質地像硬麵包，但製作材料像水果蛋糕的麵點，是德國耶誕節期間的傳統食品。來源於古普魯士語「一塊麵包」的意思。這種糕點的形狀原來模仿的是襁褓裡的耶穌，但形狀讓礦工們聯想到的，卻是礦道的入口。因此，「礦道的入口」也正是現今這種麵點名稱的字面意思。

(十)黑森林蛋糕

德國南部有一處名為黑森林的旅遊勝地，盛產黑櫻桃。因此，當地的人會把過剩的黑櫻桃夾在巧克力蛋糕內，並塗上鮮奶油及灑上巧克力碎片，便製成了黑森林蛋糕。傳至其他地方時，由於沒有黑櫻桃，因此黑森林蛋糕亦省略了黑櫻桃，變成了巧克力蛋糕。

四、荷蘭

(一)乳酪

一個荷蘭人一年要吃掉8公斤乳酪。荷蘭人的平均身高為歐洲之冠，男生平均身高約184公分，女生平均身高則約174公分。乳酪的營養是相當高的，蛋白質的含量比同等重量的肉類來得高，並且富

含鈣、磷、鈉、維他命A、B等營養元素，不過膽固醇含量也相當高。

相傳乳酪的製作原理是阿拉伯遊牧民族最早發現的。遠古時代，有一遊牧民族因為要橫越沙漠，就以小牛的胃做成的皮囊裝牛奶。騎馬走了幾個小時之後，因為口渴要停下來喝水解渴，結果發現皮囊內的牛奶分成了兩層，透明液體狀的乳漿與白色塊狀的凝乳。因為裝小牛胃富含酵素，牛奶因馬匹的奔馳而充分地與酵素攪拌，加上高溫，而發酵成透明的乳漿和固體狀的凝乳。這就是今日乳酪製作的主要過程。

荷蘭起司的種類有很多，其中以高達（Gouda）起司與與艾登（Edam）起司最為著名。而高達起司就占了60%產量，連最著名的阿克馬（Alkmaar）乳酪市場拍賣的乳酪也是以高達起司為主。高達起司的形狀以扁圓車輪形聞名，口感較重，外皮包覆有一層指明不同口味的薄蠟。其中以棕褐色外皮的煙薰起司，最受國人歡迎；而艾登生產的則是似圓球形的起司，外皮覆以紅色的蠟聞名，口感較溫和。乳酪外層的蠟是在保持乳酪的新鮮度，但是食用時都必須切除，而未食用完的乳酪須以保鮮膜包緊切口，以免接觸空氣而硬化。

下列為荷蘭較著名的乳酪市場與開放時間：

乳酪市場	特色	開放時間
阿克馬乳酪市場 AlkmaarCheeseMarket	穿著各種裝扮的乳酪搬運工依古法進行乳酪交易	4月初-9月初間的每週五上午：10時-12時
艾登乳酪市場 EdamCheeseMarket	夏季時分，艾登乳酪市集開市，夜晚的運河掛滿了彩色燈飾，在小船上進行乳酪交易買賣	7月初-8月底期間，每週三上午：10:30-12:30
豪達乳酪市場 GoudaCheeseMarket	豪達（Gouda）離海牙或鹿特丹很近，約半小時車程可到達	6月底-8月底期間，每週四上午：10:00-12:30時

(二)荷蘭美食

1.煎餅（Pannekoek）

煎餅是荷蘭最普遍也最受歡迎的餐點，許多旅行團也都會將煎餅排入「品嚐當地風味餐」的行程內。荷蘭的煎餅有點類似臺灣的蔥油餅，稍微小一點，可是它的口味眾多，有鹹的培根、起司的口味，也有甜的水果、巧克力的口味等。

一般鹹的口味較適合東方人當作正餐來吃，不過一人份荷蘭煎餅的份量對東方女孩子而言有點太多，所以可以大家一起點個幾份不同口味的來嚐一嚐。荷蘭人吃煎餅會先在煎餅上加楓糖漿、蜂蜜、糖漿、巧克力醬或細糖粉，然後以刀叉或者直接用手指撕來吃。

(三)酒吧與咖啡館

酒吧與咖啡館是許多荷蘭上班族下班後的去處。在辦公室裡同事之間各忙各的、互不打擾，在下班後同事之間相約至到酒吧或咖啡館聊聊天，反而會互相交換工作上的意見或交流感情。體驗荷蘭的夜生活何不就從酒吧或咖啡館開始。

(四)荷蘭國酒

1.琴酒（Jenever）

可以說是荷蘭的國酒。琴酒是由大麥、燕麥與小麥發酵蒸餾，並且加上杜松子的果實（juniper）調味成的一種烈酒，酒精濃度至少都有35%以上。Jenever名字的由來也是從杜松子果實的拉丁文juniperus而來的，意思是「使人有活力、恢復元氣」，所以，一開始琴酒是被當作藥酒來使用，治療各種疾病。也因為是藥酒，所以一下子就在荷蘭流行了起來。而斯奇丹（Schiedam）琴酒也成為琴酒的故鄉。不過，現在已經沒有荷蘭人再將琴酒當作藥酒來使用，而是當作烈酒在販賣。

2. 啤酒

啤酒也是荷蘭人日常的飲品之一。中世紀時期，幾乎每一個城鎮都有一座釀酒廠，最鼎盛的時期荷蘭境內有將近700座的釀酒廠。雖然隨著茶葉與咖啡等各式飲品的多樣化，啤酒業的銷售量儘管有些被取代，如今僅存有25座啤酒釀酒廠，但是近年來卻有復古的趨勢，有些酒吧或小酒店也開始自製啤酒，供客人品嚐。當然，他們的產品與海尼根（Heineken）、Amstel等暢銷品牌的啤酒仍有些差別。阿姆斯特丹可以說是荷蘭最重要的釀酒中心，世界著名的海尼根啤酒在阿姆斯特丹設有一座博物館（HeinekenBrouwerij），介紹啤酒製造的過程。

3. 咖啡館

在棕色咖啡館（BrownCafes）您可以重溫阿姆斯特丹的歷史，市內隨處可見形形色色、大大小小的老式咖啡館。其中許多之所以能夠生存，全拜愛到店內玩牌的當地人之賜。它們通常被稱為「棕色咖啡館」，因為隨著歲月流逝，牆壁和天花板都已泛黃。在這兒，您看到的是猶如黑白電影中的情景。

近10到15年來，最流行的就是富麗咖啡廳。這類咖啡廳無論在規模，或是內部裝潢上，都跟傳統的棕色咖啡館迥然不同。一般來說，它們的設計既寬敞，又入時，瀰漫著明顯的國際性氣氛。在這類咖啡廳內的書架上，您甚至可以找到世界各國的報章雜誌。許多咖啡館都座落於萊登廣場（Leidenplein）與林布蘭廣場（Rembrandtplein）這兩區。

4. 鯡魚（Herring）

荷蘭人吃鯡魚的方式相當特殊，不是用煎或烘培的，而是直接搭配洋蔥生吃。

這些鯡魚都是先用鹽醃過一段時間，吃的時候，用手指拿著魚

尾，魚頭向著嘴吧，大口整條吞食。由於鯡魚的骨頭很軟，不必擔心魚刺會刺傷您，反而含有豐富的鈣質與維他命D喔！醃過的鯡魚其實腥味也不會太重，搭配碎洋蔥吃更是美味。一年四季，在市集或鬧區的攤販都可以買到生吃的鯡魚，如果您不敢整條生吃其實可以請老闆切片，大家一起分著吃，嚐嚐味道。

五、丹麥

(一)丹麥三明治

丹麥三明治的原意是「奶油和麵包」，是丹麥人最常吃的早餐，用的都是現成的食材。吃的時候是把奶油、培根、臘腸、蔬菜、魚卵等鋪在一片黑麥麵包上，然後直接拿起來吃。

(二)丹麥肉丸

丹麥肉丸是許多丹麥人最愛吃的食物，類似華人吃的「獅子頭」。製作方法是將絞肉與麵包屑、麵粉、洋蔥、牛奶、蛋、鹽和胡椒所混合捏出的肉團放入豬油中油炸，配上炸馬鈴薯、肉汁、醃甜菜根或紫甘藍菜，一般被認為是漢堡的起源之一。

(三)百萬牛肉

「百萬」是形容被切得極細的牛肉絲，百萬牛肉是由牛肉絲、洋蔥、辣椒加在一起所炒出來的丹麥菜餚。而這道著名的丹麥牛肉佳餚最適合拿來配馬鈴薯泥、米飯，甚至是義大利麵條，都十分美味。

(四)阿伯斯基夫煎餅

不管從任何角度來看，阿伯斯基夫煎餅長得像極了日本的章魚燒，它們最大的差別在於一個是甜的，而另一個是鹹的。吃這種丹麥煎餅時，加的醬跟一般煎餅無異，果醬或巧克力醬都好吃。

(五)醋栗布丁

酸酸甜甜的醋栗布丁常被視為丹麥精神所在，除了顏色鮮紅欲滴以外，丹麥人吃的時候習慣配上奶酪或鮮奶油，紅白兩色交融就像是丹麥的國旗一樣。除了紅醋栗之外，黑加倫、覆盆子、越橘都可以加入以增添風味。

(六)丹麥奶酥

丹麥人如果要征服世界，除了靠樂高積木外就要靠丹麥奶酥了。將麵糰一層層反覆折疊，放入烤箱中烤出來的就是這令人幸福的鬆軟滋味。配上一杯紅茶，丹麥人的國民早餐就出現了，口味可以是甜的也可以是燻肉或香腸。

六、土耳其

土耳其北部有黑海，南部地中海，西部愛琴海，位於歐亞大陸，有97%的土地位於亞洲，其餘3%土地在巴爾幹半島。

土耳其在6-9世紀時稱為土耳其斯坦，11-13世紀賽爾柱帝國，13-19世紀稱為鄂圖曼帝國，1923年至今才改為土耳其共和國。

(一)歷史造就了飲食多元性

土耳其的祖先即中國古代的匈奴，以遊牧為生，西元6世紀時，一部分人口遷至中亞，吸收了小亞細亞和東歐的文化，13世紀時掌控歐亞非的軍事、商業、交通之優勢，成為三區貨物的集散地。

(二)土耳其的飲食文化

土耳其信仰伊斯蘭教，不吃豬肉，只吃牛、羊、雞肉，大部分以羊肉為主。主食以麵包和餅為主，牛肉、雞肉次之，不吃豬肉；蔬菜以茄子、番茄、小黃瓜、青椒、南瓜為主；茶以紅茶為主，餐後亦喝咖啡，吃飯以刀、叉、湯匙為取餐之用具。

(三)土耳其的菜餚

土耳其人的用餐程序爲湯、酸奶、開胃菜、麵包、肉類、水果、甜
點、飲料。

1. 湯：土耳其的湯有紅色、黃色和白色的湯，另有將優格、奶油和
   薄荷混和的湯。

2. 前菜：土耳其的前菜爲各式沙拉，以魚類、肉類、蔬菜類加入橄
   欖油做成沙拉拼盤。

3. 麵包：普通的白麵包（Ekmek）有各種形狀。Borek是千層肉
   餅，中間放肉餡的派。Lahmacun是上有肉末的薄片皮薩。Pide是
   將麵包片上加肉末或蔬菜的薄麵餅。Kiymali pide是形狀如船的
   薄麵餅。Simit 是芝麻環形麵包。

4. 肉類：肉類稱爲Kebab，將肉與蔬菜分別串起的烤肉串稱爲Sis-
   kebapep，即將肉醃好用叉子串起燒烤而成；旋轉烤肉稱爲Doner
   Kebap，將肉串起放入旋轉烤箱烤，在臺灣成爲沙威瑪。

5. 水果：土耳其人吃水果，亦吃水果做成的蜜餞。在不同季節有不
   同的水果，如春天有草莓、杏、桃，夏季有葡萄、無花果、李、
   蘋果、番茄。除此之外，將水果做成各種乾果。

6. 甜點：飯後的甜點是十分甜的：包果仁的軟糖、米布丁、酥皮
   派，外沾蜂蜜。

7. 飲料

   前菜中加入優格做沙拉之用，優格亦可加入水果中或當飲料，將
   優格加鹽稱爲Ayzan，作爲整腸的飲料。土耳其人喝咖啡，將磨
   好的咖啡粉倒入長柄咖啡杓中，直接加水在爐火上煮，再倒入咖
   啡杯內，咖啡渣會沉澱在杯底再飲用。土耳其人喝紅茶，將紅茶
   煮成濃茶，再加熱水沖開，常加糖成爲甜茶。土耳其人喝的酒爲
   葡萄酒或加入茴香的茴香酒

八、希臘

希臘位於南歐，70%爲石灰岩和丘陵，與高山和大海爲主，爲典型地中海氣候，夏天乾熱，冬天溫暖。農業區集中在沿海平原和丘陵，小麥爲主，西南平原則以稻米、水果爲主，水果有檸檬、橄欖、葡萄。

(一)海鮮燉飯（Seafood Risotto）：將新鮮海鮮如鮮蝦、魷魚、蛤蜊炒香，加入洗好的白米及番茄奶油醬，煮至米飯熟。

(二)蔬菜烤麵（Vegetable Spaghtti）：將麵條煮熟拌入新鮮蔬菜、洋蔥、牛奶、橄欖油、蒜類，以小火放入烤箱烤出香味。

(三)希臘沙拉（Greek Salad）：主要用羊奶製作成Feta乳酪切小丁，配上各種新鮮蔬菜，淋上橄欖油與白醋混合而成的油醋汁，十分清爽可口。

(四)碳烤海鮮（Roast Seafood）：新鮮海鮮淋上橄欖油，灑上海鹽及檸檬汁，放在炭火上燒烤，一般選用新鮮章魚或魚類。

(五)烤海鮮捲（Roast Seafood Roll）：將蝦肉、魚肉、蟹肉海鮮切碎拌入香料，鑲入魷魚，再以炭火燒烤。

(六)香炒孔雀貝（Fried Mussel）：孔雀貝又稱爲淡菜，淡菜捕獲後先行洗淨，加入蒜末爆炒，加入番茄丁，吃時一定要將內部腸泥拉出才食用。

(七)火腿捲（Dianysos Feta Cheese Snack）：將燻火腿肉片，內放生菜葉、番茄片捲起，再塗上Feta Cheese醬，此道菜腸作爲慶祝節慶的開胃菜。

(八)橄欖燉雞（Chichen and Olives）：將雞肉醃好，加入洋蔥片與黑橄欖，以小火燜煮至雞肉軟爛。

(九)烤羊排（Grill Lamb）：將羊排浸泡入紅酒、橄欖油一天，再放入煎鍋中，煎至八分熟，淋上乳酪醬。

(十)海鮮盅（Fisher Braiser）：將生菜洗淨用手撕成小片，上放魷

魚片,淋上沙拉醬。

㈩慕沙卡(Moussaka):將羊肉、絞肉拌入香料,放一層肉泥、茄子片、番茄片、馬鈴薯片相互交疊,淋上Feta Cheese,以小火烘烤。

㈩脆皮派(Crisp Pie):將麵餅製作成薄片,將羊肉經香料醃製,馬鈴薯切薄片、番茄切片、芹菜切片放於麵餅,上加一層香脆麵餅,再放入烤箱烤熟。

㈩炸薯條(French Fries):將馬鈴薯切成條狀入油中炸酥,再沾椒鹽與辣椒粉食用。

第三節　美洲

一、北美洲

美國與加拿大位於北美洲,美國為世界大糧倉,其小麥、黃豆占全世界50%,高粱、玉米各占世界產出量25%。

㈠美式蟹餅

美式蟹餅是用碎蟹肉、麵包屑、牛奶、美奶滋、雞蛋、洋蔥和甜椒做成的餐前點心,用上述材料做成麵糊之後再放到平底鍋上煎至表皮金黃。最常可以在美國的東北部如馬里蘭、巴爾的摩等地吃到。

㈡巧達濃湯

巧達濃湯泛指加了火腿、奶油、鮮奶油和牛奶的濃湯。也常加入蟹肉、蛤蠣、碎餅乾、番茄、玉米粒而有蛤蠣巧達湯、玉米巧達湯等。「巧達」這個字來自紐芬蘭,當地漁夫常將一天捕到的漁獲全部放在湯鍋裡一起煮來吃。巧達濃湯在加拿大、美國東岸甚至連愛爾蘭都受到廣大的歡迎。

(三)肉汁起司薯條

肉汁起司薯條源自於加拿大魁北克的小吃之一,在1950年代出現,
現在在整個美、加都可以吃到。將馬鈴薯條油炸好之後,加上顆粒
形乾酪塊以及香濃的肉汁,有時候還會加入火腿,熱狗腸或者鮭
魚,是一道無論主食或副食都可以享用的美味。

(四)水牛城辣雞翅

水牛城辣雞翅是採用雞翅的中下部,裹上麵粉油炸,再塗上以辣椒
為原料的醬汁及其他調味。雖然各家有各自的醬汁配方,原本的醬
汁只有辣椒醬、白醋、牛油、鹽和蒜頭五種材料。顧名思義,此菜
源於紐約州水牛城,而時至今日,一切以此種醬汁調味的食品都可
稱為「buffalo」。點菜時,一份雞翅表示十隻雞翅,兩份表示二十
隻,也可以叫一桶(50隻或以上),上菜時常以芹菜、藍乳酪汁或
農場沙拉汁伴食。

(五)什錦飯

臺灣人一聽到Jambalaya,想到的應該會是木匠兄妹那首有名的
歌,但路易斯安納州的Jambalaya指的卻是美味的什錦飯。美國的
什錦飯很類似西班牙海鮮飯,但什錦飯的原料用法比較自由,可以
依喜好加入香腸、芹菜、雞肉、番茄、辣椒、海鮮。一般份量都夠
2-3人一起享受。

(六)楓糖鮭魚

加拿大的東邊是以楓糖為代表性食物,西邊則以鮭魚為食物代表,
兩種的完美結合就成了有名的楓糖鮭魚。鮭魚以楓糖調味的吃法在
印第安人時代就已經存在,烹調法有煙燻、烤、煎。常也以木材為
底一同放入烤箱,烤好出爐的鮭魚就會吸收了木材的香氣。

(七)漢堡

漢堡對大多數人並不陌生,不過,相信很多人不知道漢堡的起源地

其實是在亞洲的蒙古，後來蒙古西征帶到了歐洲，最後才流傳到了美洲發揚光大。漢堡的原意是「來自德國漢堡的食物」，在兩片圓麵包中間加上萵苣、洋蔥、番茄和漢堡肉就是最常見的漢堡形式。通常搭配可樂、薯條和番茄醬一同食用。

(八)熱狗

熱狗是香腸的一種吃法。夾有熱狗的整個麵包三明治也可以直接稱作熱狗。吃熱狗的時候可以配上很多種類的配料，比如番茄醬、美乃滋、芥末、漬包心菜、漬白蘿蔔、洋蔥屑，生菜屑、番茄（切片、切屑或切塊）和辣椒等等。有人認為直到1904年舉行的路易西安那購物博覽會才首次出現熱狗這種食品。一般而言，人們對熱狗此名詞的第一印象還是以形狀顏色相似的公狗生殖器為主，名稱由來是否為此已不可考。

(九)貝果

貝果、培果、焙果或百吉圈是一種麵包類食品，由發酵了的麵團，捏成圓環，在沸水煮過才放進烤箱，形成了充滿嚼頭的內部和色澤深厚而鬆脆的外殼。有多種配料（例如芝麻、罌粟籽、洋蔥等），佐以乳脂乳酪、煙燻鮭魚等。由東歐的猶太人發明，並由他們帶到北美洲。貝果最初只是一團圓形的麵包，但為了方便攜帶才做成中間空心的形狀。由於這種形狀像馬鐙，因此被取名為有馬鐙意思的「貝果」。著名的貝果產地有紐約市、蒙特婁等。

(十)維蘇威烤雞

在風城芝加哥可以吃到一種義大利式的烤雞叫做「維蘇威烤雞」，雖然說是義大利式，但真正的起源地是在芝加哥。維蘇威烤雞將帶骨雞肉和馬鈴薯、大蒜、奧立岡葉、白酒和橄欖油清炒之後放入烤箱烤至表皮酥脆金黃，最後再以清豆裝飾就大功告成。同樣方法做出來的豬排或牛排就叫做「維蘇威牛排」或「維蘇威豬排」。

（士）甜甜圈

甜甜圈的歷史是有爭議的。有一種理論認為，甜甜圈是被荷蘭定居者引入北美的，然而，也有供考究的證據表明，這種糕點是由舊時在美國西南部的土著人發明的。甜甜圈首次被提及是在1803年的一本英文版美國食譜附錄中，到19世紀中葉，甜甜圈的樣式和味道就和今天看到的基本相近了，並開始被視為一種徹頭徹尾的美國食品。

二、南美洲

（一）墨西哥薄餅

一般人對拉美食物的第一印象就是墨西哥薄餅。在墨西哥、瓜地馬拉和薩爾瓦多，人民的主食便是這種用玉米粉或小麥粉製成的薄餅。墨西哥薄餅可以拿來搭配任何食物，它早在兩千年前就出現在阿茲特克人的日常飲食中，直到現在全世界的人都喜愛這薄餅的美味。包上餡料就成了著名的「TACO」塔可餅。

（二）玉米粉餡餅

在薩爾瓦多、尼加拉瓜等中美洲各國可以吃到一種玉米粉做成的餡餅，裡頭包著培根、乳酪、豬皮、南瓜、鹹紅豆泥和一種稱為「洛洛可」的當地香料。吃的時候可依喜好加上些紅豆、生菜、馬鈴薯，切開之後吃到的則是濃濃的馬雅風味。

（三）紅豆泥

我們東方人喜歡把紅豆煮成甜甜的紅豆湯，一旦試了中美洲的紅豆泥鹹鹹的滋味，絕對可以體驗到耳目一新的感受。說到拉丁美洲食物，一定少不了紅豆泥，無論是單吃還是當成餡料，吃過的人總是會想一吃再吃。臺灣的超市裡面有時也可以買到一罐罐的紅豆泥。

(四)巴拉圭湯

這個是湯？一滴汁液都看不到的巴拉圭湯，是巴拉圭人每餐必吃的前菜。鬆鬆軟軟的玉米糕當初被發明出來的時候「幾乎像湯一樣柔軟」因此得名。用玉米粉、豬油、洋蔥烤製的巴拉圭湯是在吃烤肉時的最佳良伴。

(五)烤螞蟻

哥倫比亞和委內瑞拉的烤螞蟻是用一種「大臀部螞蟻」加工製作的。他們製作烤螞蟻的方法很簡單，將螞蟻放在平底鐵鍋或陶製鍋上烤，當一個個比花生米略小一點的螞蟻被烤好後，便可根據每個人的愛好加放一些佐料食用了。當地印第安人還喜歡把螞蟻同煮熟的木薯等糅合在一起，做螞蟻餅吃，有人認為這種吃法比烤著吃更佳。隨著人們不斷追求飲食營養和講究攝取營養價值高的食物，螞蟻的營養價值已被公認。

(六)吉拿棒

在臺灣想吃吉拿棒非得跑一趟電影院不可，拉丁美洲的吉拿棒則是沿著大街小巷在賣。吉拿棒類似我們早餐吃的油條，不過吃法更多變，以沾巧克力或牛奶吃最為普遍。

這樣食物源自西班牙，在拉美它的原料從麵粉變成了玉米粉，路邊一條台幣十塊錢左右就可以吃到。

(七)馬黛茶

在巴拉圭、阿根廷和烏拉圭，人們在大魚大肉後總喜歡圍在一起喝馬黛茶，一群人共用一根吸管和一個杯子，天南地北地聊起天來。喝法是在馬黛茶杯內放滿茶葉，加水後用特殊吸管一口喝光，再加滿水後傳給下一位。這些地方的人日子裡不能沒有馬黛茶，天冷時加熱水喝就叫做「馬黛」，夏天加冰水則稱做「的列列」。

(八)黑豆飯

黑豆飯的字面意思是「帶斑點的公雞」，是形容白色米飯上的一顆顆黑豆，幾乎在全拉美都可以找到黑豆飯。從智利到墨西哥，黑豆飯有著不同的稱法，各國多也宣稱是自己所發明，但一般公認的發源地還是以哥斯大黎加和尼加拉瓜為主。

(九)餃子餡餅

無論在拉美哪個國家，都可以在街上找到這種簡單的美味。做成餃子形狀的餡餅源自西班牙，裡頭的的餡料千變萬化，雞肉、牛肉、火腿、起司，想得到的都可以，烤的和炸的一樣好吃，吃過的人用想的就會食指大動。

(十)玉米粉綜

秘魯、巴拿馬、宏都拉斯等地吃到的玉米粉粽頗類似中國人的粽子，裡頭可以包玉米粉糰、肉、蔬菜、水果、沙沙醬，外頭是用玉米葉或者香蕉葉包裹。蒸出來的玉米粉吸收了葉子的香氣，吃的時候可以依喜好加上各種配料。

(十一)巴西窯烤

吃道地的巴西窯烤絕對是愉快的體驗，看著主廚後面的烤爐，那一根根的肉串旋轉著，巴不得每一串都試試看。巴西窯烤的特色就是用長長的叉子插上肉來烤，再由專人為你將想吃的部位切入盤中。烤肉以牛的各種部位為主，時常還有雞肉、豬肉、馬鈴薯、香腸等，灑上點鹽巴就是人間美味。

(十二)奇帕麵包

巴拉圭人吃的奇帕麵包是用木薯粉或玉米粉製成，裡頭加了乳酪、奶油、雞蛋和牛奶，熱熱的奇帕麵包一撕開就可以聞到濃濃的香氣。搭配上咖啡或馬黛奶茶就成了最棒的宵夜點心，巴西和阿根廷也都吃得到。

(圭)胡椒羹

胡椒羹湯是哥倫比亞、委內瑞拉、厄瓜多、智利等國家家常料理，羹湯裡頭加了洋蔥、碗豆、馬鈴薯、胡蘿蔔、玉米、肉和香料一起燉煮出來，是一道味道香辣濃郁的好滋味。

(齿)炸牛排

拉丁美洲的炸牛排有點類似我們的炸豬排，只不過肉從豬肉換成了牛肉。拉美人喜歡配上薯條、番茄醬、奶油醬或者鋪上煮好的洋蔥和荷包蛋一起吃。此外，每一個拉丁美洲人都覺得自己媽媽做的炸牛排最好吃。

(玉)炸豬皮

從智利到墨西哥都可以在酒館或餐廳看到炸豬皮，它可以是下酒菜、前菜、副食，甚至被拿來做餡料包裹。

炸豬皮炸的其實還包括豬的皮下脂肪層，炸出來香香脆脆的，很受拉丁美洲人喜愛。

(共)安提古丘

「安提古丘」是在玻利維亞、秘魯和智利可以吃到的一種烤肉，其調味方法十分複雜，有檸檬汁、孜然、胡椒、大蒜、奧立岡等等佐料，在歐洲殖民前就已經存在。吃的時候可以配上木薯、玉米，在高級餐館或是路邊小吃都可以看到。

第四節　大洋洲

大洋洲指以紐西蘭與澳洲為主及太平洋諸島。

一、紐西蘭

紐西蘭由北島、南島及其他小島嶼所組成，面積為臺灣的7.4倍。

紐西蘭承襲英國人的生活習慣，以牛肉、羊肉、牛奶、羊奶為主要食物，近海海鮮有70-80種，海鮮新鮮，除了肉類之外，主食以馬鈴薯與豌豆為主。

毛利人為紐西蘭的原住民，以打獵為生，捕獲鴿子、河中的魚蝦燒烤食用。

青菜伴燒羊肉為餐桌常見的食物，巴窩豆（Pavlova）將甜的酥皮拌入鮮果和奶油來食用。

二、澳洲

澳洲土地為臺灣213倍，但可耕種的土地面積小，但因農業生產技術發達，所生產的農作物多。

在第二次大戰前，人口以英國人與德國人為主，但第二次大戰後來自歐洲、亞洲的移民，因此形成飲食多元化，在澳洲有各國菜餚可供選擇，如中國菜、日本料理、韓國美食、地中海菜，為飲食文化大熔爐。

在澳洲盛產袋鼠、鴯鶓，因此可吃到袋鼠肉、煙燻鳥肉，澳洲人喜歡吃的漢堡中間除了加入煎的漢堡肉之外，尚加了豆泥、馬鈴薯肉及肉汁。海鮮十分豐富，因此各種烤魚、蒸魚也是日常美食。

第五節　非洲

非洲分為東、西、中、南、北非，由於自然環境乾旱、農業生產力低，過度農牧與放牧造成土壤侵蝕，常引起饑荒。救援非洲成為國際間重要的議題，其中埃及及南非的飲食生活較為豐富。

一、埃及

位於非洲大陸東方，隔紅海與沙烏地阿拉伯相對，埃及的國菜

有：富爾（Fuul），即用蠶豆，加上油、檸檬、鹽、肉、蛋、洋蔥調味而成；塔木亞（Taamiyya）將磨細的雞肉加香料做成小丸子；菲提爾（Fiteer）為一種類似披薩的食物，甜的口味加上葡萄乾、核果及砂糖，鹹的口味則加碎肉、蛋、起司；馬希（Mahshi）則是用蔬果包絞肉、米飯、洋蔥、香料；柯夫塔（Kofta）和烤肉串（Kebab）則將肉串烤著吃；莫沙卡（Musaga）是用茄子、番茄、大蒜和香料烤成；莫洛奇亞（Molokhiyya）是用綠色蔬菜、米飯、大蒜燉成；夏休卡（Shakshooka）是用絞肉加番茄醬及蛋烤成；最常見的麵包是披塔麵包和法國麵包。

二、南非

南非位於非洲最南端，最早由荷蘭人於1652年入駐，1688年法國入駐開始種植葡萄；1851年英國將荷蘭人趕走，因此在南非的白種人與有色人種的區域，白種人有荷蘭、德國、法國、英國、美國之區域，其飲食亦多元化。

南非菜是歐洲、亞洲、非洲大集合，生產鴕鳥肉、鱷魚肉、鹿肉，因此肉類的選擇多，近海邊海鮮豐富又新鮮，龍蝦、貝類、牡蠣海鮮豐富。

菜單如英式炸魚排、紅酒燉羊排、荷蘭燉肉、起司雞肉煲、醬蝦、紅酒香料雞塊。

第七章

不同供應型態菜單設計

第一節　主題式

隨著外食人口日益增加，餐廳亦蓬勃發展，在地小人稠的臺灣，餐廳的經營必須有其特色，因應社會的需求，主題餐廳亦有增長的趨勢，現依下列加以分類：

一、以人為主題的餐廳

(一)貓王餐廳：在菲律賓馬尼拉有一間以貓王為主的特色餐廳，餐廳有人扮演貓王的表演，準備貓王吃的食物並販賣貓王的衣服及飾品，一定要先預定，每日座無虛席。

(二)紅樓夢餐廳：在北京的大庭院中有以《紅樓夢》為主題的餐廳，入園可選用賈寶玉餐、林黛玉餐、劉姥姥餐，單價依不同角色而有不同的售價。

(三)黃飛鴻餐廳：在大陸有黃飛鴻餐，即功夫菜，內有供應黃飛鴻花生，即油炸去皮花生，加入外裹花椒粉與辣椒粉的花生。

(四)女僕餐廳：餐廳標榜以女僕誠懇服務為主的餐廳，此類餐廳有時將女性物化。

(五)Hello Kitty餐廳：餐廳的設計以Hello Kitty粉紅色系為主，餐廳以可愛圖案為主軸，餐點融入日式、法式、義式的餐點，製作出與主題相符合的蛋糕、點心，並配合Hello Kitty圖案的餐具，使餐點增色不少。

二、以事為主題的餐廳

(一)以故事為主題

如木馬童話餐廳，取出特洛伊木馬，讓消費者如古希臘勇士，置身於巨大木馬中，消費者在黑暗中摸索找尋座位，聽音樂聲，讓心情

放鬆，遠離擁擠喧囂的環境，在黑暗中寧靜地享受餐食，更可靜靜地品嚐食物的風味。

白家大院餐廳，以清朝宮廷菜單，呈現出官府的菜單，服務人員穿著宮廷服飾，見了客人先問您吉祥，讓賓客有如置身於清朝宮廷之中。

(二)以武俠為主題

在北京西城風波莊，將中國武學與美食結合，每一個菜單以武俠小說來命名，如大力丸即珍珠丸子，客人入內須先洗手，侍者會吆喝：「客官裡面請。」如同置身武士江湖中。

(三)以電影之景色餐廳

以《霍元甲》影片拍完留下之戲場景作為供應場所，菜單上有川菜、魯菜、X菜，室內完全為電影的場景，讓吃的人享受電影情境中。

三、以物為主題

(一)空中廚房：經營地點比照豪華機艙內標準設備，餐廳有頭等、商務、經濟艙，以藍色、綠色與紅色座椅來區分。頭等艙適合家庭、團體聚餐、設有投影機，方便團體播放節目與活動；商務艙適合情人獨居的空間。餐點之設計以異國料理的套餐，讓消費者可以享用各國多元的美食。店內服務人員均為曾任航空空姐者來指導，服務人員穿著空姐制服，給顧客如同在飛機內之享受。

(二)水煙館：位於東印度，提供燻香燭台，讓人感受到亞洲異國風情。菜單以東印度之菜為主。

(三)臺灣新樂園餐廳：建構具有臺灣人文教育的餐廳並附設商業街，內有臺灣三四十年前的街景，如郵筒、風箏、腳踏車、理髮店、戲院、帆布書包、柑仔店，菜單則為傳統台式料理如炒米粉、魯肉

飯、米粉湯、黑白切。

㈣便所餐廳：以便所為主題，椅子為馬桶造型，冰品擠在馬桶造型
的容器上。風味餐均裝在如馬桶造型的餐具上，此種餐飲供應實為
餐飲的大創舉。

㈤牛糞餐廳：餐廳創立者因貧困時娶妻，被老丈人稱為一朵鮮花插
在牛糞上，到老年時事業有成，成立了牛糞餐廳，菜單中以蒼蠅
頭、牛糞餐來命名。

㈥薰衣草餐廳：以薰衣草為主，餐廳種植薰衣草，並以薰衣草研發
薰衣草茶、薰衣草餐、薰衣草餅乾、薰衣草香皂、薰衣草圍巾、薰
衣草桌布、乾燥薰衣草花。

㈦豆腐餐：山東泰安地區，以黃豆為主，一餐以豆腐為主，如豆腐
三貼、豆腐海鮮羹、炸豆腐、肉絲炒豆腐、紅燒豆腐、皮蛋豆腐、
涼拌豆腐，吃盡各種口味的豆腐餐。

㈧水餃宴：在大陸北方以168道水餃為餐，十人份供應168個口味的
水餃，這也是供餐的一絕。

四、以名人為餐之命名

㈠孔家宴

在山東曲阜供應孔家宴，以孔子《論語》所說肉不正不食，孔家宴
有看碟（瓜子、桂圓、紅棗、花生、山楂糕）、小饅頭、紅燒肉、
清蒸魚、三貼豆腐、燴娃娃菜，所有菜均重視刀工、色、香、味。

㈡東坡菜

以蘇東坡喜歡的菜來供應，如東坡肉，伴隨小饅頭、燒餅。

五、以特產為中心

(一)白河蓮子餐

台南白河產蓮子、蓮藕、藕粉,當地人以三種食材烹調製作出各種蓮子、蓮藕及藕粉之菜餚,當一桌全為蓮子之菜餚,同一餐供應時,對消費者而言,並不適宜。

(二)梅子餐

嘉義縣出產梅子,每道菜均加了梅子口味,具酸味,一餐吃下來也不合宜。

第二節　連鎖速食店

速食即消費者至餐廳在十五分鐘內就可取用到餐食,重視食物的品質,合乎衛生安全,讓消費者感受到有好的服務並享用美味的餐食,現將各速食店菜單列於下

(一)麥當勞

滿福堡餐、豬肉滿福堡、豬肉滿福堡加蛋餐、鬆餅餐、豬肉鬆餅餐、現烤培果餐、火腿蛋堡餐、大麥克餐、雙層牛肉吉事堡餐、三層牛肉吉事堡餐、麥香魚餐、麥香雞餐、麥克雞塊餐、勁辣雞腿堡餐、麥脆雞餐、板烤鴨腿餐、麥克雙牛堡。

(二)肯德基

培根起司蛋堡、肯德基吮指嫩雞蛋堡、肯德基吮指嫩雞粥、金黃雙薯蛋燒餅、總匯歐姆蛋燒餅、主廚燻雞燒餅、三角薯餅、肯德基經典全餐、紐奧良烙烤雞腿、薄皮嫩雞、咔啦脆雞、卡拉雞腿堡、紐奧良烙烤雞腿堡、墨西哥莎莎霸王捲、玉米咕咕雞漢堡、上校雞塊、蜂蜜百斯吉、紅醬馬鈴薯泥、鮮蔬沙拉、原味蛋塔、勁爆雞米花、薯條、奶油玉米、玉米濃湯。

(三)漢堡王

華酥蛋堡、華酥火腿蛋堡、華酥培根蛋堡、華酥鮮肉吉士蛋堡、玉米麵包吉士蛋堡、玉米麵包培根蛋堡、玉米麵包火腿蛋堡、鮮肉吉士蛋堡、活力鮮蔬棒、火烤嫩雞田園沙拉、玉米濃湯、雞翅、蘋果派、巧克力聖代、草莓聖代、甜筒冰淇淋、冰火布朗尼、漢堡王炸雞腿、三角巧達芝士塊、薯條、洋蔥圈、漂浮辣芒果、漂浮薄荷、華堡、辣味華堡、小華堡、華香雞排堡、華鱈魚堡、火烤漢堡、火烤吉士漢堡、雙層燒烤培根堡、單層燒烤牛肉堡、蜂蜜芥末脆雞堡、總匯火烤雞腿堡、總匯辣雞腿堡、雙層吉士漢堡、華嫩雞條。

(四)摩斯漢堡

日式豬排三明治、火腿蛋三明治、法式炸蝦三明治、黃金蝦三明治、雞肉三明治、火腿歐姆蛋堡、培根雞蛋堡、荷蘭醬蕈菇蛋堡、番茄吉士蛋堡、鮪魚沙拉堡、有機米燒肉珍珠堡、有機米薑燒珍珠堡、有機米海洋珍珠堡、有機米蒟蒻珍珠堡、有機米牛蒡培根珍珠堡、有機米杏鮑菇珍珠堡、燒肉珍珠堡、薑燒珍珠堡、海洋珍珠堡、蒟蒻珍珠堡、牛蒡培根珍珠堡、杏鮑菇珍珠堡、漢堡、吉士漢堡、黃金炸蝦堡、蜜汁烤雞堡、辣味摩斯吉士漢堡、辣味摩斯漢堡、摩斯吉士堡、摩斯漢堡、摩斯鱈魚堡、辣吉利熱狗堡、摩斯熱狗堡、北海道雙醬長堡、蜜汁牛肉培根長堡、豬排吉士長堡、寒天海藻鮮蔬沙拉、雞肉總匯沙拉、夏威夷鮮蔬沙拉、摩斯雞塊、北海道可樂餅、白玉紅豆派、和風炸雞、法蘭克熱狗、金黃薯條、洋蔥圈、格子薯餅、蝴蝶蝦、薯條、玉米濃湯、鮮菇濃湯。

第三節　宴會

　　宴會是十分隆重的時刻，各飯店均有其菜單，菜單命名取吉祥意涵，現列如下：

飯店	菜單	飯店	菜單
晶華飯店	龍蝦錦繡盤 花好月團圓 香蒜鮮網鮑 魚翅佛跳牆 起司焗松葉蟹斗 水晶鳳脂七星鱸 京蔥琵琶骨 蟹粉扒翡翠 蟲草野菌燉全雞 臘味珍珠飯 美點映雙輝 四季宜時果	喜來登飯店	沙拉鮮龍蝦 鳳凰嫩魚翅 花好月團圓 鴛鴦聚雙寶 虎掌燴烏參 清蒸海上鮮 瑤柱扒雙蔬 竹笙四寶盅 美點映雙輝 四季美鮮果
希爾頓飯店	龍蝦四喜盤 XO醬炒雙龍 油淋美雙味 鼎湯煨珍翅 椒燒牛仔骨 泰式鮮黃魚 蒲鰻香米糕 宮廷燉全雞 干貝芥菜心 提拉米蘇盤 香酥山藥捲 清晰美時果	國賓飯店	富貴四喜碟 花好月圓 虎掌扣鮑魚 魚翅四寶盅 桔汁法式羊排 XO醬焗明蝦球 塔香竹雞 銀杏白玉干貝 蔥油活石斑 四季鮮果盤 鴛鴦美點 紅棗銀耳蓮子露

飯店	菜單	飯店	菜單
君悅飯店	上海開味集 紅袍魚子拼 花好月團圓 珍菇蟹粉翅 百合鮮玉帶 紅燒珍菇鮑 蒜味海龍皇 豆酥麒麟斑 山藥燉雞湯 紅酒燉牛排 干燒伊府麵 凱悅甜點集	老爺飯店	金龍獻祥瑞 早生貴子湯 喜鵲百花齊共鳴 貴子齊報喜 才子佳人結良緣 兩情繾綣永長久 金玉滿堂彩 彩鳳花叢喜沾露 蒲香綿綿游情海 仙女玉織雲雨衣 人才貴客賀臨門 甜甜蜜蜜果

飯店	菜單			
阿霞飯店	烏魚子 清燉大翅湯 松茸豬肚湯	鮮蝦招牌拼盤 處女蟳米糕 生炒鱔魚	紅燒鮑魚 清蒸紅石斑 水果拼盤	 甜湯

飯店	菜單
其他	豆瓣黃魚（黃魚、豆腐、蔥、豆瓣醬） 黑胡椒牛柳（牛肉、青椒、洋蔥） 開陽白菜（白菜、蝦米） 家常豆腐（豆腐、絞肉、香菇） 蠔油芥蘭（芥蘭菜、蠔油） 干貝冬瓜盅（干貝、冬瓜） 臘味拼盤（烤鴨、叉燒肉、烤乳豬、臘腸、油雞） 酥炸明蝦（明蝦） 雙冬豆腐（冬菇、冬筍、豆腐） 干貝芥蘭（干貝、芥蘭菜、蟹腿肉） 奶油焗白花菜（白花菜、火腿屑、培根屑、乳酪絲） 黃魚羹（黃魚、嫩豆腐、筍、洋菇、火腿、青豆仁） 麒麟蒸金魚（石斑魚、香菇、豬網油、火腿） 蠔油肉片（肉片、菠菜） 奶油菜膽（大白菜、瘦肉、洋蔥、奶油） 青椒鑲肉（青椒、絞肉、香菇、蝦仁） 東坡繡球（蛋、絞肉、蝦仁、香菇） 原盅三味（冬瓜、火腿、雞腿、香菇、干貝） 京都排骨（小排骨、青椒、紅蘿蔔） 炒鱔糊（鱔魚、韭黃） 蠔油雙冬（香菇、冬筍、青江菜、蠔油）

飯店	菜單	飯店	菜單
其他	三鮮百頁（百頁、蝦仁、絞肉、香菇絲、熟筍） 鮑魚生菜（鮑魚、美生菜） 竹笙雞盅（竹笙、雞腿塊、筍片） 什錦拼盤（龍蝦、鮑魚片、烏魚子、醉雞、海蜇皮） 樟茶鴨（鴨） 鳳梨蝦球（蝦仁、鳳梨） 銀魚莧菜（魩仔魚、莧菜） 羅漢素菜（腐竹、麵筋泡、青江菜、紅蘿蔔、筍片、香菇、木耳、素腸） 鳳梨苦瓜雞湯（鳳梨、苦瓜、雞腿塊） 銀蘿燉牛肉（牛腩、白蘿蔔） 香檳焗排骨（小排骨、檸檬葉、香檳酒、牛油） 海帶根炒茭白筍（茭白筍、海帶根、冬菜） 蒜蓉蒸草蝦（大草蝦、蒜頭） 乾煸四季豆（四季豆、絞肉末、蝦米、冬菜） 菠蛋三鮮湯（瘦肉、干貝、海參、菠菜、蛋、草菇、筍片） 京醬燒鴨（中鴨） 蟹黃炒香魚（豆苗、香魚、蟹黃） 酥炸芝麻球（糯米粉、豆沙、白芝麻、蛋） 金絲瓜迭（冬瓜、金華火腿） 蝦茸芥菜（蝦仁、芥菜） 鹹瓜燉雞（土雞、蔭瓜、香菇） 五香滷肝（豬肝、五花豬肉、滷包） 蠔油芥菜膽（筍片、芥菜、紅蘿蔔、肉片） 鼓油皇蒸紅魚（紅魚、薑、蔥、紅椒） 奶油吐司蝦仁（蝦仁、吐司、奶水、蛋） 珊瑚粉高麗菜苗（高麗菜苗、蛋、薑） 蛋蓉牛肉羹（牛里肌、蛋、玉米粒、洋菇、海帶芽） 咕咾肉（里肌肉、大番茄、洋蔥、罐裝鳳梨、蒜片） 家鄉豆腐（豆腐、青蒜、紅椒、五花肉片） 蝦醬高麗菜（蝦醬、高麗菜） 素香糯米捲（豆腐皮、長形糯米、紅蔥頭、小蝦米、香菇、五花肉） 蟹肉鮮香菇（蟹肉、鮮香菇） 紅燒三件（雞翅、雞胗、雞腳） 老藕排骨湯（老藕、排骨肉）		

飯店	菜單	飯店	菜單
其他	炸黃魚（黃魚） 鍋巴蝦仁（蝦仁、青豆仁、鍋巴） 腐皮肉捲（豬絞肉、魚漿、美生菜、紫菜、生鹹蛋黃、腐皮） 香菇菜心（青梗菜、香菇、蔥） 羅漢素菜（腐竹、麵筋泡、青江菜、紅蘿蔔、筍片、香菇、木耳、素腸） 番茄排骨湯（排骨、番茄、洋蔥） 八寶封雞腿（雞腿、蔥、香菇、香腸、蝦米、糯米） 鹹淡蒸肉餅（絞五花肉、鹹蛋、紅蔥頭酥） 豆苗炒蝦仁（蝦仁、豆苗、蔥、薑） 蟹肉菜心（蟹肉、蟹黃、青菜心、蛋白、蔥、薑） 千層白菜（大白菜葉、蝦仁、魚漿、蔥） 酸菜鴨（鴨肉、酸菜、薑） 雪豆牛肉（牛肉、豌豆夾、毛菇白、蔥、薑、筍） 豆豉蒸魚（石斑魚、豆豉、里肌肉、蔥、薑、蒜、紅辣椒） 冬筍臘肉（臘肉、冬筍、蒜苗、豆豉、紅辣椒、薑） 銀魚莧菜（刎仔魚、莧菜） 蠔油芥蘭（芥蘭、蠔油） 香菇燉雞（香菇、雞、竹筍） 水晶雞凍（雞肉、豬肉皮） 百花釀參（海參、蝦仁、馬薺、蔥） 吉列魚排（魚肉、麵粉、雞蛋、麵包粉、番茄醬） 雞油花菇（捲心芥菜、花菇、雞油） 素黃雀（菠菜、五香豆腐干、榨菜、洋菇、胡蘿蔔、蛋、毛豆） 花瓜燉排骨（花瓜、小排骨、花瓜汁、蔥、薑） 腰果雞丁（雞肉、小黃瓜、蔥、炸腰果） 生炒墨魚（墨魚、西洋芹、蔥、薑、蒜） 螞蟻上樹（粉絲、絞肉、蔥、薑、辣豆瓣醬） 香腸炒芥蘭菜（香腸、芥蘭菜） 涼拌竹筍（竹筍、沙拉） 洋菇鵪蛋湯（洋菇、生鵪蛋、香菜葉、火腿、竹筍、紅蘿蔔、油菜） 紅燒冬瓜塊（冬瓜、薑、蔥） 蠔油雞翅（雞翅、蠔油） 乾燒明蝦（明蝦、蔥、薑、蒜、辣豆瓣醬、番茄醬）		

飯店	菜單	飯店	菜單
其他	西芹雙素（西芹、鮑魚菇、薑） 梅菜扣肉（五花肉、梅干菜、八角、蒜） 金針排骨湯（金針、排骨） 烏魚子拼盤（香腸、白蘿蔔、烏魚子、雞捲） 三鮮炒年糕（蝦米、香菇、肉絲、寧波年糕） 三杯雞（雞、九層塔、薑） 焗九孔（九孔、起司） 三色干貝球（白蘿蔔、紅蘿蔔、大黃瓜、干貝） 魚翅羹（魚翅、竹筍、香菇、火腿、蔥、薑、香菜） 醬燒雞（嫩雞、甜麵醬、豆瓣醬、薑） 菠蘿牛肉（牛里肌、青椒、紅椒、蔥、薑、鳳梨罐頭） 酥炸大蝦丸（大蝦肉、板油、馬薺、蔥、蒜、蛋、玉米粉） 蟹肉鮮草菇（蟹肉、草菇、花椰菜、蔥、薑） 甜酸小黃瓜（小黃瓜、紅辣椒、蒜頭） 香菇花胡瓜蹄筋湯（胡瓜、香菇、蹄筋） 富貴芝麻蝦（中明蝦、白芝麻、蔥、蒜、蛋） 柱候炒鱔魚（鱔魚、青椒、紅椒、豆瓣醬、麻油、蔥、薑、蒜） 西芹茄汁牛肉（牛菲力、西芹、蔥、薑、紅辣椒） 絲瓜燒小排翅（魚翅、絲瓜、白蝦米、薑） 鉗米香芹（大蝦米、芹菜、薑、豬油） 翡翠白玉羹（芙蓉豆腐、魚肉、蝦仁、菠菜、蟹黃） 無錫肉骨頭（小排骨、冰糖、蔥、蒜、紅椒、花椒、八角） 炸椒鹽香魚（香魚、蛋、麵粉、蔥、蒜） 紅燒獅子頭（豬絞肉、高麗菜、馬薺、蔥、薑、蛋） 蝦米雪菜炒茭白筍（蝦米、雪菜、茭白筍、肉末、蔥、薑、蒜） 開洋白菜（大白菜、乾蝦米、薑） 蟹肉玉米湯（蟹腿肉、枸杞、玉米醬、蛋） 醋溜黃魚（黃魚、甜豆仁、蔥、薑、蛋） 薑芽炒鴉片（醃漬嫩薑芽、紅椒、青椒、鴨胸肉） 錢江肉（里肌肉、小黃瓜） 薑汁炒豆苗（豆苗、枸杞） 什錦白菜捲（白菜、紅蘿蔔、馬薺、香菇、蝦仁、豬絞肉） 海鮮番茄濃湯（馬鈴薯、小番茄、毛豆仁、文蛤、鱈魚肉、蝦仁）		

飯店	菜單	飯店	菜單
其他	豉汁炒蝦仁（蝦仁、豆豉、青椒、蔥、薑、紅辣椒） 榨菜蒸滑雞（土雞、榨菜、香菇、蔥、薑） 炒腰果（腰果） 蟹肉青江菜（蟹肉、青江菜） 蔥爆里肌（蔥、里肌肉） 鮮魚湯（鱸魚、薑） 三鮮烘蛋（蝦仁、叉燒肉、筍絲、蛋、蔥） 桂花炒魚翅（魚翅、紅蘿蔔、蛋、竹筍、肉絲、蔥、薑） 紅燜苦瓜（苦瓜、生菜） 翠綠銀芽（芹菜、綠豆芽） 五更腸旺（鴨血、大腸、筍片、紅蘿蔔、酸菜） 冬瓜蛤蠣湯（冬瓜、蛤蠣） 荔枝魚塊（青魚肉、蔥、薑、蒜、蛋） 一品雞排（雞腿、絞肉、蝦仁、馬薺、蔥、薑） 蒜泥白肉（五花肉、蒜） 鮑魚草菇（鮑魚、草菇、青江菜） 鑲百花菇（香菇、芥蘭菜、蝦仁、火腿末、絞肉、香菜） 麻油雞湯（土雞、薑） 豆酥鱈魚（鱈魚、豆酥） 怪味雞（雞腿） 京都排骨（小排骨、香菜葉） 干貝三色球（干貝、紅蘿蔔、白蘿蔔、菜心） 雞油四蔬（青江菜、蓮子、紅番茄、玉米筍） 扁魚白菜湯（乾扁魚、白菜、香菇、蒜頭） 三色拼盤（鮑魚、海蜇皮、滷牛肉） 香酥鯉魚（鯉魚） 千層豆腐（豆腐、蝦仁、絞肉、筍、紅蘿蔔、香菇） 清燴鮑魚（鮑魚、玉米筍、劍竹筍、香菇、青江菜、白菜） 魚香茄子（茄子、絞肉） 酸菜肚片湯（酸菜、豬肚、筍片）		

第四節　辦桌

辦桌文化一直是臺灣漢人傳統社會中常見的宴客飲食活動，它為臺灣人文精神及社會結構變遷下的飲食文化。

1949-1960年臺灣進入戒嚴時期，臺灣因為無經濟能力發展大型餐飲業，市集、廟宇開始興盛。1968-1988年臺灣工業發展，農業發展快速，農產品多，國人生活水準提高，臺灣傳統辦桌風氣盛開。

辦桌依不同的性質舉辦飲食聚會，如娶親、壽宴、搬新家、歸寧、迎神、普渡、尾牙、選舉等，來自人們因鄉里情感形成的人際網絡所演變的飲食活動，現以外燴來取代。

辦桌的主廚一般稱為總鋪師，早期臺灣物質缺乏，學習辦桌技藝者屬於謀生高的行業，隨師傅學藝後再出師開業。

要舉辦辦桌活動，首先要了解宴會的目的、價格、時間、地點，總鋪師依照價格來選定菜單，依菜單來決定食材的採購，並開始通知專人搭棚子、出租碗盤、邀請適當的歌舞團來助興，安排參與烹調的廚師群，準備酒席後尚須有人員負責善後。

傳統辦桌產業是早期農村社會所形成的產業，具有人情禮俗的特性，以生產烹調為主，以口碑行銷做銷售，採用臨時雇用人員，外銷菜單設計者會依外燴的特性及價格來設計菜單，如

一、婚禮之菜單

常為祝福、百年好合、早生貴子，菜單不宜有白鯧，因白鯧意指女性會轉為娼，其菜單如海鮮拼盤、燴雞翅、XO醬爆雙寶、清蒸魚、鳳還巢、櫻花蝦米糕、台塑牛排、蒜茸蒸鮑魚、山藥燴蘆筍、花姑雞湯、花好月圓、什錦水果拼盤。

二、壽宴菜單

壽宴祝福人長壽，菜單中應有代表長壽的菜餚，菜單如：龍蝦沙拉、長壽麵、黃金羹、清蒸海鮮、富貴元寶、四蔬、海鮮鍋、紅燒豬腳、精美港點、甜湯、寶島鮮果。

三、新居落成

新居落成代表事業有成，菜單如下：和風帶子、上湯燕窩、XO將象牙蚌、清蒸海鮮、烏魚子雙拼、白灼藍蝦、大吉大利起高樓、海鮮鍋、甜湯。

四、圓寂平安宴

人亡身後，給予來參喪禮者飲食，菜單如下：祥鶴升天、佛跳牆、鼓汁蔥魚、梅干菜蒸肉、三杯杏鮑菇、蒜香時蔬、水果拼盤。

歐式外燴菜色

分類	菜單
開胃湯品	法式南瓜海鮮湯、義式羅宋湯、酥皮玉米濃湯、米蘭蔬菜湯、香茅花草清湯
沙拉	金蓮花沙拉、酥皮田螺沙拉、水果優格沙拉
精緻主食	玫瑰豆腐排、帕馬森法式田螺、迷迭香小羊排、百里香里肌肉、月桂嫩肉、墨魚汁拌麵、奶油蟹肉飯、茄汁蘆筍燉飯、無花果豬排
飲料	香草醋、紫蘇梅汁、薄荷洋甘菊茶
甜點	雞肉薄荷蜜餞、芋泥西米露、薰衣草奶酪、燒烤布丁

中式外燴菜色

分類	菜單
冷盤	鮑魚沙拉筍、皇子魚子醬、百味層香螺
主菜	八珍佛跳牆、燕窩釀竹笙

分類	菜單
米食	櫻花蝦炒飯、雪菜黃魚麵
海鮮與肉類	豆鼓明蝦、酒蒸蟹鉗、富貴火腿、菊花干貝雞
湯品	瓜蒸芙蓉湯、藥膳竹笙湯
點心	冰糖紅棗、紅豆粉圓、三元甜茶、五穀鹹蛋糕

西式外燴菜色

分類	菜單
冷開胃菜	碎蛋洋蔥、奶油蝦、優格鮭魚、檸香肉片
熱開胃菜	燻鮭魚盤、焗烤田螺、酥炸花枝
沙拉類	西西里島海鮮沙拉、優格水果沙拉
主食	香烤春雞、鐵扒菲力牛排、洋蔥起司捲餅、海鮮披薩
飲料	飄浮咖啡、草莓紅茶、芒果冰沙
甜點	丹麥小西餅、迷迭香薯球、巧克力戚風蛋糕、覆盆子派

素食外燴菜色

分類	菜單
小菜	涼拌萵苣筍、芝麻牛蒡絲、紫蘇蓮藕片
前菜	沙茶素燻肉、紅油甘蔗筍
副菜	糖醋香芋排、九層炒茄子
主菜	紅杞猴頭菇、素蟹燴竹笙
湯品	什錦素味湯
點心	紅豆糯米粥、養生鹹蛋糕

外匯自助餐菜色

分類	菜單
冷盤	塘心蛋沙拉、五味醬蝦、和風洋蔥
主菜	蔥燒排骨、雙味小羊排、蒜香蒸明蝦
配菜	糯米甜飯、紅燒豆腐、魚香茄子、甜豆炒培根
湯品	蔘燉雞湯、蘿蔔排骨湯、薑絲蜆仔湯
甜點	葡式蛋塔、提拉米蘇、無花果蛋糕、焦糖布丁

歐式自助餐外燴菜

分類	菜單
沙拉區	蘋果西芹沙拉、燻雞肉通心粉沙拉、蝦卵水果沙拉、凱薩沙拉
冷盤區	三色蟹肉小捲、五彩涼拌鵝肝、茄汁黃瓜蝦、涼拌沙拉
海鮮區	西西里海鮮燉飯、歐式南瓜海鮮焗飯、柳丁海鮮煲
肉盤區	酒釀肉片、香草小肋排、檸檬羊排、燒烤肉塊
湯品區	磨菇蔬菜湯、牛奶南瓜湯
甜品區	蔓越莓慕斯、薰衣草冰淇淋、玫瑰蛋糕、鼠尾草奶酪

結婚辦桌菜色

分類	菜單
冷盤	花好月圓大拼盤、酒香雞肉絲、福祿鴛鴦盤、如意沙拉筍
主菜	瑤柱北菇扒白果、琴瑟和鳴帶子卷、金星伴月燉烏參、港式魚翅餃
甜點	炸湯圓、天祿巧合蛋糕、甜甜蜜蜜水果盤、合時紅蘋果盅

尾牙外燴菜色

分類	菜單
冷盤	沙拉春筍、紅魽生魚片、酒釀明蝦、甜味烏魚子、干貝腰果、龍蝦鳳螺
主菜	活蟹糯米糕、金沙藍星斑、猴頭菇燴時蔬、蜜汁叉燒酥、翡翠炒雙珠
點心	脆皮雪糕、紅豆湯、抹茶蛋糕、花豆豆花、仙草冬瓜茶、巧克力布丁

第五節　高速公路休息站餐飲

　　臺灣高速公路休息站常為旅客休息的場域，應有好的規劃，現述於下：

一、落實人文關懷、鄉土融合、社會回饋的具體作為

(一)人文關懷升級

應以旅客的方便為依歸，可做下列措施：化妝室美化、兒童遊戲區愛的規則、水果自然景觀規劃、VIP行動商務、多媒體聯播平台、精緻農產風味區、關懷臺灣愛心專區。

(二)鄉土融合升級

配合廠商或當地農會，舉辦下列活動：年度行銷活動、優惠促銷活動、媒體經營的優勢、當地農業與旅遊業發展。

(三)社會回饋升級

公司要積極做下列的規劃：交通安全宣導、提升旅客對國道使用滿意度、提升國道車流量的成長、充實經營智庫、建立優質經營、創造工作機會。

二、創造服務區的特色

(一)媒體聯播網：立足國道、臺灣聯線；提供消費者交通、農特產品、流行的資訊。

(二)關懷全方位：從最細微的廁所對殘障者提供貼心的服務，如無障礙通道，讓坐輪椅者可安心通行。

(三)小孩遊戲區：提供小孩任意玩耍的安全遊戲空間，延伸出對兒童關懷，讓全家愉快參與各種活動。

(四)VIP行動商務：規劃現代e化設備與商務洽談區，使旅客能快速聯絡，讓商務進行順利

(五)寵物俱樂部：提供寵物用品、食品等，使攜帶寵物出遊的旅客，能方便照顧寵物。

(六)舒活藥妝區：販售各類藥品，提供遊客各種美容相關的保養品及

專業諮詢。

(七)發行刊物：發行國道刊物，集合當地文化產業及全線國道休息站、資訊、藝術、旅遊、促銷優惠等多樣資源，以食衣住行育樂概念發展，實現旅客們的深層需求。

(八)精緻農產風味區：結合當地農民、農場規劃農業精緻化商品專區，販售當季農產、精緻農產相關產品或蔬菜栽種成品展及地方風味特產，讓遊客可買到新鮮的當地農產品，並於例假日結合農委會舉辦當季農產安排現場廚藝教學及免費試吃活動，增進家庭樂趣。

(九)現場宅配運送：推出當季盛產農產及特產，配合物流公司由遊客自行選擇項目及地點，宅配運送。

(十)關懷臺灣愛心專區：以實際行動關懷臺灣，專區規劃陳列農民自製DIY產品及弱勢團體原住民文物之商品販售區。並於例假日安排盲人按摩等活動，關懷協助弱勢團體。

三、地區特性之節慶規劃

配合傳統節慶與地方民俗活動做節慶規劃，讓返鄉過節的旅客能夠得到貼心的服務，針對中國傳統（如春節、中秋節、端午節和中元節等）節日及地方民俗節慶推出主題式陳列商品及促銷優惠，例如：年節禮盒、中秋禮盒、母親節禮盒、端午節香包等，以合理的價格及不定期促銷優惠活動，回饋消費者。

節　日	活動效益
元宵節、春節、西洋情人節、母親節、端午節、七夕情人節、中元節、父親節、中秋節、聖誕節	推出主題式陳列商品／促銷優惠暨異業結盟活動
地方民俗節日	活動效益
關帝爺祭、西瓜節、義民節、花鼓藝術節	地方民俗節慶使人潮的聚客力增加，搭配當地農特產舉辦促銷優惠活動

除中國傳統節日及民俗節慶外，對於有興趣了解鄉土民俗的遊客而言，絕對不容錯過此古蹟逍遙的旅遊。農場皆設有小木屋提供住宿，將搭配旅遊業者，提供遊客多元化的豐富行程。活動規劃將結合地方節慶及設一專區舉辦年度活動、藝術歸鄉等活動安排。

四、旅客休息空間及營業區之配置規則

(一)便利商店

基於服務區二十四小時的營業特質，為讓深夜旅客仍能取得應有的需求及服務，全年無休的便利商店是服務區營運必要設置的服務項目。預計販售的商品種類計有：自製熱食區，提供便當、三明治、鮮肉粽、叉燒包等食品，18℃食品區、冷熱飲料區、零食、禮盒特產區、主題商品特惠區，並針對時下愈益增多追求自然健康飲食的健康素、宗教素人士貼心規劃健康素食區，以滿足多元客層的飲食需求，供應旅客可自由便捷地選擇新鮮多樣化的產品。

(二)美食街、特產區、專賣區

1. 西式餐食：堅持餐點必須在顧客點餐後，才一個一個開始現做，並根據東方「食的文化」來開發新商品。除了對美味的堅持外，也堅持提供對人類健康有益處的商品，基於「醫食同源」的概念，在材料上，選擇對身體有益處的食材，來製作餐點。餐飲規劃包含：美味單點漢堡、精緻套餐、元氣早餐、元氣午餐、下午茶、各式冷熱飲。

2. 客家美食：提供客家道地餐飲小吃，如：美濃粄條、客家湯圓、炒米粉、貢丸湯、客家粥品、菜包、醃腸、傳統豬血糕、鴨肉麵。

3. 水果風餐廳：提供低油、低鹽、低糖的水果風味飲食，強調飲食養生的重要。餐飲規劃：當季水果、水果火鍋、各式簡餐、新鮮

水果茶、現榨果汁等。

4. 咖啡：提供溫暖舒適具歐洲文藝氣息的用餐氛圍及多元的餐飲選擇。餐飲規劃包括：歐洲風味咖啡、花茶、果汁冷熱飲、蛋糕、歐式麵包、各式簡餐等。

5. 冰淇淋：用上選的100%天然素材及獨特配方，其香Q的口感一直是美食者的最愛！為追求產品品質完美，不惜成本，原料皆為進口來台，堅持提供香醇可口的美味品質。

6. 關懷臺灣愛心館：規劃販售災區產品專區，由災民提供DIY製品如植物染飾品、石雕藝品、軟陶藝品、押花項鍊等飾品、養生蜂蜜花粉等食品；並加入弱勢團體原住民文物藝品的販售，不定期列入促銷活動販售行列。

五、旅客休息空間及營業區之配置規劃

㈠當代藝術家文化藝廊：針對當代本土藝術家的作品規劃系列各展及聯展，推展本土藝術文化，讓遊客在充滿藝術氛圍的休憩區內觀賞，同時將藝術人文融合生活。

㈡寵物區：提供寵物用品、食品等，使攜帶寵物出遊的旅客，能方便照顧寵物。

㈢VIP商務專屬空間：闢設e化商務VIP室，提供現代、專業舒適的空間規劃供商務人士使用。

㈣e化電子區：供無線寬頻上網、電視、手機充電、TV播放新聞，提供貼心的辦公室服務及隨時展握社會脈動訊息補給。

㈤業務商談區：設立機能式商務座位、舒適沙發式洽談座位，提供多樣化的商務空間選擇。

㈥舒活心靈釋放區：長途的車程，不僅車子需要加油，在體能上也需要充電，屏風式設計，設有電動按摩椅及耳機式心靈天籟，及規劃時下芳香按摩，使疲憊的身體完全放鬆，提供補充體能之飲品

等，使舒活區成爲身體內外之體能補給站。

(七)書報雜誌區：提供各大報、商業類雜誌、男女性時尙雜誌、旅遊雜誌等，隨時補充訊息。

(八)化妝室的另一種美學：針對國道用路人最重視的化妝室，提供貼心、呵護、舒適的使用空間，並強調強化女生、兒童的使用感受及照顧功能。

同時針對男女化妝室進行視覺氛圍規劃，如：

　1.綠化植栽擺置、牆面藝術畫作。

　2.茶樹、尤加利等大自然精油氣味的釋放。

　3.播放輕柔的心靈音樂；舒活旅客的心靈。

(九)農特產特賣—推展農特產模式：針對臺灣農民推動農業精緻化，規劃系列精緻農產專區，以提供遊客更多元的農產選擇，並結合農民、農產經營的銷售通路，針對季節時令不定期規劃更新販售精緻農產，並結合農委會，於例假日舉辦當季農產安排現場廚藝教學及蔬果栽種成品展、免費試吃等系列活動。地區知名地方風味特產，依月份舉辦一鄉一特產的主題促銷活動，促進各鄉鎭農特產銷售。

(十)協助農民促販滯銷農特產品

　1.協助當地農會、農場針對滯銷農特品，提供促銷優惠活動及販售場所。

　2.運用餐飲通路協助推廣使用滯銷農特產品。

　3.行銷目的在於幫助當地農業經濟活絡，具體展現企業回饋的氣度與宏觀。

第八章
現代新飲食觀

世界衛生組織在2008年統計各國平均壽命，結果顯示，日本平均壽命全世界第一，平均壽命83歲，其次為西班牙82歲，法國、挪威、瑞典81歲，南韓、芬蘭、德國、英國80歲，葡萄牙79歲，中國大陸74歲，臺灣78歲，壽命短的國家有東非馬拉威47歲，尚比亞、賴索托、查德、阿富汗48歲，史瓦濟蘭49歲。

世界衛生組織指出全球十大死因主要在饑荒、不安全性行為、高血壓、抽菸、喝酒、不潔的飲水和衛生設備、膽固醇過高、營養不良、肥胖、烹調油煙對健康的傷害。

臺灣在2013年統計的十大死因有惡性腫瘤、心臟疾病、腦血管疾病、肺炎、糖尿病、事故傷害、下呼吸道疾病、高血壓性疾病、慢性肝病及肝硬化。

2013年十大癌症死因排名依序為肺癌、肝癌、結腸直腸癌、乳癌、胃癌、口腔癌、胃癌、前列腺癌、胰臟癌、食道癌、子宮頸及部位未明子宮癌。

引此近年來有一些新飲食觀念出現在各國飲食中，現依序介紹。

第一節　長壽村的飲食

2012年世界衛生組織統計世界人口平均壽命為67.2歲，其中以日本人最長壽平均82.6歲、香港82.2歲、瑞士82.1歲、以色列82歲、冰島81.8歲、澳洲81.3歲、新加坡81歲。

日本以沖繩島為全球平均壽命最長的國家，因此了解沖繩島人民的飲食內容、飲食習慣，有助於人門建立健康飲食的觀念，才能達到預防疾病，增進健康。

一、沖繩島

沖繩面積為臺灣的1/16，由160個小島所構成，首都為那霸市，人口有130萬人，年平均氣溫為22-28℃。

二、沖繩人的壽命

沖繩人平均壽命男生78歲，女性86歲，人們罹患心血管疾病比率低，骨質密度高，老人失智比率低。

三、沖繩人的飲食特性

㈠飲食簡單、自然

㈡吃不過量、不吃太飽

㈢一天吃七份蔬菜水果

㈣一天吃七份穀類和豆類

㈤一星期吃三次魚

㈥少吃肉類和乳製品

㈦吃熱量低但富含維生素與礦物質的食物

㈧少喝酒

㈨少鹽、少糖

㈩多喝水與茶

四、將食物分類做成卡路里密度表（Caloric Density 簡稱為CD）

將各類食物依卡路里分類，100公克75卡為極低密度，100功克75-150卡為低密度，100公克150-300卡為高密度，100公克300卡以上為高密度。

卡路里密度表

食物類別	卡路里密度	食物
澱粉類	低	米、麵、小麥粉、甜玉米、番薯、粥、南瓜
	高	麵包、薯泥、芋頭、山藥
	極高	炸薯條、早餐穀類、芋頭甜點、米飯、西谷米、米粉
肉魚類	低	小卷、花枝、章魚
	高	瘦肉、虱目魚、烏魚、豬排、豬腳
	極高	蝦米、小魚乾、豬蹄膀、豬三層肉、豬大腸
豆類	極低	豆漿、毛豆、豆腐
	低	麵腸
	高	豆包、干絲、千張、豆腐、豆干
	極高	油麵筋
蔬菜類	極低	均屬極低
水果類	極低	香瓜、李子、蘋果、梨、葡萄柚、檸檬、楊桃、文旦、加州李、紅柚、桃子、蓮霧、芒果、木瓜
	低	龍眼、番石榴
	高	香蕉、櫻桃、榴槤、釋迦
	極高	黑棗、紅棗、龍眼乾

五、十種最佳食材

㈠黃豆：含有豐富蛋白質及大豆異黃酮，製作出的豆腐更為低熱量的食材。

㈡番薯：含有大量纖維素、胡蘿蔔素。

㈢米：含有豐富熱量、維生素B群。

㈣魚類：含有HDL（High Density Lipoprotein）及品質好的蛋白質，捕獲海蛇用來煮湯，墨魚製作成墨魚麵或湯。

㈤海藻：含有豐富碘質，其中稱為水雲及髮菜還有豐富的海藻多醣體，在海中播種，使水雲發芽在水中培育後才收成。

㈥甘藍菜：含豐富纖維素及維生素。

㈦全穀類：各種未精緻的穀類含有豐富纖維質及礦物質。

(八)苦瓜：含有豐富的維生素C，具有降血糖與血纖織功效。

(九)豆芽菜：含有豐富類黃酮及維生素C。

(十)絲瓜：含有豐富纖維素及維生素C。

沖繩島的人平均一天攝取的鹽約8公克，比西方國家的人鹽的攝取量少。

黑糖又稱為沖繩島的黑金，含鈣、鉀多，味道濃。

第二節　綠色環保飲食

全球因地球暖化，北極冰迅速融化造成水災，有的地方乾旱、龍捲風。世界各國為全球暖化響應節能減碳，最簡單的就是改變人們的飲食習慣。

一、綠色消費原則

綠色消費行為主要在4R與3E的原則，4R是指減量消費（Reduce）、重複使用（Reuse）、回收再生（Recycle）、減少不必要的浪費（Refuse），3E指的是講求經濟原則（Economic）、符合生態原則（Ecological）、實踐平等原則（Equitable）。

(一)減量消費（Reduce）：減少不必要的浪費，減少資源浪費。

(二)重複使用（Reuse）：選購可多次使用的產品，拒絕不能再次使用的產品。

(三)回收再生（Recycle）：選用使用後可透過回收重新轉換成新產品的材料。

(四)減少不必要的浪費（Refuse）：選用可回收、低污染、包裝少的材料。

(五)講求經濟（Economic）：使用商品要節約能源，不能過度包裝。

(六)符合生態（Ecological）：使用無污染的產品。

(七)符合平等原則（Equitable）：不可歧視族群，給不同族群平
等、尊重。

在市售產品上有一環保標章，即意指一片綠色樹葉包裹著純淨不受
污染的地王書，象徵可回收、低污染、省能源，依據上述原則，餐
飲要選用低碳飲食。

二、低碳飲食基本原則

(一)生產方面：選用當季的食材，當季食材可減少額外冷藏、冷凍所
需的能源。

(二)運輸方面：選用當地食材，可縮短食物里程，降低交通運輸二氧
化碳的排放。

(三)加工方面：選擇少包裝的食材。

(四)購買方面：購買適量食材。

(五)烹調方面：盡量少用能源，以簡單的烹調來製作。食材保留原
味。少加工，只用適量調味。選用傳熱效果好的鍋具，縮短烹調時
間，使用悶燒鍋可減少熱源。

(六)廢棄：盡量減少垃圾的產量，可避免焚化及掩埋所造成的溫室氣
體排放。

(七)食用原則：菜餚烹煮前算好適量份量，適量食用，宜八分飽，外
出時自備餐具，多食五穀、根莖類及蔬果類，少肉、少油、少負
擔。

第三節　慢食

　　慢食是一種生活態度，從食物的種植、生產、取得的過程均以自然的方式，認真看待人與土地、自然的關係，與速食文化有不同的思考方式。

一、慢食理念

(一)大自然、食物與人類的關係：永續農業經營的概念，食物的生產必須依自然的方式來進行。

(二)糧食生產應遵行大自然的法則來實行

(三)不再相信生物科技

(四)重視生態美食：兼顧環保與美味，提出優質、乾淨、公平三原則來選購食物，優質是指具滋味與知識的食物，乾淨是指生產地必須乾淨，公平強調生產者有合理利潤，消費者能以適當價格購買，兩者均能取得公平待遇。

二、慢食組織

(一)成立宗旨

1.反對工業化食物體系。

2.保護農產品生物多樣性及傳統飲食文化。

3.保衛物質滿足及宴飲文化。

(二)慢食實踐

1.希望人類可從地方料理中發現地方料理的味道與氣味。

2.品味教育

出版刊物或到各級學校宣導品味食物原味的重要性。

3.鼓勵研究

　鼓勵優質產品的生產者及長期研究飲食文化的學者做出優質研究。

4.集合生產者、製造者討論

　集合生產者、製造者、食品從業人員一起討論農業，永續經營。

三、慢食融入生活

　慢食是希望人們從探索中了解食物代表的意義，採買食材時，看標示了解食材的產地、生產者、製造者。利用空閒拜訪種植食材的地方，有空自己烹煮食物、自己調味。對食物由產地至餐桌的過程有所了解，透過慢食認識食物的文化和特色，才能對地方尊重，對生產者尊重。

第九章

成本控制

成本就是藉由購物獲得物品，或為了得到他人服務，所付出的金額。

餐飲業經營成功的關鍵在於做好餐飲的成本控制，它可增加餐飲業的利潤使餐飲業能發展得更好。

第一節　餐飲業成本的類型

餐飲業的成本分為固定成本（Fixed cost）、半變動成本（Semi-variable cost）、變動成本（variable cost: VC），三者加總即為總成本（Total cost: TC）。現將它分述於下：

一、總成本

總成本即為固定成本、半變動成本與變動成本之總合。

二、固定成本

固定成本是指不論餐廳營業額如何改變，每月份維持固定非支付的費用。如租金、保險、固定薪水、利息、辦公費、管理人員工資等。

固定成本是指在一定期間和範圍內，不受業務量的變動而保持不變的成本。

(一)酌量性固定成本（Discretionary Fixed cost）

酌量性固定成本是企業管理決策可以改變其支出數額的成本。如職員的教育訓練經費、技術研發經費、廣告費。

(二)約束性固定成本（Committed Fixed cost）

約束性固定成本是指管理者的決策無法改變其支出的固定成本。如房屋和設備的租金。

三、半變動成本

餐飲中有些費用爲一部分固定成本與一部分爲變動成本即爲半變動成本，如電話費、水費、電費，都有一個基數固定的花費，隨著業務量增加，成本亦相對增加成變動成本。

變動成本計算法

將產品的全部生產成本，即直接材料、直接人工和製造費用均包括的成本計算方法。

變動成本率爲變動成本占銷售收入的百分比。

變動成本率＝變動成本／銷售成本×100%。

如果要提高貢獻毛利率就必須降低變動成本率。

四、變動成本

變動成本是指隨著營業額變動成正比而改變的，如食物與飲料的成本。變動成本又分爲二類即技術性變動成本與酌量性變動成本。

(一)技術性變動成本

即單位成本由技術因素決定，而總成本隨著消耗的變動而成正比變動的成本。

(二)酌量性變動成本

由公司決策改變而產生的成本。如按產量計酬的人工薪資、如工讀生的薪水。

五、定成本與變動成本的差異

由上述可知固定成本與變動成本的不同點如下：

(一)定義與內容不同

固定成本是不管是否生產都會發生的成本，不受業務量的增減有所

影響。如人員的薪資、保險、固定資產的折舊與維護費。

㈡變動成本隨業務量變動成正比變動。

第二節　成本計算

現介紹有關成本之定義。

一、營收即企業在銷售活動中所產生的收入。

二、固定成本總額＝固定製造費用＋固定銷售和管理費用。

三、變動成本總額＝銷售產品的變動生產成本＋變動銷售和管理費用。

四、銷售成本＝銷售×單位產品成本。

　　本期銷售成本＝期初存貨成本＋本期生產成本－期末存貨成本。

五、銷售毛利＝銷售收入－銷售成本。

六、利潤＝銷售毛利－銷售和管理費用＝邊際貢獻－固定成本總額＝營業收入－變動成本－固定成本。

七、邊際貢獻＝銷售收入－變動成本總額。

八、期末存貨成本＝期末存貨量×本期單位產品成本。

九、損益平衡點（Break Even Point）＝為企業達到不賺不虧時所需的銷貨量值＝固定成本／（1－變動成本／售價）。

　　若餐廳管理者計算要達到設定的利潤時營業額＝（固定成本＋利潤）／（1－變動成本／營業額）。

損益平衡點例子：

㈠某餐飲機構賣出蛋糕固定成本為120萬元，每個蛋糕變量成本是3元，每個售價為24元，則其損益平衡為何，每月要賣多少蛋糕才會達到損益平衡：

1. 損益平衡

   120萬／12＝10萬

   損益平衡＝10萬／（1-3/24）＝10萬／（1-1/8）＝10萬／

   （7/8）＝114280元

2. 要賣多少蛋糕

   114280元÷24元＝4762個（要賣4762個蛋糕才可達損益平衡點）

㈡若一家飲料店，飲料每杯售價30元，每月人事費8萬，房租4萬，
每杯飲料變動成本15元，每月收入多少元才能達到損益平衡點？

   損益平衡＝固定成本／（1－變動成本／售價）＝（8萬＋4萬）

   ／（1-15／30）＝240,000元

㈢有一家餐廳固定成本為300,000元，利潤500,000元，其變動成本
為280,000元，求其營業額。

   營業額＝（固定成本＋利潤）／（1-變動成本／營業額）＝

   （300,000+500,000）／（1-280,000／營業額）＝800,000／

   （1-280,000／營業額）

   營業額-500,000＝800,000

   因此營業額＝1,300,000元

第三節　餐飲食物成本控制

餐飲品質控制由4P即產品（Product）、價格（Price）、地點
（Place）、推廣（Promotion）已修正為8P即產品（Product）、價格
（Price）、地點（Place）、推廣（Promotion）、實體環境（Physical & environment）、流程（Process）、人員（People）、生產力與品
質（Productivity & quality），每個環節對餐飲成功與否均有重要的關
聯，餐飲食物成本一般占收入25-50%，視餐飲機構性質而有不同。餐飲

食物成本的控制依序介紹於下。

一、菜單設計

食物成本的控制首要在於菜單，菜單的食材如果不是季節性或當地生產的時候，價格較高，因此在菜單設計時最好能用季節性當地的物產來做變化。

現代人們的飲食份量也隨著地區有些差異，餐廳經營須視消費者需求將份量加以控制，太多或過少會造成浪費或顧客不滿意。

如果菜單內食物材料成本算來太高，可將較貴的食材減量或更換較便宜的食材，例如肉若漲價或在絞肉的菜單內加入洋薯或素肉，素肉經水浸泡後將會吸水膨脹，增加食材的份量，但有時不宜增加太多會影響食物的口味與口感。

二、驗收

驗收是重要的一環，如果送來的貨在物品種類、重量不對將影響製作出來食物的品質，因此驗收人員應檢查數量、重量及物品品質是否適合。

三、貯存

食物貯存有一定的溫度、濕度，若貯存不當造成食材損壞，將會造成成本提高。

四、烹調

由於顧客常因喜歡餐廳的品味而去用餐，好的餐廳或連鎖餐廳現為了能保持一定的品質水準，將菜單做了標準化，如果更換廚師仍可提供符合餐廳品質的產品。

五、供應

餐飲供應時，每份的供應量也有一定的份量標準，如肉類有一定的切割標準，使顧客看起來標準是具一致性。同時，也可做好成本控制，如自助餐廳烤肉區廚師做烤肉的切割須經過訓練，有好技巧的廚師可讓烤好的肉供應更多的消費者，使每人的食物成本降低。

第四節　人事成本

餐飲是需要很多人共同完成的行業，因此人事成本占營業額約20-40%，如果能掌握下列幾點將可做好成本控制。

一、適才適用

將人才放在適合他工作的職位，讓他發揮屬於他能力的工作。

二、員工職前訓練

員工應做職前訓練，讓他了解工作的項目、內容、時間及符合工作規範的內容。

三、利用高效能機器可節省烹調時間，可減少人事費用

由於員工的工作時間就是金錢，如果能利用高效能的機器，如蒸烤兩用箱、壓力鍋、雙重鍋爐可減縮烹調時間，人員的工作時間減少，相對地可降低人事費用。

第五節　標準食譜

　　標準食譜是指一個餐飲機構爲了機構中的成品有一定品質爲每一道菜單擬定的標準化食譜，內容包括菜單、材料項目、數量、做法，只要具備中等能力的人經操作就可製作出來相同品質的成品，可經由標準食譜的材料計算出食物的成本價。大量食譜一般以100人份爲標準化的基礎，小量食譜一般以5人份爲基礎。

　　以標準食譜來算成本與售價的計量，其方法如下：

一、先預估餐廳中各項費用的百分比

　　由於餐廳的性質不同，以營利爲主的餐廳食物成本百分比占收入的20-30%，非營利的餐廳食物成本百分比占收入的40-50%。

二、將每道菜的食物成本（包括新鮮材料費用加上乾料費用及盤飾）除以食物成本百分比再除以份數即爲每道菜每人份的售價。

Note

Note

國家圖書館出版品預行編目資料

菜單設計／黃韶顏、倪維亞著. 一 二版. 一
臺北市：五南，2015.03
　　面；　　公分.
ISBN 978-957-11-8041-0（平裝）

1.菜單　2.設計　3.餐飲業管理

483.8　　　　　　　　　　104002679

1L73　　餐旅系列

菜單設計

作　　者 ― 黃韶顏　倪維亞

發 行 人 ― 楊榮川

總 編 輯 ― 王翠華

主　　編 ― 黃惠娟

責任編輯 ― 盧羿珊　李鳳珠　莊琼

封面設計 ― 童安安

出 版 者 ― 五南圖書出版股份有限公司

地　　址：106台北市大安區和平東路二段339號4樓

電　　話：(02)2705-5066　傳　　真：(02)2706-6100

網　　址：http://www.wunan.com.tw

電子郵件：wunan@wunan.com.tw

劃撥帳號：01068953

戶　　名：五南圖書出版股份有限公司

台中市駐區辦公室/台中市中區中山路6號

電　　話：(04)2223-0891　傳　　真：(04)2223-3549

高雄市駐區辦公室/高雄市新興區中山一路290號

電　　話：(07)2358-702　傳　　真：(07)2350-236

法律顧問　林勝安律師事務所　林勝安律師

出版日期　2013年 9 月初版一刷
　　　　　2015年 3 月二版一刷

定　　價　新臺幣480元